高职高专房地产类专业实用教材

第2版

居住区规划

苏德利 佟世炜 主编

孙久艳 宋殿文 副主编

张福燕 参编

U0226306

机械工业出版社
China Machine Press

图书在版编目（CIP）数据

居住区规划 / 苏德利，佟世炜主编. —2 版. —北京：机械工业出版社，2013.6（2015.12 重印）
（高职高专房地产类专业实用教材）

ISBN 978-7-111-42613-4

Ⅰ. 居⋯ Ⅱ. ①苏⋯ ②佟⋯ Ⅲ. 居住区–城市规划–高等职业教育–教材 Ⅳ. TU984.12

中国版本图书馆 CIP 数据核字（2013）第 106483 号

　　本书是高职高专房地产类专业系列实用教材之一。为了紧跟高职高专教育的改革步伐，充分体现房地产行业的发展进程，作者根据高职高专教育发展及广大读者的实际需求，在广泛征求意见的基础上做了大幅度的修订，保持教材内容的科学性与先进性，吸收了最新的相关国家法律法规。为更加突出高职教材实用性、应用性的特色，更新了工程案例，将当前国内外先进的居住区规划实例补充到教材中，体现了时代气息。本书适当修改了部分理论内容，结合《中华人民共和国城乡规划法》的实施补充和修改了多个章节的内容，增加第 11 章居住区规划设计实践及新的拓展学习内容，使理论与实践更好地结合。

　　本书可作为高职高专房地产类专业的教材，亦可作为建筑与工程管理类相关专业的选修教材和有关工程技术人员参考用书。

机械工业出版社（北京市西城区百万庄大街 22 号　　邮政编码　100037）

责任编辑：单秋婷　　　　版式设计：刘永青

北京诚信伟业印刷有限公司印刷

2015 年 12 月第 2 版第 2 次印刷

170mm × 242mm · 18.5 印张

标准书号：ISBN 978-7-111-42613-4

定　　价：35.00 元

编 委 会

前　言

　　自 2007 年第 1 版出版以来，本书深受相关院校师生及行业、企业专业技术人员等广大读者欢迎，经过了多次印刷，被多家院校选为房地产类专业教材。为了紧跟高职高专教育的改革步伐，充分体现房地产行业的发展进程，作者根据高职高专教育发展及广大读者的实际需求，在广泛征求意见的基础上做了大幅度的修订。

　　本次修订在总体框架上以第 1 版为基础，继续沿用相应的写作思路和写作风格，但在内容上进行了重新调整。第 2 版主要变化如下：

　　第一，保持教材内容的科学性与先进性，吸收了最新的相关国家法律法规。自本书第 1 版出版后，国家又颁布了许多新的法律、法规和部门规章，这次再版，参照和吸收了这些新的法律法规，使其内容与时俱进，更加完善。

　　第二，为了更加突出高职教材实用性、应用性的特色，对教材中的工程案例进行了更新，将当前国内外先进的居住区规划实例补充到教材中，体现了时代气息。

　　第三，适当修改部分理论内容，在多个章节中都结合《中华人民共和国城乡规划法》的实施进行了补充和修改，增加第 11 章居住区规划设计实践及新的拓展学习内容，使理论与实践更好地结合，还提供教学辅助资源（PPT 电子课件等）。

　　本书的修订是根据房地产类专业教学指导方案和配套的课程教学文件要求编写，注重科学性、先进性与政策性，教材内容更结合行业实际需求，突出岗位群对知识和能力的要求。教材编排力求层次清晰、结构紧凑、图文并茂、简明易懂，同时大量采用房地产实例素材，增加教材的可读性和适用性。

　　本书教学可以根据各院校的实际情况选择合适的内容。对于理论教学，要重点介绍居住区规划原理与方法；对于实践教学应采用实际案例分析，也可以有针对性地进行现场教学、社会调查等教学形式。

教 学 建 议

为方便教师教学，编者结合多年来的教学体会，提出如下教学建议，仅供各位同仁参考。推荐使用 48～56 学时。

章 次	内 容	理论学时	实践学时	备 注
第 1 章	城市与城市规划	2～4		
第 2 章	城市规划的工作任务、内容与编制程序	4		
第 3 章	城市构成与发展战略	4		
第 4 章	居住区规划设计概述	5	1～2	
第 5 章	居住区住宅及其用地规划	6	2	
第 6 章	居住区公共服务设施规划	4	2	
第 7 章	居住区道路与交通规划	4～5		
第 8 章	居住区绿地与外部环境设施规划	4	2	
第 9 章	居住区规划的技术经济分析与实施管理	4	1～2	
第 10 章	居住区竖向规划与管线工程综合概述	3～4		
*第 11 章	居住区规划设计实践：国家康居住宅示范工程方案精选		0～2	
合 计	48～56	40～44	8～12	

注：各章节根据不同专业的要求在课时浮动范围内调整课时。带星号的章节为选修内容。

本书由大连海洋大学职业技术学院苏德利、佟世炜担任主编并统稿。全书共 11 章，其中，第 4、5 章由苏德利编写；第 1～3 章由佟世炜编写；第 6、7 章由宋殿文编写；第 8、9 章由孙久艳编写，第 10、11 章由张福燕编写。教材 PPT 教学课件由苏德利编写制作。

由于学科领域非常深广，加之编者的水平和时间有限，书中定有欠妥之处，恳请各位同行、专家和广大读者批评指正。

苏德利

目 录

编委会

前言

教学建议

第1章 城市与城市规划 ·· 1

    1.1 城市与城市发展 ·· 1

    1.2 现代城市规划的主要思想理论 ························· 9

    1.3 城市化与城市发展趋势 ·································· 15

    1.4 城市规划与房地产开发 ·································· 21

    拓展学习推荐书目 ··· 25

    复习思考题 ··· 25

第2章 城市规划的工作任务、内容与编制程序 ················· 26

    2.1 城市规划的任务和原则 ·································· 26

    2.2 城市规划的工作内容和特点 ························· 29

    2.3 城市规划的调查研究与基础资料 ················· 30

    2.4 城市规划的编制层面与主要内容 ················· 33

    拓展学习推荐书目 ··· 40

    复习思考题 ··· 41

第3章 城市构成与发展战略 ······································· 42

    3.1 城市系统构成 ·· 42

3.2　城市用地 ·· 44

3.3　城市用地评价 ··· 47

3.4　城市发展战略的背景依据 ····································· 55

3.5　城市性质与规模 ··· 57

*3.6　城市总体布局简介 ·· 64

拓展学习推荐书目 ·· 67

复习思考题 ·· 67

第 4 章　居住区规划设计概述 ······································· 68

4.1　居住用地 ··· 69

4.2　居住区规划的任务与编制 ······································ 73

4.3　居住区的组成与分级规模 ······································ 76

4.4　居住区的规划结构 ··· 80

4.5　居住区规划设计的原则与设计要点 ························· 85

4.6　居住区规划设计的基本要求 ··································· 91

4.7　市场调查 ··· 95

拓展学习推荐书目 ·· 99

复习思考题 ·· 99

第 5 章　居住区住宅及其用地规划 ····························· 100

5.1　住宅类型的选择 ··· 100

5.2　住宅群体的组合 ··· 108

5.3　住宅群体的组合与日照、通风及噪声的防治 ········· 137

5.4　住宅群体的组合与节约用地 ··································· 145

拓展学习推荐书目 ·· 149

复习思考题 ·· 149

第 6 章　居住区公共服务设施规划 ····························· 150

6.1　居住区公共服务设施的分类和定额指标 ················ 150

6.2 居住区公共服务设施的规划布置 ……………………………… 155

*6.3 城市商业区与城市中心 ……………………………………… 173

拓展学习推荐书目 ……………………………………………… 182

复习思考题 ……………………………………………………… 182

第 7 章 居住区道路与交通规划 ………………………………… 183

7.1 城市道路交通规划 ………………………………………… 184

7.2 居住区道路的功能、分级与规划设计要求 ………………… 188

7.3 居住区道路系统的基本形式与规划 ………………………… 192

7.4 居住区道路规划设计的技术要求 …………………………… 199

拓展学习推荐书目 ……………………………………………… 209

复习思考题 ……………………………………………………… 209

第 8 章 居住区绿地与外部环境设施规划 ……………………… 210

8.1 居住区绿地的功能与规划要求 ……………………………… 210

8.2 居住区公共绿地的规划布置 ………………………………… 213

8.3 居住区绿化树种选择与植物配植 …………………………… 222

8.4 居住区外部环境规划设计 …………………………………… 226

拓展学习推荐书目 ……………………………………………… 234

复习思考题 ……………………………………………………… 235

第 9 章 居住区规划的技术经济分析与实施管理 ……………… 236

9.1 衡量用地经济性的几个方面 ………………………………… 236

9.2 居住区综合技术经济指标 …………………………………… 239

9.3 住宅小区规划审批 ………………………………………… 245

9.4 城市旧居住区的再开发 …………………………………… 250

拓展学习推荐书目 ……………………………………………… 254

复习思考题 ……………………………………………………… 254

第 10 章　居住区竖向规划与管线工程综合概述⋯⋯⋯⋯⋯⋯ 255

　　10.1　居住区竖向规划⋯⋯⋯⋯⋯⋯⋯⋯⋯⋯⋯⋯⋯⋯ 255

　　10.2　居住区管线工程综合⋯⋯⋯⋯⋯⋯⋯⋯⋯⋯⋯⋯ 261

　　拓展学习推荐书目⋯⋯⋯⋯⋯⋯⋯⋯⋯⋯⋯⋯⋯⋯⋯ 265

　　复习思考题⋯⋯⋯⋯⋯⋯⋯⋯⋯⋯⋯⋯⋯⋯⋯⋯⋯⋯ 265

*第 11 章　居住区规划设计实践：国家康居住宅示范工程方案精选 ⋯ 266

　　11.1　居住区规划流程⋯⋯⋯⋯⋯⋯⋯⋯⋯⋯⋯⋯⋯⋯ 266

　　11.2　国家康居住宅示范工程方案精选⋯⋯⋯⋯⋯⋯⋯ 267

参考文献⋯⋯⋯⋯⋯⋯⋯⋯⋯⋯⋯⋯⋯⋯⋯⋯⋯⋯⋯⋯ 283

学习目标

本章主要介绍了城市、城市规划与居民点，城市规划思想理论，城市化；讨论了城市规划与房地产开发之间的关系。通过本章的学习，要求读者掌握城市与城市规划的基本概念；对城市化及当代城市规划思想方法有一定了解；清楚城市规划与房地产开发间的内在联系和制约关系。

1.1 城市与城市发展

1.1.1 城市与城市规划

1.1.1.1 城市的定义

从我国文字字义来看，"城"是一种防御性的构筑物，"市"是交易场所。所以仅有防御作用的墙垣并不是城市，仅是集市也不能称为城市。

城市——是有着商业交换和防御职能的居民点。关于城市，不同学科有着不同的认识，历史学家称城市是一部用建筑材料写成的历史教科书；政治学家称城市是政治活动的中心舞台；社会学家称城市是人口密集的社区，是一种生活方式；经济学家称城市是生产力的聚集区及经济活动的中心；地理学家称城市是人口和物质高度集中的特定地域。

综合而言，城市是以人为核心，以空间与环境资源利用为手段，以聚集经济效益为特点的社会、经济以及物质性设施的空间地域集聚体。

我国目前城市的类型与级别是按一定的人口规模、一定的国民经济产值并经过一定的审批手续而加以划分的。建制市及建制镇只是在行政管辖意义上不同，均属城市型居民点。城市按行政管辖也可划分为地级市、县级市等，市下也可以设市，在性质上并无本质的区别。

根据《城市规划基本术语》GB/T 50280—98 所述，城市是以非农产业和非农业人口聚集为主要特征的居民点。

现代城市的含义，主要包括：人口数量、产业构成及行政管辖三方面的因素。我国 1955 年曾规定市、县人民政府的所在地，常住人口数大于 2 000 人，非农业人口超过 50%，即为城市型居民点。工矿点常住人口如不足 2 000 人，在 1 000 人以上，非农业人口超过 75%，也可定为城市型居民点。

1.1.1.2 城市规划

1. 规划的概念 规划是为实现一定目标而预先安排行动步骤并不断付诸实践的过程。

规划具有三个最基本的特征：一是未来导向性，既是对未来行动结果的预期，也是对这些行动本身的预先安排；二是目标性，目标是规划评价的最基本准则与依据；三是未来不确定性，对未来研究是规划研究的基础。

2. 城市规划的概念 国标《城市规划基本术语标准》称：城市规划是"对一定时期内城市的经济和社会发展、土地利用、空间布局以及各项建设的综合部署、具体安排和实施管理"。

美国国家资源委员会把城市规划定义为："城市规划是一门科学、一种艺术、一项政策活动，它设计并指导空间的和谐发展，以满足社会与经济的需要。"

城市规划的核心内容主要涵盖四大方面内容，包括：土地使用的配置、城市空间的组合、交通运输网络的架构、城市政策的设计与实施。

3. 城市规划的作用 城市规划其一是作为国家宏观调控的手段；其二是作为政策形成和实施的工具；其三是作为城市未来空间发展的架构。城市规划是建设城市和管理城市的基本依据，是确保城市空间资源的有效配置和土地合理利用的前提与基础，是实现城市经济和社会发展目标的重要手段之一。

1.1.2 居民点的形成与城市的产生

1.1.2.1 居民点的含义与类型

居民点是人们为共同生活与经济活动而聚集的定居场所。现代居民点是由居住生活、生产、道路交通、公共服务设施、工程设施和园林绿化等多种系统构成的综合体。居民点一般由建筑群（包括住宅建筑、公共建筑、生产建筑等）、道路网、绿地及公用工程设施等物质要素所组成。

我国居民点总体上可划分为城市型和村镇型两大类。城市型是指具有一定规模，以非农业人口为主，工商业和手工业相对集中的居民点，即国家按行政建制设立的直辖市、市、镇。依据城市市区和近郊区非农业人口规模又可划分为特大城市（100 万人口以上）、大城市（50 万～100 万人口）、中等城市（20 万～50 万人口）、小城市（10 万～20 万人口）、大城镇（5 万～10 万人口）、中等城镇（2 万～5 万人口）、小城镇（1 万～2 万人口）。村镇型是指以农业人口为主，规模较小（一般人口规模在 1 万人以下），以从事农、林、牧、渔业生产为主的居民点，包括村庄和集镇。

1.1.2.2　居民点的形成与城市的产生

在人类社会发展史上，居民点的形成与发展经过了一个漫长的时空过程，它是社会生产力发展到一定阶段的产物。在原始社会漫长的岁月中，人类过着完全依附于自然的采集、狩猎等生活活动，穴居、巢居为主要的居住方式，还没有形成固定的居民点。在长期与自然的斗争中，人类创造了工具，开始有了捕鱼、狩猎等创造性生产活动，形成了比较稳定的劳动集体——母系社会的原始群落。至中石器时代，随着生产能力的提高，人们从采集果实中发现了一些更适宜人们食用的植物予以集中栽植，出现了农业；从狩猎中发现了一些较温顺的动物可以集中牧养，出现了畜牧业，于是原始群落中就产生了从事农业与从事畜牧业的分工。这就是人类历史上的第一次劳动大分工。到新石器时代的后期，农业成为主要的生产方式，逐渐产生了固定的居民点。

虽然当时的居民点已经有较大的范围，居住比较密集，但这些居民点还不是城市。水这种农业生产及生活中不可缺少的生存条件在远古时代显得尤为重要，所以原始的居民点，大都沿河发展，而且大多位于向阳的河岸台地上。我国的黄河中下游、埃及的尼罗河下游、西亚的两河流域都是人类历史上早期居民点比较集中的地方。

如西安的半坡遗址（见图 1-1），聚落位置选择在向阳、靠山、邻水的黄土台地上，四周设有防御壕沟，外围布置有手工作坊和墓地，村落中间还建有用于公共聚会的大型房屋建筑。早在六千多年前，我们的祖先就开始有意识地规划建设居民点，并对居民点进行合理的功能布局。

为了防御野兽的侵袭和其他部落的袭击，原始居民点外围往往挖筑壕沟，或用

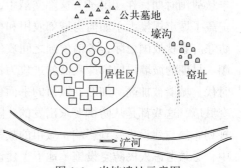

图 1-1　半坡遗址示意图

石、土、木等材料筑成墙及栅栏，主要是为了防御野兽的侵袭和其他部落的袭击。而这些沟、墙就成为以后城市的物质基础。随着社会生产力的进一步提高，劳动产品有了剩余，产生了交换的条件，逐渐地，商业和手工业从农业中分离出来，这就是人类社会第二次劳动大分工。随着交易范围的日益扩大，需要有固定的场所进行交易，从而促进了"市"的形成，这就是我国古代《易经》中所说的"日中为市，各易而退，各得其所"。从我国文字字义上来看，城是一种防御性构筑物，市是交易场所，所以，这种具有防御和商业贸易及手工业为主要职能的居民点，成为早期城市的雏形。

由此可见，生产力的进步与发展，生产方式与生活方式的变化是导致居民点形成与分化的根本原因，进而形成了以农业生产为主的居民点——村镇，以商业、手工业为主的居民点——城市。

城市的形成是私有制和阶级社会的产物，更是人类文明史上的一个飞跃。在我国《吕氏春秋》中就有"筑城以卫君、造廓以守民"的说法，据考古证实，距今 3 500 年

历史的古商城是我国最早的城市，亚洲西部的两河流域、非洲北部的尼罗河下游等地区也早在公元前 3000 年就已出现了城市。

1.1.3 城市的发展及其影响因素

城市因人类在集居中对防御、生产、生活等方面的要求而产生，并随着这些要求的变化而发展。人们集居形成社会，城市建设要适应和满足社会的需求，同时也受到科学技术发展的促进和制约。社会、经济、文化、科技等多方面因素直接影响城市的产生、发展和建设。

1.1.3.1 城市的安全防御要求

人类最初的固定居民点在位置选择与外围设施的修筑上，其主要目的就是防御要求。最初是防止野兽的侵袭，后来由于原始部落之间的战争进而加强了防御的功能。陕西半坡遗址等原始居民点外围设置的深沟，就是防御设施，其他原始居民点也有用石头、土筑墙或木栅栏等做防御安全屏障。

军事科技的进步，对早期城池的修筑和现代城市的建设都产生了深刻影响。中国春秋战国时期，在《墨子》这部文献中，记载有关于城市建设与攻防战术的内容，还记载了城市规模大小如何与城郊农田和粮食的储备保持相应的关系，以有利于城市的防守。春秋战国之际，各诸侯国之间攻伐频繁，形成了中国古代历史上一个筑城的高潮。早期的城墙以防御冷兵器的进攻为目的。火药的发明，使人类战争进入了热兵器时代，城墙被加高、加厚，城市的平面也曾由一套方城发展成二套城墙，都城则有三套城墙，这些都是从防御要求出发的。随着现代科学技术在军事上的广泛应用，城市规划布局与建设也受到影响，城市的战争防御系统已由地上转为地下。城市规划设计中，必须考虑人民防空设施（地下）建设的要求。

西亚巴比伦城（Babylon）建于公元前 3000 年，横跨幼发拉底河两岸，总平面呈矩形，筑有两重墙。这两重墙间隔 12 米，四周城墙又高又厚，城墙外有很深的壕沟环绕，有明显的防御作用（见图 1-2）。

1.1.3.2 社会形态影响城市的布局与建设

中外古代城市规划布局体现了森严的阶级等级制度，社会的阶级分化与对立在城市建设方面也有明显的反映。在中国的古代城市中，统治阶级专用的宫城居中心位置并占据很大的面积。商都"殷"城以宫廷区为中心，外围是若干居住聚落（邑），居民多为奴隶主和部分自由民。居住聚落的外圈为散布的手工业作坊，手工业奴隶栖息居穴之内；最外圈零散地分布着以务农为主的聚落，居住有下等自由民和农业奴隶，还有部分小奴隶主。曹魏邺城以一条东西干道将城市划为两部分：北半部为贵族专用，其西为铜雀园，正中为举行典礼的宫殿，其东为帝王居住和办公的宫廷，再向东为贵族专用居住区——戚里；南半部为一般居住区。隋唐长安城，中间靠北为统治阶级专用的宫城，其南为集中设置中央办公机构及驻卫军的皇城，均有城墙与其他东南西三面的一般居住坊里严格分开。坊里有坊墙坊门，早启晚闭实行宵禁，以便于管制。

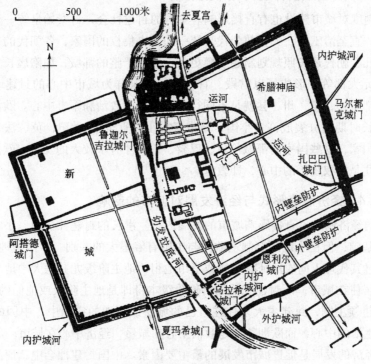

图 1-2　巴比伦城平面图

现代考古表明，古埃及卡洪城（Kahun）是人类最早的城市，建于公元前 3000年。卡洪城是为修建金字塔而建造的具有典型奴隶制特征的城市（见图 1-3）。

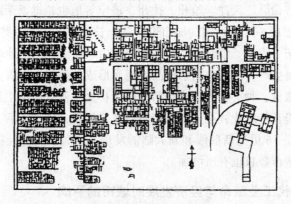

图 1-3　卡洪城平面图

城平面为长方形，边长 380 米 ×260 米，砖砌城墙将城市分为两部分，墙西为贫民居住区，挤满 250 多个小屋；墙东侧北部为贵族居住区，面积与贫民区相同，有

10～11个大院，墙东侧南部为中等阶层的居住区。

1.1.3.3　社会政治体制对城市的影响

社会制度对城市建设也有直接影响。中国的封建社会，自秦始皇统一全国，实行郡县制后，直至清王朝，大多数朝代是统一的中央集权的国家，各朝代的都城规模都很大，有几个朝代还按照规划新建规模更大、布局严整的都城，如隋唐长安城、东都洛阳城、元大都等，形成了以宫殿、官府衙门建筑群为城市中心的封建政权统治中心。除了都城外，府、州、县就是不同行政管辖区的政治和军事中心。欧洲的封建社会，在很长时期内分裂成许多小国，城市规模小，直至17世纪，英、法、德建立君权专制的国家，这些国家的都城伦敦、巴黎、柏林才有了较大的发展。欧洲封建城市的中心往往是神权统治的中心，即教堂。

1.1.3.4　经济制度形式与经济发展对城市的影响

不同的经济制度也直接影响城市的发展形态。漫长的封建社会中，小农经济是社会的经济基础，但在土地所有制上欧洲与中国有着很大的差别。中国是地主所有制，地主可通过其代理人向农民征收实物或货币地租，地主阶级尤其是大中地主可以离开农村集中居住在城市，而封建统治的官僚阶级本身即是地主阶级或他们的代表人物。欧洲是封建领主制，封建主大多住在自己的城堡或领地的庄园中。中国的城市是政治、经济生活的中心，而欧洲往往是政治中心在城堡，经济中心在城市。

商品经济的发展是促进城市发展的最主要因素。中国封建社会中，商品经济发展虽然缓慢，但在一些商路交通要地、河流的交汇点等，商业发达、手工业集中，往往形成一些商业都会。南北朝以后，因隋代大运河修通，在运河沿线发展起繁荣的商业都会，如汴州（开封）、泗州、淮安、扬州、苏州、杭州等。元代后，建都北京，南北大运河仍为经济命脉。天津、沧州、德州、济宁等地也相继繁荣起来，与原来已有的一些商业城市形成一个沿运河的城市带，并与长江中下游的一些商业城市如汉口、九江、芜湖、安庆、南京、镇江联系起来，成为中国经济发达的地带。

城市最初是因生产力提高，剩余产品交换而形成的商市。随着生产力的进一步发展，剩余产品的数量、种类扩大，交换活动因之扩大，商市也由小到大，由不固定到固定的场所。在漫长的农业社会中，城市发展非常缓慢，中世纪后，随着手工业及商业的发展，特别是16世纪新航线和新大陆的发现，刺激了商品经济和海上贸易，城市的发展较快，城市数目也有所增加。

1.1.3.5　近代工业革命与经济发展对城市的影响

人们把农业的产生称为第一次产业革命，使人类社会出现了定居的居民点。近代的工业革命被称为第二次产业革命，它使城市产生了飞跃式的发展和巨大的变化。

1. 城市工业的发展与人口的聚集　被称作工业革命标志的蒸汽机的发明实际上是

能源和动力的革命，它使人们开始摆脱依赖风力、水力等天然能源的局面。有了人工的能源就有可能把生产集中于城市，从而使加工工业迅速地在城市发展，并随之带动了商业和贸易的发展，城市人口也迅速膨胀。工业化吸收了大量农业人口，使之转化为城市人口，城市扩展也吞并了周围的农业用地，失去土地的农民流入城市，成为工人。这些都加速了城市化。

2. 城市布局的变化　工业化初期，在工厂的外围修建了简陋的工人居住区和为他们生活服务的食品店、裁缝铺等设施，随工业生产规模的扩大，又需要在其外围修建工厂及工人住宅区，这样圈层式的向外扩张，成为工业化初期城市发展的典型形态。工业发展及其类型的增多，工业需要大量的原料，产品要运输至外地，原料及产品均需要储运，就出现了城市仓储用地。

城市人口的聚集、生活水平的提高和需求的多样化，应运而产生了许多新类型的商业及公共建筑。经济活动的增加、金融机构的产生，城市中又出现了商务贸易活动的地区。

火车、轮船的出现，成为城市对外的主要交通运输工具。因铁路、车站、码头等对外交通设施均有着自己的用地选址要求，也使城市结构布局产生了极大变化。19世纪末汽车逐渐成为城市的主要交通工具，对原来马车时代的道路系统也带来很大冲击，城市的道路系统布局发生很大变化。

随着经济与对外贸易的发展，新的城市类型也有所增加，出现了港口贸易城市、矿业城市、交通枢纽城市，或以某种产业为主的城市等。原来的一些大城市则发展成为工业、商业、金融、贸易等综合功能的经济中心。

3. 城市与环境　布置在城市中的工业生产过程必然产生并排放大量的废气、污水等，其中一些有害的排放物，对居民的生活环境产生不利的影响。城市居民生活水平的提高也会产生大量的生活污水及固体废弃物，致使城市物质生活提高的同时，伴生了对环境的负面效应。

城市扩展的过程，就是自然环境变为人工环境的过程，城市成为人类改造自然最为彻底的地方，也使城市居民减少或丧失了原有的与自然密切接触的种种优点和乐趣。如何在城市化、城市发展过程中处理好人工环境与自然环境的关系，就成为现代城市规划学科的重要课题。

1.1.3.6　科学技术发展带来城市的聚集效益及高质量的城市生活

生产和人口的聚集，促使城市发展，带来了前所未有的生产力的聚集，创造了巨大的物质财富。工业的发展、工业门类的增加、科技的进步、多种产业的协作、科技的交流，为城市带来巨大的聚集效益和规模效益。

商品的交流和集散、信息的发达、人口的集中和流动使城市成为物流、人流、信息流的中心。

科技的发展，促进了市政工程及城市公用设施的发展，自来水、电灯、电话、煤气、公共汽车、电车、地下铁道、污水处理系统等技术上的不断改进，使城市的物质生活达到很高的水平。学校、剧院、图书馆、博物馆、娱乐设施的集中也使城市的文化生活水平不断提高。

工业社会使城市高度发展，是社会经济发展的必然结果，是社会进步的表现，但同时也出现了由于工业化及人口增加产生的土地问题、住房问题、交通问题、环境污染问题及其他社会问题。这些问题在城市规划中不断地被解决，也不断地出现新的问题。

第二次世界大战后经济的恢复，工业的发展，也带来了城市化进程的加快，城市人口规模不断扩大，至20世纪90年代，世界城市人口已达到总人口的50%。城市的集中发展虽然在创造较高的经济效益，并带来某些高水平的物质、文化生活质量，但同时出现城市远离自然，城市的建设及对自然环境的改造，必然会带来一些生态环境的问题，如大气及水质的恶化、热岛效应、人口的拥挤，等等。所以在城市集中发展的同时，也出现城市分散发展的理论和实践，如在郊区建造卫星城，英国的新城运动等。

城市的对外交通发展也有很大变化，航空、汽车取代了火车及轮船的远程或市际客运的地位，机场及航空港与火车客运站都成为城市"大门"，在有的城市中，竟还取而代之。国际经济的全球化，使海上货运有了很大发展，船体的大型化、集装箱化，使城市及大型工业靠海发展致使港口城市的结构布局发生变化。

第二、第三产业在城市的集中，产业门类的增加与分工协作，使城市具有强大的聚集效益，城市的规模不断扩张。城市强大的经济实力也使其向周围的地区及城镇产生巨大的辐射效应。大量相互交换的物流、人流、信息流，使城市与区域城镇的联系更密切。大城市的原中心向外圈层式扩展的模式，逐渐向在空间上有隔离，由便利的交通网络联系，在产业上有协作及分工的城镇群，或城镇密集地区的方向发展。

第二次世界大战后世界经济的发展，世界经济的一体化趋势、跨国公司企业集团的发展，对一些发达的城镇密集地区的影响更大，如美国的东北部、芝加哥地区、西海岸城市带，日本的阪神地区，英国的东南部地区（伦敦、伯明翰、曼彻斯特），欧洲中部地区（德、荷、比、法），等等。中国的城镇密集地区有以上海为中心的长江三角洲地区、广州为中心的珠江三角洲地区、京津唐地区、辽南地区、成都地区等。

由于经济的高度发展，人类对自然的改造及对地球资源的开发利用，渐渐发展到对环境的破坏，也危及人类自身的生存环境，人们在严酷的事实中逐渐认识到"只有一个地球"的现实，1996年在巴西里约热内卢由联合国召开的政府首脑会议上发表宣言，提出了关于持续发展的号召，规划工作者也逐渐认识到把环境与城市持续发展的思想，体现在城市与区域的发展规划之中。

科学技术发达带来物质生产的高度发展及人们物质生活的提高，同时也引发了人们对精神文明的重视，对不可再生产的历史文化遗产的重视，对城市是人类历史文化发展的积淀成果这一特征的认同，认识到如何使高度发达的生产技术与传统的历史文化相融合。全球经济一体化的趋势，以及交通的发展，各国之间经济、文化交流的密切，造成世界范围内的某种趋同性，如何与保持各民族及地区特色文化的多样性相协调，使未来的城市成为多姿多彩的城市。

人工能源及加工工业的集中造成城市的发展、规模的扩大，是工业社会城市发展的模式。随着科学技术的发展，特别是以计算机技术为代表的信息产业的发展，一些发达国家已进入后工业社会，即信息社会。计算机进入社会的各个方面，城市中办公、教育、医疗、购物等方面的信息化、远程化，居住建筑功能扩大，生产分散化、小型化，这种种因素将促使城市发展形态、发展模式的变化。

1.2　现代城市规划的主要思想理论

近代工业革命给城市带来了巨大的变化，创造了前所未有的财富。但随之城市矛盾日益尖锐，诸如居住拥挤、环境质量恶化、交通拥挤等。因此从全社会的需要出发，提出了如何解决这些矛盾的城市规划理论。

1.2.1　空想社会主义城市

从资本主义早期的空想社会主义者、各种社会改良主义者及一些从事城市建设的实际工作者和学者提出了种种设想，到 19 世纪末 20 世纪初形成了有特定的研究对象、范围和系统的现代城市规划学，由此，产生了如何解决这些矛盾的理论。如托马斯·莫尔（Thomas More，1477—1535）的"乌托邦"（Utopia），安得雷雅的"基督徒之城"，康帕内拉的"太阳城"等。

空想社会主义的乌托邦是托马斯·莫尔在 16 世纪时提出的。当时资本主义尚处于萌芽时期，针对资本主义城市与乡村的脱离和对立，私有制和土地投机等所造成的种种矛盾，莫尔设计的乌托邦中有 50 个城市，城市与城市之间最远一天能到达。城市规模受到控制，以免城市与乡村脱离。乌托邦每一座城都有面积相同的辖区，区内有农庄，房屋整洁美观，住宅后面有花园。城市街道宽约 6 米，还有公共食堂，公共医院等。

康帕内拉的"太阳城"方案中财产为公有制。居民从事畜牧、农业、航海、防卫等。城市空间结构由 7 个同心圆组成。

19 世纪上半叶，法国社会理论家傅立叶提出了一种叫"法郎基"的基本生产单位，由 1 500 ~ 2 000 人组成公社，生产与消费结合，不是家庭小生产而是有组织的大生产。通过公共生活的组织，减少非生产性家务劳动，以提高社会生产力。公社的住所是很大的建筑物，有公共房屋也有单独房屋。他还具体设计了"法郎基"。

英国的企业家罗伯特·欧文针对当时已产生的社会弊病，提出了种种社会改良的设想，并于 1813 年出版了《新社会观，或论人类性格的形成》一书，书中提出了一个"新协和村"的示意方案，居民人数为 500 ~ 2 000 人，耕地面积为 4 000 平方米 / 人左右。"新协和村"中间设公用厨房、幼儿园、小学、会场、图书馆等，周围为住宅，附近有用机器生产的工厂与手工作坊。村外有耕地牧场及果林。全村的产品集中于公共仓库，统一分配。1852 年欧文在美国印第安纳州买了 12 000 万平方米土地，带了 900 人去实现"新协和村"，但在整个资本主义社会的包围下，不久就失败了。

这些设想和理论对当时的城市建设并没有产生什么实际影响，但他们把城市作为一个社会经济的范畴，而且看到城市应为适应新的生活而变化，这显然比那些把城市和建筑停留在造型艺术的观点要全面一些。空想社会主义把城市建设与更大范围内的社会改造联系起来的思想，在改善居住条件，创造城乡结合环境方面所做的努力，以及加强公共生活、公共设施的完善做法，对后来的城市规划思想有着很大的影响，成为"田园城市""卫星城镇"等城市规划理论的渊源。到 19 世纪末逐渐形成了有系统理论、有特定研究对象和范围的现代城市规划学科。

1.2.2　田园城市

1898 年英国人霍华德提出了"田园城市"的理论。他经过广泛的社会调查，看到了资本主义城市的种种矛盾。霍华德认为，城市无限制发展与城市土地投机是资本主义城市灾难的根源，建议限制城市的自发膨胀，并使城市土地属于这一城市的统一机构；城市人口过于集中是由于城市吸引人口的"磁性"所致，如果把这些磁性进行有意识的移植和控制，城市就不会盲目膨胀；如果将城市土地统一归城市机构，就会消灭土地投机，而土地升值所获得的利润，应该归城市机构支配。

1898 年霍华德发表了《明日，一条通向真正改革的和平之路》(1902 年修订再版时，更名为《明日的田园城市》)一书，指出"城市应与乡村结合"。书中提出了建立兼有城市和乡村优点的理想城市，限制城市的自发膨胀，将城市吸引人的"磁性"进行有意识的移植和控制。为了更具体地阐述他的理论，他提出了一个"田园城市"的规划图解方案（见图 1-4），城市规模不大，约 3.2 万人，占地 400 万平方米，外围有 2 000 万平方米为永久绿地。城市部分由一系列同心圆组成，中心是公园与公共建筑，有 6 条干道自中心向外辐射，把城市划分为六个区。城市外围建设工厂、仓库，最外层为环形道路。这样若干个花园城市围绕一个中心城市布置，形成城市组团。他强调永远要在城市周围保留一定的绿带。

霍华德提出的"田园城市"与一般意义上的花园城市有着本质上的区别。他把城市当作一个整体来研究，联系城乡的关系，提出适应现代工业的城市规划问题，对人口密度、城市经济、城市绿化的重要性问题等都有一定的见解，对城市规划学科的建立起了重要的作用。今天的规划界一般都把霍华德"田园城市"方案的提出作为现代城市规划的开端。

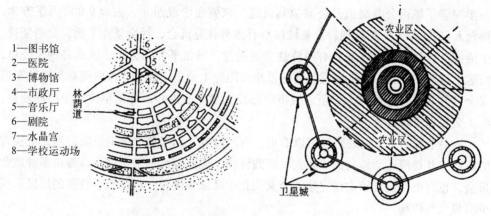

1—图书馆
2—医院
3—博物馆
4—市政厅
5—音乐厅
6—剧院
7—水晶宫
8—学校运动场

图 1-4 霍华德"田园城市"方案

1.2.3 卫星城镇规划

20 世纪初，大城市的恶性膨胀，使如何控制及疏散大城市人口成为突出的问题。受"田园城市"的启发，霍华德"田园城市"理论的追随者恩维（Unwin）提出在大城市的外围建立卫星城市，以疏散人口，控制大城市规模，并在 1922 年提出了一种理论方案。即在恶性膨胀的大城市周围，建立一些小城镇，而对这些小城镇着重地研究了规模、布局、环境等，使之创造良好的生活环境以疏散大城市的人口，缓解大城市的矛盾。同时期，美国规划建筑师惠依顿也提出在大城市周围用绿地围起来，限制其发展，在绿地之外建立卫星城镇，设有工业企业，和大城市保持一定联系。卫星城的发展经历了三个阶段。

最初只是附属于大城市的近郊居住城。如 1912 ~ 1920 年巴黎制定了郊区的居住规划，城镇仅供居住，没有生活服务设施，居民的生产工作及文化生活上的需要尚需去巴黎解决，这种城镇一般也被称为"卧城"。

以后又出现了半独立的卫星城。这类卫星城镇不同于"卧城"，除了居住建筑外，还设有一定数量的工厂、企业和服务设施，使一部分居民就地工作，另一部分居民仍去母城工作。如 1918 年芬兰建筑师沙里宁按照有机疏散理论制定了大赫尔辛基规划方案，主张在赫尔辛基附近建立一些半独立的城镇。后来瑞典斯德哥尔摩附近也建造了一些半独立的城镇，著名的有魏林比，它有一定的工业和服务设施，部分人可以就地工作。

第三代的卫星城实质上是独立的新城。它距母城较远，有自己的工业，有全套的服务设施，可以不依赖母城而独立存在，再实施以行政及财政的鼓励措施，吸引了许多人口，达到了真正疏散大城市的目的。以英国在 20 世纪 60 年代建造的米尔顿凯恩斯（Milton Keynes）为代表。其特点是城市规模比第一、第二代卫星城扩大，并进一步完善了城市公共交通及公共福利设施。该城在伦敦西北,占地 9 000 万平方米,规划人口 25 万人,其规划特点是城镇具有多种就业机会,社会就业平衡,交通便捷,生活接近自然,规划方案具有经济性和灵活性。城市平面为方形,纵横各约 8 公里,高速干道横贯中心。方格形道路网的道路间距为 1 公里。邻里单位内设有与机动车道完全分开的自行车道与人行道。城市中心设大型商业中心,邻里单位设小型商业点,位于交通干道的边缘。

从卫星城的三个发展阶段可以看出,由"卧城"到半独立的卫星城,到完全独立的新城,其规模逐渐趋向由小到大。实践证明,规模较大的卫星城可以提供多种就业机会,也有条件设置较大型完整的公共文化生活服务设施,可以吸引较多的居民,减少对母城的依赖。

1.2.4　《雅典宪章》和《马丘比丘宪章》

《雅典宪章》和《马丘比丘宪章》是两个有关城市规划的思想、理论、观点和方法的重要文献,具有广泛的影响,成为城市规划方面国际公认的纲领性文件和宣言。

1933 年国际现代建筑协会(C.I.A.M.)在雅典开会,主要研究城市规划与建筑问题,并制定出一个《城市规划大纲》(以下简称《大纲》),《大纲》集中地反映了当时"现代建筑"学派的观点。《大纲》首先提出,城市要与其周围影响的地区作为一个整体来研究,指出城市规划的目的是解决居住、工作、游憩与交通四大城市功能的正常进行。这个《大纲》后来被称为《雅典宪章》。

《大纲》指出,城市发展过程中出现的种种矛盾是由于大工业生产方式的变化及土地私有引起的。城市应按全市人民的意志进行规划,要以区域规划为依据。城市按居住、工作、游憩进行分区及平衡后,再建立与三者联系的交通网。居住为城市主要因素,要多从居住者的要求出发,应以住宅为细胞组成邻里单位,应按照人的尺度(人的视域、视角、步行距离等)来估量城市各部分的大小范围。城市规划是一个三度空间的科学,不仅是长宽两方向,还应考虑立体空间。要以国家法律形式保证规划的实现。

《大纲》分析了当时居住、工作、游憩与交通四大城市功能活动存在的问题。《大纲》认为:居住的主要问题是城市中人口密度过大,缺乏敞地及绿化;工业区太近,生活环境不卫生;房屋沿街建造影响居住安静,日照不良,噪声干扰;公共服务设施太少而且分布不合理。因而建议居住区要用城市中最好的地段,规定城市中不同地段采用不同的人口密度。工作的主要问题是工作地点在城市中无计划地布置,与居住区距离过远。《大纲》中建议有计划地确定工业与居住的关系。游憩的主要问题是城市绿地面积少,而且位置不适中,无益于市区居住条件的改善。因此建议新建居住区要多保留空地,旧区已坏的建筑物拆除后应辟为绿地,要降低旧区的人口密度,在市郊要保留良好的风景地带。关于交通,《大纲》认为,城市道路完全是旧时代留下来的,宽度不够，交叉口过多，未能按功能进行分类。《大纲》提出，城市交通条件改善应从整个道路系统的规划入手；街道要进行功能分类，车辆的行驶速度是道路功能分类的依据；要按照调查统计的交通资料来确定道路的宽度。《大纲》还提出，城市发展中应保留名胜古迹及历史建筑。

1978 年 12 月，在秘鲁的利马召开了世界建筑师大会，围绕城市问题展开讨论，对《雅典宪章》40 多年的实践作了评价，认为实践证明《雅典宪章》提出的某些原则是正确的，而且将继续起作用，如把交通看成为城市的基本功能之一，道路应按功能性质进行分类，改进交叉口设计等。同时也指出，要注意在发展交通与"能源危机"之间取得平衡。实践证明，《雅典宪章》中认为城市规划的目的是要综合城市四项基本功能——生活、工作、游憩和交通而规划，就是解决城市功能分区问题是具有局限性的。这次集会后发表了马丘比丘宣言，也称《马丘比丘宪章》。其主要观点是，把城市与区域联系在一起考虑，要有效地使用人力、土地和资源。同时提出单纯追求严格的功能分区，牺牲了城市的有机组织，忽视了人与人之间多方面的联系，应努力创造综合的多功能的生活环境。提出生活环境与自然环境的和谐问题，要重视历史文化和地区特色。

1.2.5　邻里单位、小区规划与社区规划

20 世纪 30 年代，相继在美国和欧洲，出现了一种"邻里单位"（neighborhood unit）的居住区规划思想。"邻里单位"理论要求在较大的范围内统一规划居住区，使每一个"邻里单位"成为组成居住区的"细胞"。规划首先考虑的是幼儿上学不要穿越交通道路，"邻里单位"内要设置小学，以此决定并控制"邻里单位"的人口及使用的规模。后来考虑在"邻里单位"内部设置为居民服务的、日常使用的公共建筑及设施，使"邻里单位"内部和外部的道路有一定的分工，防止外部交通在"邻里单位"内部穿越。建筑自由布置，住宅要有充分的日照、通风和庭院。

"邻里单位"的居住区规划思想适应了现代城市因交通发展带来的规划结构上的变化，把生活居住对环境安静、朝向、卫生和安全等需要放在了重要的地位，因此对以后的居住区规划产生了很大影响。

第二次世界大战后，在欧洲一些城市的重建和卫星城市的规划建设中，"邻里单位"的居住区规划思想更进一步得到应用和推广，并且在它的基础上发展成为"小区规划"理论。把小区作为一个居住区构成的"细胞"，将其规模扩大，不限于以一个小学的规模来控制，也不仅是由一般的城市道路来划分，用地由交通干道或其他天然或人工的界线（如铁路、河流等）为界。在小区内，把居住建筑、公共建筑、绿地、道路等有机地组织在一起，小区内部道路系统与周围城市干道有明显的划分。公共建筑的项目及规模扩大，除居民日常必需品的供应以外，一般的生活服务都可以在小区内解决。

20 世纪 60 年代后，城市规划领域中对城市的社会问题的认识逐步提高，居住区规划设计不再局限于住宅和设施等物质环境，而是将解决居住区内的社会问题提高到重要位置，居住区逐渐演化为一个社会学意义上的社区。小区规划的提法也将逐步由社区规划的概念所取代。社区包含了居民相互间的邻里关系、价值观念和道德准则等维系个人发展和社会稳定与繁荣的内容。因此，居住区的构成既应该考虑其物质的组成部分，也应充分关注其非物质的内容。

1.2.6　我国城市规划建设与《城市规划法》《城乡规划法》的颁布

1949 年中华人民共和国成立后，城市建设工作有了很大发展。城市规划也得到了相应发展，在指导城市建设和配合国家现代化建设方面发挥了积极的作用。

新中国成立初期，针对旧中国城市遗留下来的大量问题，我国城市建设的主要任务是城市基础设施和居住条件的改善与加强。第一是整治城市环境；第二是改善城市居民的居住条件；第三是整修道路，增设城市公共交通。

为配合大规模的经济建设工作，1952 年 9 月，中央人民政府召开了全国城市建设座谈会，正式提出了城市规划工作的重要性，并开始成立城市建设机构，加强对城市建设的领导。

"一五"期间，我国城市建设的重点是建设一批有重要工程的新工业城市，提出要在重点工业城市及工业区加强规划工作，尤其是在大企业选址上。按照城市建设的统一规划，有组织、有计划、有步骤地建设道路、给水排水等各项市政公用设施和住宅以及各项生活服务设施，以使城市内生产设施与生活设施配套。我国的城市建设在"一五"期间初步走上了按规划建设的轨道。

"大跃进"时期，我国许多城市为适应工业发展的需要，各地迅速编制、修订城市规划，积极进行城市建设，在此期间由于受"左"的思想影响，城市规划工作中也出现了脱离实际、急于求成、盲目扩大城市规模的问题，使城市建设也出现了"大跃进"的形势。

"文化大革命"开始后，我国城市建设遭受到严重的破坏，城市建设和规划工作被迫停顿、机构被撤销、图纸资料被销毁，城市规划被废弃，乱拆乱建成风，园林、文物遭破坏，交通秩序紊乱，城市正常的生产、生活秩序受到了严重的冲击，给城市建设造成了无法弥补的损失。

十一届三中全会以后，党的工作中心转移到社会主义现代化建设上，经济开始飞跃发展，城市建设工作因此也步入了崭新的阶段。

1989 年 12 月 26 日，第七届人大常委会第十一次会议通过了《中华人民共和国城市规划法》（以下简称《城市规划法》），并于 1990 年 4 月 1 日实施。它首先以法律的形式肯定了城市规划在国家建设中的地位和作用，理顺了规划编制和管理过程中各方面的关系，明确了规划的内容和方法，强调了管理的程序和权限。《城市规划法》

的施行是我国在城市规划、建设和管理方面的第一部法律,为城市规划的编制和实施提供了法律保障。这一时期被称为我国城市规划的第二个春天。

改革开放和市场经济给我国城市发展建设带来巨大活力,城市建设出现大发展形势和新的机遇。2001 年城镇化发展战略的实施,推动了我国城镇化快速发展的进程。一方面,新的形势要求城市规划不断改革与发展,以适应经济社会发展和生态文明建设的客观需要;另一方面,开发区的泛滥、房地产业的强势、形象工程的压力、大拆大建的难控,又要求城市规划必须提高科学编制水平和加大有效监督的力度,以保证城市建设健康有序和可持续发展。在这种情况下,2007 年 10 月 28 日《中华人民共和国城乡规划法》(以下简称《城乡规划法》)颁布,成为我国新世纪城市规划领域的里程碑。这是建立和完善市场经济体制,贯彻落实科学发展观,保证城镇化健康发展的法律成果和法治武器。该法规定的"先规划后建设"原则,涵盖了城乡统筹领域,通过法律形式强调了城市规划的重要性,则进一步突出了城市规划的地位与作用。与此同时,也对城市规划赋予了更大的责任和更高的要求。

1.3　城市化与城市发展趋势

1.3.1　城市化含义

城市化是人类进入工业化时代,社会经济发展中农业活动的比重逐渐下降和非农业活动的比重逐步上升的过程,也即农业人口及土地向非农业的城市转化的现象及过程。主要体现在以下几个方面:

(1)城市化是一个城市生活方式的发展过程。它意味着人们不断被吸收到城市中,并被纳入城市的生活组织中去,而且还意味着随城市发展而出现的城市生活方式的不断强化。

(2)城市化是人口向城市集中的过程。这种过程可能有两种方式:一是人口集中场所(城市地区)数量的增加,二是每个城市地区人口规模的不断增加。

(3)城市化是人口职业的转变过程。即由农业转变为非农业的第二、第三产业,表现为农业人口不断减少,非农业人口不断增加。

(4)城市化是由于经济专业化的发展和技术的进步,人们离开农业经济向非农业活动转移并产生空间集聚的过程,即产业结构的转变过程。工业革命后,工业不断发展,第二、第三产业的比重不断提高,第一产业的比重相对下降,工业化的发展也带来农业生产的现代化,农村多余人口转向城市的第二、第三产业。

(5)城市化是土地及地域空间的变化过程。这一过程包括在农业区甚至未开发区形成新的城市,以及已有城市向外围的扩展,也包括城市内部已有的经济区位向更集约的空间配置和高效率的结构形态发展。具体表现在农业用地转化为非农业用地,由比较分散、密度低的居住形式转变为较集中成片的、密度较高的居住形式，从与自然环境接近的空间转变为以人工环境为主的空间形态。

城市化也可以称为城镇化，其优越性在于为人们创造一个优越的生活空间环境。相对集中的用地及较高的人口密度，便于建设较完备的基础设施，包括商业服务、文化教育、道路交通、给排水管道、供电及其他公用设施，这与农村的生活质量相比有很大的提高。

城市化是工业革命后的重要现象，是社会发展进步的必然规律，城市化速度的加快已成为历史的趋势，城市化进程有其一定的规律性，研究各国城市化的历程，结合我国国情，预测城市化的趋势及水平对当前的社会经济发展及迎接新世纪大规模的城市化有重要的意义。

1.3.2 城市化的特征与发展趋势

1.3.2.1 城市化水平的度量

城市化水平指城镇人口占总人口的比重。人口按其从事的职业一般可分为农业人口与非农业人口（第二、第三产业人口）。

城市化水平体现了社会发展的水平，表示了工业化的程度。

某地域城市化水平的度量可用如下公式简要表达：

$$PU = \frac{U}{P} \times 100\%$$

式中　　PU——城市化水平；

　　　　U——测算地域城镇人口数量；

　　　　P——测算地域总人口数量。

1.3.2.2 城市化进程的表现特征

（1）城市人口占总人口的比重不断上升。

（2）产业结构中，农业、工业及其他行业的比重不断变化。农业的比重持续下降，第三产业的比重增加，是不可逆转的总发展趋势。城市化水平体现一个城市的经济发达程度及居民生活水平高低。城市化水平越高，其国民生产总值也越高，第二、第三产业的人均产值也高于第一产业，居民生活水平也高。

（3）城市化水平与人均国民生产总值的增长成正比。

（4）城市化水平高，不仅是建立在第二、第三产业发展的基础上，也是农业现代化的结果。农业人口的减少产生在农业发展的基础上，农业人口的剩余也成为城市化的推动力。

1.3.2.3　城市化的历史进程

城市化的历史进程大体分为三个阶段：

初期阶段——生产力水平尚低，城市化的速度较缓慢，城镇人口占总人口比重在30% 以下，较长时期才能达到 30% 左右。

中期阶段——由于经济实力明显增加，城市化的速度加快，在不长的时期内，城镇人口占总人口比重在 30% ~ 70% 之间。

稳定阶段——农业现代化的过程已基本完成，农村的剩余劳动力已基本上转化为城市人口。城镇人口占总人口比重在 70% ~ 90% 之间。

1.3.2.4　城市化发展趋势

18 世纪西欧工业革命开始后，出现了现代化的工厂化大生产，资本和人口在城市集中起来，农民向城市集中，城市的用地扩大，把周围的农田变成了城市，村镇变成了城市，小城市又发展成为大城市。

城市化的发生和发展受着农业发展、工业化和第三产业崛起三大力量的推动和吸引。农业发展首先为城市化提供了初始动力，工业化是城市化的根本动力，第三产业则是城市化发展的后续动力。

城市化发展趋势主要表现在以下几方面：

（1）城市化增长势头猛烈而持续。

（2）城市化发展的主流已从发达国家转移到发展中国家。

（3）人口向大城市迅速集中，使大城市在现代社会中居于支配地位。

1.3.3　我国城市化进程的特点及城市建设发展的原则

1.3.3.1　城市化进程的特点

城市化是社会经济发展的结果，是历史的必然趋势。中国的城市化进程较西方晚，从 19 世纪后半叶开始，速度很慢，发展也不平衡，东南部沿海地区发展较快，而内地大部分地区仍处在农业社会。新中国成立后城市化速度加快，但是由于经济发展及政策上的某些波动，与同时期一些国家比较仍较慢，至 20 世纪 70 年代末按当时的户口划分标准约达 14%。改革开放以来，城市化速度加快，至 1986 年，按当时的户口划分标准达到 26%，1999 年达到 29.5%，2000 年第五次人口普查结果为35.39%，2010 年第六次人口普查结果为 49.68%（见图 1-5 和表 1-1）。

我国的城市化水平由于自然条件的差异，社会经济发展不平衡，城市化进程具有以下特点：

（1）东、中、西部地区城市化水平在一定时期内存在着较大差异，东部高于西部。

（2）城镇人口增长较多，但城镇人口占总人口比重增加不快，城市化发展速度相对仍比较缓慢。

（3）城镇人口占总人口比重增加速度很不稳定，既有激增又有骤减，波动十分明显。

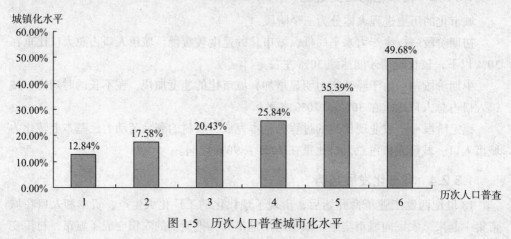

图 1-5　历次人口普查城市化水平

表 1-1　各省（市）城镇化率及增速情况

	2008 年城镇化率（%）	2009 年城镇化率（%）	2008 年增速率（%）	2009 年增速率（%）
全国	45.7	46.6	0.8	0.9
北京	84.9	85	0.4	0.1
天津	77.2	—	0.9	—
河北	41.9	—	1.65	—
山西	45.11	—	1.08	—
内蒙古	51.7	53.4	1.55	1.7
辽宁	60.1	60.3	0.9	0.2
吉林	53.2	53.3	0.04	0.0
黑龙江	55.4	55.5	1.5	0.1
上海	88.7	—	0.00	—
江苏	54.3	—	1.1	—
浙江	57.6	—	0.4	—
安徽	40.5	42.1	1.8	1.6
福建	49.9	51.4	1.2	1.5
江西	41.4	43.18	1.6	1.78
山东	47.6	—	0.85	—
河南	36.0	37.7	1.66	1.7
湖北	45.2	46.0	0.9	0.8
湖南	42.1	43.2	1.65	1.1
广东	63.4	63.4	0.26	0.0
广西	38.2	39.2	1.96	1.0
海南	48.6	—	1.4	—
重庆	50	51.6	1.66	1.6

（续）

	2008 年城镇化率（%）	2009 年城镇化率（%）	2008 年增速率（%）	2009 年增速率（%）
四川	37.4	38.7	1.8	1.3
贵州	29.1	29.9	0.86	0.8
云南	33	—	1.4	—
西藏	22.6	23.8	0.09	1.2
陕西	42.1	43.5	1.48	1.4
甘肃	32.2	32.7	0.61	0.5
青海	40.9	—	0.83	—
宁夏	45.5	—	1.48	—
新疆	39.6		0.45	—

注："—"表示数据未获得。

资料来源：2008 年度城镇化率数据来自《全国统计年鉴 2009 年》。2009 年度城镇化率数据依据各省公布的统计公报整理。本表引自《中国城市发展报告 2009～2010 年》，中国建筑工业出版社。

1.3.3.2　城市建设和发展原则

21 世纪我国将会有大规模的城市化，农村多余的大量人口是城市化的动力，也是压力。预计未来我国将有大量的人口要转入城镇。根据发达国家所经历的城市化道路的经验与教训，必须认清两方面问题：一是不能走一些国家曾出现的情况，即大量农村人口，或失去土地的农村人口，或弃农进城的人口，盲目地流入大城市，在大城市外围形成圈层式的大量的环境恶劣的贫民区，如墨西哥城、印度的加尔各答等城市；二是要走具有中国特色的小城镇的道路，在大中城市外围修建"小水库"，拦洪蓄水，避免大量人口拥入大城市，造成灾害。

根据《中华人民共和国城乡规划法》中的表述，"城市的建设和发展，应当优先安排基础设施以及公共服务设施的建设，妥善处理新区开发与旧区改建的关系，统筹兼顾进城务工人员生活和周边农村经济发展、村民生产与生活的需要。"城市的建设和发展应当遵守的原则有：

第一，应当优先安排基础设施以及公共服务设施的建设。基础设施和公共服务设施是城市建设和发展的重要组成部分，是城市运行和产生聚集效益的决定性因素，是城市各行各业生产及居民生活必不可少的。因此，城市的建设和发展，应当优先安排基础设施以及公共服务设施的建设。

第二，妥善处理新区开发与旧区改建的关系。城市新区开发与旧区建设是适应城市功能战略结构调整和增强中心城市综合服务功能和辐射力等方面的需要，对城市结构、城市土地的合理利用和资源的优化配置等所进行的改、扩、新等方面的建设。城市的建设和发展，应当妥善处理新区开发和旧区改建的关系。

第三，统筹兼顾进城务工人员生活和周边农村经济社会发展、村民生产与生活的需要。有的城市建设和发展，往往注意形象工程，对于进城务工人员生活和周边农村经济社会发展、村民生产与生活给予重视的程度不够，一定程度上影响到了社会和谐。因此，城市的建设和发展，应当统筹兼顾进城务工人员生活和周边农村经济社会发展、村民生产与生活的需要。

1.3.4　城市发展趋势

1.3.4.1　全球城市化

发达国家大致在 20 世纪 70 年代相继完成了城市化进程（城市化水平 > 70%），步入后城市化阶段。而对于大多数发展中国家，当前城市化水平还处于从起步到快速发展的过渡期（城市化水平转折点为 30%）。

我国对城市化有了积极的认识，城市化被纳入国家发展政策中。中国城市化水平从 20 世纪 70 年代的 14%，提高到 2010 年的 49.68%，已经开始进入城市化快速发展期。

伴随着全球城市化的推进，人类在过去 100 年对自然资源和能源的消耗，达到人类历史上空前的程度，造成全球环境的恶化。城市的环境问题，已经不再是城市本身，而是牵涉到整个地区，跨国界的乃至全球范围的环境恶化和整治。

从 20 世纪 70 年代起，可持续发展的战略思想逐步形成，并已得到全世界的共识。但可持续发展战略的实施，必须在区域开发、城市建设和建筑营造各个层面得到全面贯彻。

全球的城市化和中国的城市化的发展，都已经达到或即将超越 50% 的历史性的关键点。发展中国家、新兴工业国家的快速城市化以及发达工业国家城市化的衰退，提出了整个人类的居住环境和生活方式重大变革的问题。相对较低的城市化水平可能会给中国提供结合国情发展城市政策的机会。

1.3.4.2　空间市场化

在世界范围内的城市更新中，由于市场经济的地域在 20 世纪末大规模扩大，在土地级差的作用下，城市用地出现重构和置换，原有建筑的功能将得以改变和改造，如仓库变为购物中心，码头改为娱乐中心等现象越来越频繁地出现。新建筑的创作和原有建筑的更新，将更加丰富城市的生活和景观。传统城市在保护继承中得到新生，旧城建筑和传统文化的保护，会变得越来越重要，同时也会面临越来越严峻的挑战。

同时，旧市区也在进行功能转换和更新，这就使社会经济的发展和文化传统的保护面临着空前的挑战。而在发展中国家，普遍受到经济力量和城市规划管理、建筑设计力量不足的困扰，尤其在决策层常被急功近利的心态所支配，造成决策不当，城市的文化传统遭到破坏。另一方面，城市在全球化过程中加剧了世界各种文化在城市中面对面的冲突，建筑师面临着都市多元文化的融合和创新的新课题。

1.3.4.3　信息网络化

交通与通信的进步使得城镇在地理上的分散成为可能，因而更接近自然。但在另一方面，又对环境构成新的损害。

1964 年计算机的发明引起了更为深远的变革，即信息革命。这场革命仅半个世纪，计算机网络已覆盖全球，电子货币、电子图像、电子声音、信息高速公路出现，生产自动化、办公自动化、家庭自动化将重新定义公共空间和私有空间。

工业革命使人们向城市集聚而疏远大自然，信息革命则使人们居住和工作空间扩散并亲近大自然；工业革命使人们从郊外到市中心工作，信息革命则使人们在郊外工作而到市中心娱乐、消费、社交等。

人类已逐步进入信息社会，信息化社会将使城市建设的时空关系发生革命性变革。"全球村庄""城市解体"引起人类的生活工作模式发生重大变化，通过现代信息网络，家庭将重新与工作场所相结合。智能社区、虚拟银行等的出现，使人们更盼望共享空间、交往场所、更多新类型建筑的涌现。因此，新的城市建筑形式将成为新城市景观的一部分。

1.3.4.4　城市全球化

世界经济格局的变化，全球性地影响到城市空间结构的深刻变化。资本和劳动力全球性流动，产业的全球性迁移，经济活动中心的全球性集聚，促使全球城市体系多级化。中心城市将更加发展，以实现其对全球经济的控制和运作。城市中心区的结构、建筑的综合体的组织以实现更高的效率，全球化时代的城市建筑风格将在城市规划师和建筑师的不断创造性劳动中诞生。

发展中国家快速的工业化，新型工业城市将加入"全球装配线"，并且推动着城市化。一些以跨国集团总部为标志的控制全球领域经济的"全球城"（global city）开始出现。地方建筑传统受到全球化的挑战。

1.4　城市规划与房地产开发

1.4.1　城市规划与房地产开发的内在联系

城市规划是通过规划方案对城市土地开发利用进行控制，对城市空间布局、空间发展的合理组织，创造良好的城市生活和生产环境，它是为满足城市社会经济可持续发展需要的技术手段。房地产开发是把多种原材料组合在一起，为人们提供各种用途的建筑物与活动空间的生产行为，是一个利用土地与空间转变成房屋的过程。从某种程度上说，这两者是城市建设的不同阶段，其共同目的是为城市服务，创造良好的生活和生产环境，以满足人们的需要。城市规划是城市房地产开发的"龙头"，它指导和制约着城市房地产开发，而城市规划所绘制的城市发展蓝图要依靠房地产开发来实现，并针对开发过程中出现的新情况而做出调整和补充，两者关系密不可分。

房地产业是一种城市形态的产业。房地产业的兴起、发展都离不开城市地域，它是在人群聚居的城市地区中，随着工业化、城市化的发展而发展，并形成的独立产业。房地产业在社会经济实践活动中的重要作用也主要是在城市形态中体现出来的。可见，房地产业的发展与城市的发展有着密切联系。

1.4.2　城市规划与房地产开发的本质特点

城市规划是一种政府干预行为，规划方案多由政府部门组织编制，具有很强的计划性和政策性，考虑整体利益和长远利益；而房地产开发多是企业或个人的经济行为，以谋求最大利润为目的，受市场经济规律的制约。这决定了城市规划与房地产开发的不同特点。

1.4.2.1　城市规划的整体最优和房地产开发的个体最优

城市规划考虑整个城市甚至更大区域范围内用地的合理组织，以求达到经济效益、社会效益和生态效益的统一，具有全局性的特点。它寻求城市发展的整体最优模式，对某一特定地段，某一特定行业的发展往往不是最优，甚至可能是极为不利的。房地产开发是个体经济行为，开发商从自身利益出发，总是选择区位条件最好的地段，采用收益最大化的开发方式，要求更高的容积率。如果缺乏规划管理，其开发活动很可能造成交通拥塞、环境污染、缺少公共设施等问题，甚至影响城市的全局。

1.4.2.2　城市规划的长远利益和房地产开发的短期行为

我国城市总体规划的年限一般为 20 年，即城市规划最终形式表达为 20 年以后的城市物质形态，城市长期发展利益为其重要依据。而对城市土地投资者和开发商最为重要的是如何使投入资金在最短时间内获得最大利润，短期行为目标成为衡量项目可行性的重要依据。城市开发建设要协调长远利益与短期利益的关系，使城市规划的宏伟蓝图通过一个又一个的房地产开发的短期活动来实现，城市得到稳步、协调的发展。如果过分强调长远利益，会失去经济发展的机会，过分强调短期效益，则可能加重未来城市的负担和损害城市公众利益。

1.4.2.3　城市规划的相对稳定性和房地产开发的突发性

我国城市规划编制工作需较长时间，完成后具有法律效应，实施若干年后，才加以修订，它的内容和表达形式具有相对稳定性。在具备竞争机制的市场体制下，房地产开发要抓住时机和注重开发后的收益。城市房地产开发的突发性有可能对现有城市规划产生较大的冲击。对城市发展具有重大影响的开发项目甚至影响政府决策并与规划目标相悖。

1.4.3　城市规划与房地产开发的关系

1.4.3.1　城市规划对房地产开发起到必要的管制作用

我国《城乡规划法》规定"城市、镇规划区内的建设活动应当符合规划要求。""在规划区内进行建设活动，应当遵守土地管理、自然资源和环境保护等法律、法规的规定"。《中华人民共和国城市房地产管理法》（以下简称《房地产管理法》）第二十五条规定"房地产开发必须严格执行城市规划，按照经济效益、社会效益、环境效益相统一的原则，实行全面规划、合理布局、综合开发、配套建设。"具体来说，就是城市建设用地的性质、位置、面积、建设工程的外观、高度、建筑密度、容积率等都必须接受规划管理。由于房地产开发以追求最大利润为目的，受市场经济规律影响，若没有规划干预容易产生过度开发、随意开发和忽视公众利益等问题，通过规划手段对其进行管制是十分必要的。

1.4.3.2　城市规划指导和促进房地产开发

建立在详细调查和科学论证基础上的城市规划，为开发商提供了大量信息和开发依据，房地产开发的地段选择，开发方案选取，价格评估等都能从城市规划中获得指导。合理的城市规划也能增强投资者的信心，促进房地产开发和形成开发"热点"。

1.4.3.3　城市规划设计也是房地产成片开发的必经阶段和必要手段

房地产成片开发必须经过总体的规划设计才能进行工程建设，合理的规划设计能够节省投资、降低成本，在较高层次规划许可的范围内，获得数量更多、用途更广的物业，从而使开发者达到最高的经济效益，也有利于多快好省地满足人们生活生产的需要。

房地产开发在接受城市规划的统一管理的同时也能从城市规划中得到指导和促进，且规划设计也是房地产开发谋求合理经济效益的必要手段。这些都要求房地产开发经营者增强城市规划意识，了解物业开发所在城市的规划情况，掌握一定的规划知识和技术，做到在城市规划的指导下更有效地从事开发工作。

1.4.4　我国房地产开发与城市规划不协调发展的表现

目前，我国一些城市仍存在着房地产开发背离城市规划的现象。

1. **过度开发**　在追求收益的经营目标驱动下，个别开发部门为提高出房率，设计不能满足《居住区规划设计规范》要求或开发建设过程中不按规划设计要求执行。尽可能增大建筑密度，简单的行列式密集排列，减少绿化与户外公共空间面积，导致居住区面貌单调，日照不足，居住环境质量下降等现象。

2. **开发的随意性**　在城市开发活动中，不同空间位置、不同用途的土地进行开发时其收益水平也不同，导致开发部门的开发行为在一定程度上的随意性。

3. **对公共开发的冷落** 公共设施是城市发展的基础和必不可少的前提，为社会的公众利益服务。但以市政设施、绿化、道路等公用设施为主体的公共开发，由于没有直接的经济效益，很少有开发部门主动进行投资。

1.4.5 我国房地产开发与城市协调发展应采取的措施

1.4.5.1 充分发挥城市规划对房地产开发的管理与指导作用

首先，必须增强规划的超前意识。城市规划超前不仅能使房地产开发部门有一定的时间和思想、物质准备，按照规划进行开发建设，而且能影响房地产开发的投资方向、策略，促进房地产业健康发展。其次，必须增强全民法制意识。城市房地产开发应根据各地的实际情况，以市场经济为前提，以《城乡规划法》为依据，按各地《城乡规划法》实施细则与城乡规划管理技术规范等地方法规，使城乡规划的法律效力在房地产开发的全过程中起到重要的宏观制约作用。最后，必须增强规划行政主管部门的职能意识。

1.4.5.2 充分考虑开发者的利益，增强规划的弹性和应变能力

在市场经济条件下，城市规划在城市发展过程中始终不具有开发的决定权，而只具有否决权，因此城市规划要加强对房地产经济的研究，做到以规划为"龙头"，带动房地产开发和城市建设的发展，以使规划设想付诸实施。另外，我国现有的城市规划体制仍以终极式理想规划方式占主导地位，难以面对现实中的冲突。增强城市规划的弹性和应变能力，针对城市建设和房地产开发中出现的新情况和新问题，要对规划不断做出调整和补充，在严格控制的前提下，逐步实现"滚动规划"。

1.4.5.3 制定与房地产开发相适应的新的规划方法

控制性详细规划是我国近年来在西方国家区划管理经验的基础上，适应城市土地有偿使用和房地产开发管理而发展起来的一个新的规划层次，在上海、温州、广州等城市已有成功经验。实施过程中，根据城市总体规划要求和实际情况，一般规定几项重要的控制指标（用地界线、建筑性质、容积率、建筑高度、出入口等）来控制划定地块的用地性质、开发强度和建筑形态。为了吸引投资，在符合规划要求的前提下，让投资者在选址等方面有更大的自由度，控制性详细规划的各项控制指标应有一定的弹性和灵活性。

城市规划与房地产开发是城市建设的不同阶段，是一种计划与实施的关系，两者共同为建设城市服务，它们的目标是一致的。房地产开发要服从城市规划，同时将开发过程中遇到的新问题、新情况及时反馈给城市规划部门；城市规划要加强对房地产开发的管理，使城市规划更易于实施。城市规划与房地产开发要相互了解，协调互动，以实现城市开发建设的良性循环。

拓展学习推荐书目

[1]　李德华 . 城市规划原理 [M]. 3 版 . 北京：中国建筑工业出版社，2001.

[2]　黄鉴泓 . 中国城市建设史 [M]. 北京：中国建筑工业出版社，1987.

[3]　沈玉麟 . 外国城市建设史 [M]. 北京：中国建筑工业出版社，1989.

[4]《中华人民共和国城乡规划法》.

[5]《中华人民共和国土地管理法》.

[6]《中华人民共和国房地产管理法》.

复习思考题

1. 简述城市与城市规划的概念。

2. 我国居民点是如何分类的？

3. 何谓城市化？其表现特征有哪些？

4. 城市的建设和发展应当遵守的原则有哪些？

5. 试述城市规划与房地产开发之间的关系。

第 2 章

城市规划的工作任务、内容与编制程序

学习目标

本章主要介绍了城市规划的任务和原则，城市规划的工作内容和特点，城市规划的调查研究与基础资料，城市规划的编制层面与主要内容。通过本章的学习，要求读者了解城市规划的任务和原则；了解城市规划工作的内容和特点；了解城市规划基础资料调查分析的内容与方法以及城市规划的编制层面与主要内容。

2.1 城市规划的任务和原则

2.1.1 城市规划的任务

城市规划是人类为了在城市的发展中维持公共生活的空间秩序而做的空间安排的意志。这种对未来空间发展的安排意图，在更大的范围内，可以扩大到区域规划和国土规划，而在更小的空间范围内，可以延伸到建筑群体之间的空间设计。因此，从更本质的意义上来说，城市规划是人居环境各层面上的，以城市层次为主导工作对象的空间规划，是一项城市政府职能。在实际工作中，城市政府为了实现一定时期内城市的经济和社会发展目标，适应城市现代化建设的需要，确定城市性质、规模和发展方向，合理利用城市土地，协调城市空间布局并对各项建设进行综合部署和具体安排，工作对象不仅仅是在行政级别意义上的城市，也包括行政管理设置在市级以上的地区、区域及镇、乡和村等人居空间环境，因此，有些国家采用城乡规划的名称。

城市规划的根本社会作用是作为建设城市和管理城市的基本依据，是保证城市合理地进行建设和城市土地合理开发利用及正常经营活动的前提和基础，是实现城市社会经济发展目标的综合性手段。城市规划是城市政府根据城市经济、社会发展目标和客观规律，对城市发展建设所做出的综合部署和统筹安排，是关于城市发展建设直观的蓝图和指南，是城市各项土地利用和建设必须遵循的指导性文件。在市场经济条件下，由于建设项目投资的多元化、多样化，城市政府对各项发展建设实行宏观调控的任务主要就落在了城市规划的审批管理上，通过对各项建设用地和建设工程的规划审批，掌握宏观调控的主动权，起到引导、制约、调节和协调的作用，克服建设的盲目性、利己性以及单纯追求经济效益与眼前利益的倾向和行为。在城市规划指导下进行的各项建设是综合考虑各种因素，各方面的关系和社会、经济、环境的综合效益，进行多方案比较论证后筛选出的优化选择。按照城市规划进行各方面建设，可以减少不必要的浪费和失误，获得较大的经济效益。在市场经济条件下，通过城市规划的规范性、强制性和约束力来规定开发商和投资者的行为规则，可以起到保护城市的历史文化、自然环境和社会公益事业的作用，保证城市的各项建设事业全面、合理与有序地健康发展，提高城市的整体素质，完善城市的整体功能。

国务院《关于加强城市规划工作的通知》指出："城市规划工作的基本任务，是统筹安排城市各类用地及空间资源，综合部署各项建设，实现经济和社会的可持续发展。"也就是说，主要是对城市的发展目标、土地利用、空间布局和各项建设做出具体安排，其核心是城市的土地利用，即合理用地、节约用地。中国现阶段城市规划的基本任务是保护和修复人居环境，尤其是城乡空间环境的生态系统，为城乡经济、社会和文化协调、稳定地持续发展服务，保障和创造城市居民安全、健康、舒适的空间环境和公正的社会环境。

1. **发展目标**　根据城市的经济、社会发展目标，确定城市的发展目标，即确定城市的性质、规模和发展方向，确定城市规划区范围和城市发展的重大工程建设项目。

2. **土地利用**　确定城市各项用地的种类、使用性质、功能分区、数量比例、使用强度等，为城市国有土地使用权的出让、转让和开发，以及房地产开发等提供规划依据，为城市土地的合理利用和充分利用提供科学依据。

3. **空间布局**　确定城市各项建设和设施的空间构成、空间组合、空间形象，包括地上空间、地下空间资源的开发利用和城市形态、城市景观、城市轮廓线、城市风貌特色的塑造等。

4. **建设部署**　确定长期发展建设目标、近期建设目标和当前建设安排，综合考虑，统一规划，分期实施，实现近远期结合，有计划地合理部署各项城市建设活动。

2.1.2　编制城市规划应遵循的原则

编制城市规划，要妥善处理城乡关系，引导城镇化健康发展，体现布局合理、资源节约、环境友好的原则，保护自然与文化资源、体现城市特色，考虑城市安全和国防建设需要。编制城市规划，对涉及城市发展长期保障的资源利用和环境保护、区域协调发展、风景名胜资源管理、自然与文化遗产保护、公共安全和公众利益等方面的内容，应当确定为必须严格执行的强制内容。

2.1.2.1　人工环境与自然环境相和谐的原则

城市人工环境的建设，必然要对自然环境进行改造，这种对人类赖以生存的自然环境造成的破坏，已经到了不能再继续下去的程度。在强调经济发展的时候，不应忘记经济发展目标就是要为人类服务，而良好的生态环境就是实现这一目标的根本保证。城市规划师必须充分认识到所面临的自然生态环境的压力，明确保护生态环境是所有城市规划师崇高的职责。

城市的发展，尤其是工业建设，对于生态环境的保护是有一定的影响，但其间的关系，绝不是对立的、不可调和的。城市的合理功能布局是保护城市环境的基础，城市自然生态环境和各项特定的环境要求，都可以通过适当的规划技巧，把建设开发和环境保护有机地结合起来，力求取得经济效益和环境效益的统一。

在规划设计城市时，还应注意建设工程中和建成后的城市运行中节约能源及其他资源的问题。可持续发展是经济发展和生态环境保护两者达到和谐的必经之路。

2.1.2.2　历史环境与未来环境相和谐的原则

保持城市发展过程的历史延续性，保护文化遗产和传统生活方式，促进新技术在城市发展中的应用，并使之为大众服务，努力追求城市文化遗产保护和新科学技术运用之间的协调等，这些都是城市规划师的历史责任。

城市规划师在接受任何新技术时，必须以城市居民的利益为标准来决定新技术在城市中的运用。我们更要警惕那种认为只要依靠技术的不断进步，就可以解决一切城市问题的幻想。城市发展的历史表明，新技术在解决原有问题的同时往往也带来许多新问题。要把科技进步和对传统文化遗产的继承统一起来，不能把经济发展和文化继承相对立。让城市成为历史、现在和未来的和谐载体，是城市规划师努力追求的目标之一。

技术进步，尤其是信息技术和网络技术，正在对全球的城市网络体系建立、城市空间结构、城市生活方式、城市经济模式和城市景观带来深刻的影响，而且这种影响还将继续下去。

工业社会向信息社会的转变将成为 21 世纪最显著的变革。经济发展与环境保护，技术进步与社会价值的平衡，将不断成为城市规划的社会责任，并且基于公正和可持续发展基础上的效率会成为一项全球策略。

城市规划还必须从实际出发，重视当时当地的客观条件和历史传统，针对不同的规划设计对象提出切实可行的规划方案，避免盲目抄袭。

2.1.2.3　城市环境中各社会集团之间社会生活和谐的原则

城市是时代文明的集中体现。城市规划不仅要考虑城市设施的逐步现代化，同时要满足日益增长的城市居民文化生活的需求，要为建设高度的精神文明创造条件。

在全球化时代的今天，城市规划更应为城市中所有的居民，不分种族、性别、年龄、职业以及收入状况，不分其文化背景、宗教信仰等，创造健康的城市社会生活。坚持为全体城市居民服务，并且考虑弱势群体的优先权，这是城市规划师的根本立场。

强调城市中不同文化背景和不同社会集团之间的社会和谐，重视区域中各城市之间居民生活的和谐，避免城市范围内社会空间的强烈分割和对抗。

　　城市中的老年化问题，城市中不同文化背景、不同阶层的居民在城市空间上的分布问题，城市中残疾人和社会弱者的照顾问题，都应成为重要的课题，这些问题必须融入到城市规划师的设计中，并给予充分的重视。

2.2　城市规划的工作内容和特点

2.2.1　城市规划的工作内容

　　城市规划工作的基本内容是依据城市的经济社会发展目标和环境保护的要求，根据区域规划等上层次的空间规划的要求，在充分研究城市的自然经济社会和技术发展条件的基础上，制定城市发展战略，预测城市发展规模，选择城市用地的布局和发展方向，按照工程技术和环境的要求，综合安排城市各项工程设施，并提出近期控制引导措施。具体主要有以下几个方面：

　　（1）收集和调查基础资料，研究满足城市经济社会发展目标的条件和措施。

　　（2）研究确定城市发展战略，预测发展规模，拟定城市分期建设的技术经济指标。

　　（3）确定城市功能的空间布局，合理选择城市各项用地，并考虑城市空间的长远发展方向。

　　（4）提出市域城镇体系规划，确定区域性基础设施的规划原则。

　　（5）拟定新区开发和原有市区利用、改造的原则、步骤和方法。

　　（6）确定城市各项市政设施和工程措施的原则和技术方案。

　　（7）拟定城市建设艺术布局的原则和要求。

　　（8）根据城市基本建设的计划，安排城市各项重要的近期建设项目，为各单项工程设计提供依据。

　　（9）根据建设的需要和可能，提出实施规划的措施和步骤。

2.2.2　城市规划工作的特点

　　由于城市规划涉及政治、经济、社会、技术与艺术，以及人民生活的广泛领域，城市问题十分复杂。为了确切地认识城市规划工作，必须进一步清楚其特点。

　　1.综合性　城市的社会、经济、环境和技术发展等各项要素，既互为依据，又相互制约。城市规划需要对城市的各项要素进行统筹安排，使之各得其所、协调发展。城市规划必须理论联系实际，综合考虑区域与城市、近期与远期、需要与可能、地上与地下、全局与保护、生产与生活、条条与块块、共性与修改等各种关系，协调各行各业、各部门的发展需要，错综复杂，千头万绪，是一项综合性很强的工作。如当考虑城市的建设条件时，涉及气象、水文、工程地质和水文地质等范畴问题；当考虑城市发展战略和发展规模时，又涉及大量社会经济和技术的工作；当具体布置各项建设项目、研究各种建设方案时，又涉及大量工程技术方面的工作；至于城市空间的组合、建筑的布局形式、城市的风貌、园林绿化的安排等，则又是从建筑艺术的角度来研究处理的。

2. **法制性和政策性** 城市规划涉及城市经济和社会发展的各个方面，必须贯彻执行国家和地方的各项有关方针政策，要体现国家政策法令对城市发展建设的指导和干预，特别是在城市总体规划中，一些重大问题的解决都必须以有关法律法规和方针政策为依据，因此城市规划管理具有很强的法制性和政策性，城市规划工作者必须加强法制观念，努力学习各项法律法规和政策管理知识，并在工作中严格执行。

3. **地方性** 不同城市具有不同的城市性质、规模和形态，各有自己的自然地理条件和历史文化背景以及民族传统等，表现出各自城市的地方性特点。因此城市规划必须从实际出发，对不同城市的条件和特点进行具体分析研究，因地制宜，反映出城市的地方性特征。

4. **长期性和经常性** 城市规划是一项继承过去、创造今天、预测未来的具有实践意义的筹划工作，对城市今后的各项建设发展和管理负有先导、控制和促进的作用，被称为城市建设管理以及城市发展的"龙头"。随着社会的不断发展变化，影响城市发展的因素也在变化，在城市发展过程中会不断产生新情况，出现新问题，提出新要求。因此，作为城市建设指导的城市规划不可能是一成不变的，应当根据实践的发展和外界因素的变化，适时地加以调整或补充，不断地适应发展需要，使城市规划逐步趋于全面、正确的反映城市发展的客观实际。长期性和经常性已成为城市规划的显著特征。

5. **实践性** 城市规划的实践性，首先在于它的基本目的是为城市建设服务，规划方案要充分反映建设实践中的问题和要求，有很强的现实性。其次是按规划进行建设是实现规划的唯一途径，规划管理在城市规划工作中占有重要地位。城市规划要求规划工作者不仅要有深厚的专业理论和政策修养，有丰富的社会科学和自然科学知识，还必须有较好的心理素质、社会实践经验和积极主动的工作态度，在实践中不断丰富、补充和完善自身的修养。

2.3 城市规划的调查研究与基础资料

2.3.1 基础资料调查的目的与工作内容

调查研究是城市规划必要的前期工作，必须弄清城市发展的自然、社会、历史、文化的背景以及经济发展的状况和生态条件，找出城市建设发展中拟解决的主要矛盾和问题。

城市规划的调查研究工作一般有三个方面：

（1）现场踏勘。城市规划工作者对城市的概貌、新发展地区和原有地区必须要有明确的形象概念，重要的工程还必须进行认真的现场踏勘。

（2）基础资料收集与整理。主要取自当地城市规划部门积累的资料和有关主管部门提供的专业性资料。

（3）分析研究。这是调查研究工作的关键，将收集到的各类资料和现场踏勘中反映出来的问题，加以系统地分析整理，去伪存真、由表及里，从定性到定量研究城市发展的内在决定性因素，从而提出解决这些问题的对策，这是制定城市规划方案的核心部分。

当现有资料不足以满足规划需要时，可以进行专项性的补充调查，必要时可以采取典型调查的方法或进行抽样调查。

城市建设是一个不断变化的动态过程，调查研究工作要经常进行，对原有资料要不断地进行修正补充。

城市规划所需的资料数量大，范围广，变化多，为了提高规划工作的质量和效率，要采取各种先进的技术手段进行调查、数据处理、检索、分析判断工作，如运用遥感技术航测照片，可以准确地判断出地面及其地下的资源，可以准确地测绘出城市建筑的现状、绿化覆盖率和环境污染程度；又如与计算机相连，可以判读出准确的数据。运用计算机贮存数据和进行分析判断的技术已广泛应用于估算人口的增长、交通的发展、用地的综合评价等，进一步提高了城市规划方法的科学性。

2.3.2 基础资料的内容

根据城市规模和城市具体情况的不同，收集的基础资料侧重的方面不同，不同发展阶段的城市规划对资料的工作要求也不同。一般来讲，城市规划的基础资料内容应包括以下几个方面。

1. **城市勘察资料（指与城市规划和建设有关的地质资料）** 主要包括工程地质、地震地质、水文地质等基础资料。

2. **城市测量资料** 主要包括城市平面控制网和高程控制网、城市地下工程及地下管网等专业测量图以及编制城市规划必备的各种比例尺的地形图等。

3. **气象资料** 主要包括温度、湿度、降水、蒸发、风向、风速、日照、冰冻等基础资料。

4. **水文资料** 主要包括江河湖海的水位、流量、流速、水量、洪水淹没界线等。大河两岸城市应收集流域情况、流域规划、河道整治规划、现有防洪设施等。山区城市应收集山洪、泥石流等基础资料。

5. **城市历史资料** 主要包括城市的历史沿革、城址变迁、市区扩展以及城市规划历史等基础资料。

6. **经济与社会发展资料** 主要包括城市国民经济和社会发展现状及长远规划、国土规划、区域规划等有关资料。

7. **城市人口资料**　主要包括现状及历年城乡常住人口、暂住人口、人口的年龄构成、劳动力构成、自然增长、机械增长、职工带眷系数等。

8. **市域自然资源资料**　主要包括矿产资源、水资源、燃料动力资源、农副产品资源的分布、数量、开采利用价值等。

9. **城市土地利用资料**　主要包括现状及历年城市土地利用分类统计、城市用地增长状况、规划区内各类用地分布状况等。

10. **工矿企事业单位的现状与规划资料**　主要包括用地面积、建筑面积、产品产量、职工人数、用水用电、运输与污染情况等。

11. **交通运输资料**　主要包括对外交通运输与市内交通的现状与发展预测（用地、运量、流向、环境影响及城市道路、交通设施）。

12. **各类仓储资料**　主要包括用地、货物状况及使用要求的现状和发展预测。

13. **城市行政、经济、社会、科技、文教、卫生、商业、金融、涉外等机构及人民团体的现状和规划资料**　主要包括发展规划、用地面积和职工人数等。

14. **建筑物现状资料**　主要包括现有主要公共建筑的分布状况、用地面积、建筑面积、质量等，现有居住区的情况以及住房建筑面积、居住面积、建筑层数、建筑密度、建筑质量等。

15. **工程设施资料（指市政工程、公用设施的现状资料）**　主要包括场站及其设施的位置与规模，管网系统及其容量，防洪工程等。

16. **城市园林、绿地、风景区、文物古迹、优秀近代建筑等资料**

17. **城市人防设施及其他地上、地下建筑、构筑物等资料**

18. **城市环境资料**　主要包括环境监测成果，各厂矿、单位排放污染物的数量及危害情况，城市垃圾的数量及分布，其他影响城市环境质量有害因素的分布状况及危害情况，地方病及其他有害居民健康的环境资料。

居住区规划必须考虑一定时期国家的经济发展水平和人民的文化、经济生活状况、生活习惯与要求以及气候、地形、地质、现状等，这些都是进行规划的重要依据。主要包括以下方面：

（1）政策法规性资料。包括城市规划法规、居住区规划设计规范；道路交通、住宅建筑、公共建筑、绿化以及工程管线等有关规范；城市总体规划、区域规划、控制性详细规划对居住区的规划要求，以及本居住区规划设计任务书等，它们具有法规与法律效力，是进行居住区规划的重要指导与依据。

（2）自然及人文地理资料。包括地形图（区域位置地形图、建设基地地形图）；气象，如风象、气温、降水、云雾及日照、空气温度、地区小气候等；工程地质、水源、排水、防洪；道路交通，包括邻接车行道等级、路面宽度和结构形式，接线点坐标、标高和到达接线点的距离，公交车站位置、距离等；供电，包括电源位置、引入供电线的方向和距离，线路敷设方式，有无高压线经过；人文资料，包括基地环境特点，如建筑形式、近邻关系；人文环境，如文物古迹、地方习俗、民族文化等；居民、政府、开发、建设等各方面要求，以及各类建筑工程造价、群众经济承受能力等。

2.4　城市规划的编制层面与主要内容

城市规划是城市政府为了达到城市发展目标而对城市建设进行的安排，基本上按照由抽象到具体，从发展战略到操作管理的层次决策原则进行。一般城市规划分为城市发展战略和建设控制引导两个层面。

城市发展战略层面的规划主要是研究确定城市发展目标、原则、战略部署等重大问题，表达的是城市政府对城市空间发展战略方向的意志，当然在一个民主法制社会，这一战略必须建立在市民参与和法律法规的基础之上。城市总体规划以及土地利用总体规划都属于这一层面。

建设控制引导层面的规划是对具体每一地块的未来开发利用做出法律规定，它必须尊重并服从城市发展战略对其所在空间的安排。由于直接涉及土地的所有权和使用权，所以建设控制引导层面的规划必须通过立法机关以法律的形式确定下来。但这一层面的规划也可以依法对上一层面的规划进行调整。

建设控制引导性的规划根据不同的需要、任务、目标和深度要求，可分为控制性详细规划和修建性详细规划两种类型。居住区规划属于详细规划这一层面的工作。

在实际工作中，为了便于工作的开展，在政府编制城市发展战略规划前，可以由城市人民政府组织制定城市规划纲要，对确定城市发展的主要目标、方向和内容提出原则性意见，作为规划编制的依据。

根据城市实际情况和工作需要，大城市和中等城市可以在城市土地使用发展战略规划的基础上编制分区规划，进一步控制和确定不同地段的土地的用途、范围和容量，协调各项基础设施和公共设施的建设，并为下一层面的规划提供依据。

2.4.1　城市规划纲要的主要内容

城市总体规划纲要的主要任务是：研究确定城市规划的重大原则，并作为编制城市总体规划的依据。其主要内容如下：

（1）市域城镇体系规划纲要，内容包括：提出市域城乡统筹发展战略；确定生态环境、土地和水资源、能源、自然和历史文化遗产保护等方面的综合目标和保护要求，提出空间管制原则；预测市域总人口及城镇化水平，确定各城镇人口规模、职能分工、空间布局方案和建设标准；原则确定市域交通发展策略。

（2）提出城市规划区范围。

（3）分析城市职能、提出城市性质和发展目标。

（4）提出禁建区、限建区、适建区范围。

（5）预测城市人口规模。

（6）研究中心城区空间增长边界，提出建设用地规模和建设用地范围。

（7）提出交通发展战略及主要对外交通设施布局原则。

（8）提出重大基础设施和公共服务设施的发展目标。

（9）提出建立综合防灾体系的原则和建设方针。

城市总体规划纲要的成果包括纲要文本和说明、相应的图纸和研究报告。

（1）文本和说明。明确规划依据和规划背景，简述城市自然、历史、现状特点；分析论证城市在区域发展中的地位和作用、经济社会发展的目标、发展优势与制约因素，初步划出城市规划区范围；就影响城市发展的若干重大问题进行专题研究论证；原则确定规划期内的城市发展目标、城市性质，初步预测人口规模、用地规模；提出城市用地发展方向和布局的多个方案并进行方案比较；对城市能源、水源、交通、基础设施、防灾、环境保护、重点建设等主要问题提出原则规划意见；提出制定和实施城市规划的重要措施意见；指出需进一步研究论证或明确的几个关键问题。

（2）图纸。区域城镇关系示意图、城市现状图、必要的分析图纸和表格、多个规划方案示意图等。

（3）研究报告。对规划影响的研究。

2.4.2　城市总体规划的主要内容

城市总体规划的主要任务是：综合研究和确定城市性质、规模和空间发展状态，统筹安排城市各项建设用地，合理配置城市各项基础设施，处理好远期发展与近期建设的关系，指导城市合理发展。

城市总体规划的期限一般为20年，同时应当对城市远景发展做出轮廓性的规划安排。近期建设规划是总体规划的一个组成部分，应当对城市近期的发展布局和主要建设项目做出安排。近期建设规划期限一般为5年。建制镇总体规划的期限可以为10～20年，近期建设规划可以为3～5年。

1. 市域城镇体系规划

市域城镇体系规划应当包括下列内容：

（1）提出市域城乡统筹的发展战略。其中位于人口、经济、建设高度聚集的城镇密集地区的中心城市，应当根据需要，提出与相邻行政区域在空间发展布局、重大基础设施和公共服务设施建设、生态环境保护、城乡统筹发展等方面进行协调的建议。

（2）确定生态环境、土地和水资源、能源、自然和历史文化遗产等方面的保护与利用的综合目标和要求，提出空间管制原则和措施。

（3）预测市域总人口及城镇化水平，确定各城镇人口规模、职能分工、空间布局和建设标准。

（4）提出重点城镇的发展定位、用地规模和建设用地控制范围。

（5）确定市域交通发展策略。原则确定市域交通、通信、能源、供水、排水、防洪、垃圾处理等重大基础设施，重要社会服务设施，危险品生产储存设施的布局。

（6）根据城市建设、发展和资源管理的需要划定城市规划区。城市规划区的范围应当位于城市的行政管辖范围内。

（7）提出实施规划的措施和有关建议。

市域城镇体系规划的主要成果包括城镇体系规划文件和主要图纸。

（1）城镇体系规划文件包括规划文本和附件，规划文本是对规划的目标、原则和内容提出规定性和指导性要求的文件。附件是对规划文本的具体解释，包括说明书、专题规划报告和基础资料汇编。

（2）城镇体系规划主要图纸包括：①城镇现状建设和发展条件综合评价图；②城镇体系规划图（一般包括城镇空间结构规划图、城镇等级规模结构规划图和城镇职能结构规划图）；③区域综合交通规划图；④区域社会及工程基础设施配置图。图纸比例：市域、县域 1 : 500 000 ～ 1 : 100 000。

2. 中心城区规划

中心城区规划应当包括下列内容：

（1）分析确定城市性质、职能和发展目标。

（2）预测城市人口规模。

（3）划定禁建区、限建区、适建区和已建区，并制定空间管制措施。

（4）确定村镇发展与控制的原则和措施；确定需要发展、限制发展和不再保留的村庄，提出村镇建设控制标准。

（5）安排建设用地、农业用地、生态用地和其他用地。

（6）研究中心城区空间增长边界，确定建设用地规模，划定建设用地范围。

（7）确定建设用地的空间布局，提出土地使用强度管制区划和相应的控制指标（建筑密度、建筑高度、容积率、人口容量等）。

（8）确定市级和区级中心的位置和规模，提出主要的公共服务设施的布局。

（9）确定交通发展战略和城市公共交通的总体布局，落实公交优先政策，确定主要对外交通设施和主要道路交通设施布局。

（10）确定绿地系统的发展目标及总体布局，划定各种功能绿地的保护范围（绿线），划定河湖水面的保护范围（蓝线），确定岸线使用原则。

（11）确定历史文化保护及地方传统特色保护的内容和要求，划定历史文化街区、历史建筑保护范围（紫线），确定各级文物保护单位的范围；研究确定特色风貌保护重点区域及保护措施。

（12）研究住房需求，确定住房政策、建设标准和居住用地布局；重点确定经济适用房、普通商品住房等满足中低收入人群住房需求的居住用地布局及标准。

（13）确定电信、供水、排水、供电、燃气、供热、环卫发展目标及重大设施总体布局。

（14）确定生态环境保护与建设目标，提出污染控制与治理措施。

（15）确定综合防灾与公共安全保障体系，提出防洪、消防、人防、抗震、地质灾害防护等规划原则和建设方针。

（16）划定旧区范围，确定旧区有机更新的原则和方法，提出改善旧区生产、生活环境的标准和要求。

（17）提出地下空间开发利用的原则和建设方针。

（18）确定空间发展时序，提出规划实施步骤、措施和政策建议。

3. 城市总体规划的强制性内容包括：

（1）城市规划区范围。

（2）市域内应当控制开发的地域。包括：基本农田保护区，风景名胜区，湿地、水源保护区等生态敏感区，地下矿产资源分布地区。

（3）城市建设用地。包括：规划期限内城市建设用地的发展规模，土地使用强度管制区划和相应的控制指标（建设用地面积、容积率、人口容量等）；城市各类绿地的具体布局；城市地下空间开发布局。

（4）城市基础设施和公共服务设施。包括：城市干道系统网络、城市轨道交通网络、交通枢纽布局；城市水源地及其保护区范围和其他重大市政基础设施；文化、教育、卫生、体育等方面主要公共服务设施的布局。

（5）城市历史文化遗产保护。包括：历史文化保护的具体控制指标和规定；历史文化街区、历史建筑、重要地下文物埋藏区的具体位置和界线。

（6）生态环境保护与建设目标，污染控制与治理措施。

（7）城市防灾工程。包括：城市防洪标准、防洪堤走向；城市抗震与消防疏散通道；城市人防设施布局；地质灾害防护规定。

4. 城市总体规划的主要成果

城市总体规划的成果包括：规划文本、图纸及附件（说明、研究报告和基础资料等）。

（1）规划文本是对规划的各项目标、原则和内容提出规定性和指导性要求的文件，其应明确表述规划的强制性内容。附件是对规划文本的具体解释，包括说明书、专题规划报告和基础资料汇编。

（2）总体规划图纸

①城市现状图。标明城市主要建设用地范围、主要干道以及重要的基础设施。②新建城市和城市新发展地区应绘制城市用地工程地质评价图。③城市总体规划的各规划图。其中至少应包括中心城区土地利用规划图、中心城区功能结构分析图、中心城区公共设施规划图、中心城区居住用地规划图、中心城区对外交通设施规划图、中心城区道路系统规划图、中心城区绿地系统结构图等。表达规划建设用地范围内的各

项规划内容。④近期建设规划图。⑤各项市政专业规划图。

以上图纸比例：图纸比例大中城市可用 1 : 10 000 ~ 1 : 25 000，小城市为 1 : 5 000 ~ 1 : 10 000。

⑥城市规划区各项规划图。其中至少应包括城市规划区范围图、城市规划区城乡统筹规划图、城市规划区空间管制规划图、城市规划区重大设施规划图等。图纸比例为 1 : 25 000 ~ 1 : 50 000。

2.4.3　城市分区规划的主要内容

城市分区是城市地域上一个相对独立的具有特定范围和多种功能的区域。城市分区规划是在城市总体规划基础上，对城市局部地区的土地利用、人口分布和公共设施、城市基础设施的配置进行综合协调平衡并做出进一步的安排，既达到深化总体规划的目标，又增加了对控制性技术指标和技术规定的确定，便于与城市详细规划更好地衔接。

编制分区规划的主要任务是：在总体规划的基础上，对城市土地利用、人口分布和公共设施、城市基础设施的配置做出进一步的安排，以便与详细规划更好地衔接。

编制分区规划，应当综合考虑城市总体规划确定的城市布局、片区特征、河流道路等自然和人工界限，结合城市行政区划，划定分区的范围界限。

分区规划应当包括下列内容：①确定分区的空间布局、功能分区、土地使用性质和居住人口分布。②确定绿地系统、河湖水面、供电高压线走廊、对外交通设施用地界线和风景名胜区、文物古迹、历史文化街区的保护范围，提出空间形态的保护要求。③确定市、区、居住区级公共服务设施的分布、用地范围和控制原则。④确定主要市政公用设施的位置、控制范围和工程干管的线路位置、管径，进行管线综合。⑤确定城市干道的红线位置、断面、控制点座标和标高，确定支路的走向、宽度，确定主要交叉口、广场、公交站场、交通枢纽等交通设施的位置和规模，确定轨道交通线路走向及控制范围，确定主要停车场规模与布局。

分区规划的成果应当包括规划文本、图件，以及包括相应说明的附件：①分区规划文件包括规划文本和附件，规划说明及基础资料收入附件。②分区规划图纸包括规划分区位置图、分区现状图、分区土地利用及建筑容量规划图、各项专业规划图。图纸比例为 1 : 5 000。

2.4.4　城市详细规划的主要内容

详细规划的主要任务是：以总体规划或者分区规划为依据，详细规定建用地的各项控制指标和其他规划的管理要求，或者直接对建设做出具体的安排和规划设计。详细规划分为控制性详细规划和修建性详细规划。

控制性详细规划确定的各地块的主要用途、建筑密度、建筑高度、容积率、绿地率、基础设施和公共服务设施配套规定应当作为强制性内容。编制控制性详细规划，应当综合考虑当地资源条件、环境状况、历史文化遗产、公共安全以及土地权属等因素，满足城市地下空间利用的需要，妥善处理近期与长远、局部与整体、发展与保护的关系。根据城市规划的深化和管理的需要，一般应当编制控制性详细规划，以控制建设用地性质、使用强度和空间环境，作为城市规划管理的依据，并指导修建性详细规划的编制。

控制性详细规划应当包括下列内容：

（1）土地使用性质及其兼容性等用地功能控制要求。

（2）容积率、建筑高度、建筑密度、绿地率等用地指标。

（3）基础设施、公共服务设施、公共安全设施的用地规模、范围及具体控制要求，地下管线控制要求。

（4）基础设施用地的控制界线（黄线）、各类绿地范围的控制线（绿线）、历史文化街区和历史建筑的保护范围界线（紫线）、地表水体保护和控制的地域界线（蓝线）等"四线"及控制要求。

控制性详细规划编制成果由文本、图表、说明书以及各种必要的技术研究资料构成。

（1）控制性详细规划文件包括规划文本和附件、规划说明及基础资料收入附件。规划文本中应当包括规划范围内土地使用及建筑管理规定。

（2）控制性详细规划图纸主要包括现状分析图纸和规划图纸两大类：现状分析图纸包括区位图、地形分析图、现状用地图、建筑高度现状图、建筑质量现状图等；规划图纸包括土地使用规划图、功能结构分析图、道路交通系统规划图、道路竖向规划图、公共设施规划图、居住用地规划图、教育设施规划图、街区地块划分图、绿化景观系统规划图、开发强度规划图、高度分区规划图、各类市政工程规划图。

（3）分图图则。分图图则是控制性详细规划的核心图件，包括对规划中强制性控制和引导性控制的明确表达，主要通过图、表、文三种形式表达对地块的控制。①图表达：道路坐标、标高、红线、蓝线、绿线、建筑后退、地块出入口方向、禁止机动车开口范围、用地性质、地块编号、街坊编号等和城市设计引导的概念性图示等。②表表达：用地性质、地块面积、容积率、绿地率、建筑限高、机动车位、建筑密度、人口等。③文字：对图和表无法准确表达的强制性内容进行补充阐述，并对规划中的引导性控制内容予以文字性的说明。

对于当前要进行建设的地区，应当编制修建性详细规划，用以指导各项建筑和工程设施的设计和施工。

修建性详细规划应当包括下列内容：

（1）建设条件分析及综合技术经济论证。

（2）建筑、道路和绿地等的空间布局和景观规划设计，布置总平面图。

（3）对住宅、医院、学校和托幼等建筑进行日照分析。

（4）根据交通影响分析，提出交通组织方案和设计。

（5）市政工程管线规划设计和管线综合。

（6）竖向规划设计。

（7）估算工程量、拆迁量和总造价，分析投资效益。

修建性详细规划成果应当包括规划说明书、图纸。

（1）修建性详细规划文件为规划设计说明书。

（2）修建性详细规划图纸包括：规划地段区位图、规划地段现状图、规划总平面图、道路交通规划图、竖向规划图、单项或综合工程管网规划图、主要建筑方案选型及效果图。

（3）图纸比例为 1∶500 ~ 1∶2 000。

2.4.5　城市总体规划的调整和修改

城市总体规划的调整，是指城市人民政府根据城市经济建设和社会发展情况，按照实际需要对已经批准的总体规划做局部性变更。局部调整的决定由城市人民政府做出，并报同级人民代表大会常务委员会和原批准机关备案。

总体规划的修改，是指城市人民政府在实施总体规划的过程中，发现总体规划的某些基本原则和框架已经不能适应城市经济建设和社会发展的要求，必须做出重大变更。修改总体规划由城市人民政府组织进行，并须经同级人民代表大会或其常务委员会审查同意后，报原批准机关审批。

有下列情形之一的，组织编制机关可按照规定的权限和程序修改省域城镇体系规划、城市总体规划、城镇总体规划：

（1）上级人民政府制定的城乡规划发生变更，提出修改要求的。

（2）行政区划调整需要修改规划的。

（3）因国务院批准重大建设工程确需修改规划的。

（4）经评估确需修改规划的。

（5）城乡规划的审批机关认为应当修改规划的其他情形。

2.4.6　城市规划的审批

城市规划必须坚持严格的分级审批制度，以保障城市规划的严肃性和权威性。

（1）城市规划纲要要经城市人民政府审核同意。

（2）城市总体规划的审批：直辖市的城市总体规划，由直辖市人民政府报国务院审批。省和自治区人民政府所在地城市、百万人口以上的大城市和国务院指定城市的总体规划，由所在地省、自治区人民政府审查同意后，报国务院审批。其他设市城市的总体规划，由城市人民政府报省、自治区人民政府审批。县人民政府所在地镇的总体规划，报上一级人民政府审批。其他镇的总体规划，报上一级人民政府审批。

　　省、自治区人民政府组织编制的省域城镇体系规划，城市、县人民政府组织编制的总体规划，在报上一级人民政府审批前，应当先经本级人民代表大会常务委员会审议，常务委员会组成人员的审议意见交由本级人民政府研究处理。

　　镇人民政府组织编制的镇总体规划，在报上一级人民政府审批前，应当先经镇人民代表大会审议，代表的审议意见交由本级人民政府研究处理。

　　规划的组织编制机关报送审批省域城镇体系规划、城市总体规划或者镇总体规划，应当将本级人民代表大会常务委员会组成人员或者镇人民代表大会代表的审议意见和根据审议意见修改规划的情况一并报送。

　　（3）单独编制的城市人防建设规划，直辖市要报国家人民防空委员会和建设部审批；一类人防重点城市中的省会城市，要经省、自治区人民政府和大军区人民防空委员会审查同意后，报国家人民防空委员会和建设部审批；一类人防重点城市中的非省会城市及二类人防重点城市需报省、自治区人民政府审批，并报国家人民防空委员会、建设部备案；三类人防重点城市报市人民政府审批，并报省、自治区人民防空办公室、建委（建设厅）备案。

　　（4）单独编制的国家级历史文化名城的保护规划，由国务院审批其总体规划的城市，报建设部、国家文物局审批；其他国家级历史文化名城的保护规划报省、自治区人民政府审批，报建设部、国家文物局备案；省、自治区、直辖市级历史文化名城的保护规划由省、自治区、直辖市人民政府审批。

　　单独编制的其他专业规划，经当地城市规划主管部门综合协调后，报城市人民政府审批。

　　（5）城市分区规划经当地城市规划主管部门审核后，报城市人民政府审批。

　　（6）城市的控制性详细规划经本级人民政府批准后，报本级人民代表大会常务委员会和上一级人民政府备案。

　　县人民政府所在地镇的控制性详细规划，经县人民政府批准后，报本级人民代表大会常务委员会和上一级人民政府备案。其他镇的控制性详细规划由镇人民政府报上一级人民政府审批。

　　乡、镇人民政府组织编制乡规划、村庄规划，报上一级人民政府审批。村庄规划在报送审批前，应当经村民会议或者村民代表会议讨论同意。

拓展学习推荐书目

　[1]　李德华. 城市规划原理 [M]. 3 版 . 北京：中国建筑工业出版社，2001.

　[2]　邹德慈. 城市规划导论 [M]. 北京：中国建筑工业出版社，2002.

　[3]　全国注册执业资格考试指定用书配套辅导系列教材编写组 . 城市规划实务 100 题（全国注册城市规划师执业资格考试）[M]. 北京：中国建材工业出

版社，2006.

[4]《中华人民共和国城乡规划法》.
[5]《中华人民共和国土地管理法》.
[6]《城市、镇控制性详细规划编制审批办法》.
[7]《城市规划编制办法》.
[8]《城市绿线管理办法》.
[9]《城市紫线管理办法》.
[10]《城市黄线管理办法》.
[11]《城市蓝线管理办法》.

复习思考题

1. 编制城市规划应遵循哪些原则？
2. 城市规划的工作内容有哪些？
3. 城市规划调查的基础资料包含哪些内容？
4. 城市规划的编制层面有哪些？
5. 简述控制性详细规划与修建性详细规划的主要内容。

第 3 章

城市构成与发展战略

学习目标

本章主要介绍了城市系统构成、城市用地、用地评价及选择的基本理论；城市发展战略的依据，城市性质与规模的基本概念及确定方法；城市总体布局基本理论。通过本章的学习，要求读者了解城市系统构成，城市用地分类、构成及管理；城市发展战略的背景依据；了解城市自然环境与技术经济分析方法；掌握城市性质的确定、表述方法和决定因素；城市人口规模的调查、分析和评估方法；了解城市总体布局基本理论。

3.1 城市系统构成

3.1.1 城市系统构成概念

城市是一个极其复杂的巨大系统，城市系统内部是一个具有自身变化规律的结构严密的整体。城市系统构成的概念，就是指构成城市的各要素以及各要素之间的关系总和，包括社会系统、经济系统、空间系统、生态系统和基础设施系统等。

3.1.2 城市社会系统的构成

城市的社会系统构成一般可以从城市的政治系统构成、文化系统构成、人口系统构成几个方面分析。

城市的政治系统构成可以从政治团体、市民之间的政治关系两个角度分析。城市中的政治团体是代表不同阶级或阶层利益，或者特别集团利益的集体组织。

城市人口系统构成是城市社会研究的重点问题之一，涉及不同的文化背景，不同的收入阶层，不同的民族（种族），不同宗教信仰，不同性别，不同的受教育水平，不同年龄组社会集团间的社会冲突与交融，以及他们在城市空间上的分布等问题，它们直接关系到城市社会的稳定和全体市民的幸福。

城市文化系统构成包括精神产品的生产、传播、使用和依存四个方面，涉及教育科研、文化传媒、咨询服务、新闻出版、广播影视、展览、体育卫生等。

3.1.3 城市产业系统的构成

3.1.3.1 按产业结构分类

城市产业可分为第一产业、第二产业和第三产业。

（1）城市的第一产业是城郊的农、林、牧、副、渔业，它为城市供应农副产品，特别是为城市供应副食品。

（2）现代城市发展是以工业发展为标志的，城市的第二产业主要是指制造业和加工业，是现代城市中最活跃的发展因素，对于大多数现代城市来说，第二产业是城市发展的决定性因素。

（3）第三产业是现代城市中为主导产业服务而发展起来的。随着城市社会经济的不断发展，第三产业在城市中的地位、作用逐步上升，其服务对象已经远远超出了城市自身的范围。

3.1.3.2 按产业地位和作用分类

城市产业分为主导产业、配套产业和一般服务性产业。

（1）城市的主导产业是一座城市产生和发展的决定性产业，它决定了城市的形成发展类型。

（2）城市的配套产业是围绕城市的主导产业而建立起来的。

（3）一般服务性产业是为城市社会经济活动和市民生活提供一般性服务的部门，这是所有城市都拥有的产业。

3.1.4 城市空间系统的构成

城市空间系统是城市范围内社会、生态以及基础设施各大系统的空间投影及空间关系的总和。城市空间系统可以从各要素的选址、集聚程度以及城市空间形态几个方面分析。

城市构成要素的选址是城市各大构成要素关系的反映，各要素和空间选址从总体上决定了城市内部的空间布局和结构。城市的空间集聚程度也是城市空间系统构成中的一个重要方面。城市空间聚集程度过低，城市运营效益必然不高，城市优越性也就无法体现；如果城市的密度过高，又反过来会影响城市系统的正常运行。城市空间形态是城市总体布局形式和分布密度的综合反映，是城市的三维形态。

3.1.5 城市设施系统的构成

城市设施系统包括市政设施系统和社会设施系统。

市政设施系统由供电设施、供热设施、给排水设施、燃气设施、电信设施等构成。社会设施系统由文化教育设施、医疗卫生设施、商业服务设施、行政管理设施等构成。

分析研究城市系统构成的最终目的在于从本质上全面把握城市的功能及其内部结构，以及城市各组成部分之间的关系，所以从哪一个系统的角度分析，取决于城市研究和规划的具体需要。

3.2　城市用地

3.2.1　城市用地概述

3.2.1.1　城市用地概念

城市用地是城市规划区范围内赋予一定用途与功能的土地的统称，包括已经建设利用的土地和列入规划区范围内尚待开发建设的土地。广义的城市用地还可以包括按照城市规划法所确定的城市规划内的非建设用地，如农田、林地、山地、水面等所占的土地。

3.2.1.2　城市用地的属性

城市用地不能只被简单地看做是可以进行城市建设的地方，实际在土地利用的过程中还负有多种属性。

1. **自然属性**　土地具有不可移动性以及耐久性和不可再生性。即土地有着明确的空间定位，每块土地都具有异于其他土地的特征，不可能生长或毁失，始终存在着。

2. **社会属性**　今天地球表面，绝大部分的土地已有了明确的隶属，即土地已依附于一定的拥有地权的社会权利。城市土地的集约利用和社会强力的控制与调节，特别是在土地公有制的条件下，明显地反映出城市用地的社会属性。

3. **经济属性**　城市用地的经济属性主要表现在土地在城市中的区位以及因人为的土地利用方式所产生的自身经济价值。

4. **法律属性**　在商品经济条件下，土地是一项资产，属不动产。城市土地的产权需要经法定程序确定，并有立法支持。

3.2.1.3　城市用地的价值

1. **使用价值**　在土地上可以施加各种城市建设工程，用做城市活动的场所，从而使土地当然地具有使用价值。这一价值还可能通过人为地对土地加工，使之向深度与广度延伸。城市用地的形状、地质、区位、高程以及土地所附有的建筑设施等状况，将影响土地使用价值的高低。

2. **经济价值**　当土地作为商品或权利的有偿转移而进入市场，就显示出它的经济价值。这种价值转化以地价、租金或费用为其表现形式。

3.2.1.4　城市用地的区划

区划是指将用地划分成不同的范围或区块，以表达一定的用途、权属、性质或量值。城市用地因有各种不同的目的而被划分成不同的范围或地块。城市规划过程中，也必须要考虑到土地种种既定的区划界限与范围，作为规划的依据。通常城市用地的区划有以下几种：

1. **行政区划**　按行政建制等法律规定行政区，如市、区、县、乡、镇、街道等。

2. **用途区划**　按土地利用的功能与性质划分，如居住用地、工业用地、绿化用地等。

3. **房地产权属区划**　按房、地产所有权的权属划分，如国有、集体所有、个人所有等。

4. **地价区划**　土地是商品，土地的区位、环境、性状及可使用程度使土地具有不同的价值。

此外，与城市规划和建设相关的还有环境区划、农业区划等专业性类别。

3.2.1.5　城市用地的归属与管理

1. **城市用地的归属**　土地是国家的基本资源，其拥有权和归属，国家制定有相应的法律给予规定和保障。《中华人民共和国土地管理法》的第一章第二条明确规定"中华人民共和国实行土地的社会主义公有制，即全民所有制和农民集体所有制"。并规定除农民集体所有外，属于全民所有制国家所有的土地所有权由国务院代表国家行使。在第二章的第八条中规定："城市市区的土地属国家所有"。在第九条中又规定："国有土地和农民集体所有土地，可以依法确定给单位或者个人使用……"即按照土地所有权与土地使用权可以分离的原则，单位或个人虽无地产权，但可通过合法手续获得土地使用权，它在有效的使用期内，同样受到法律保护。

2. **城市用地的管理**　在《中华人民共和国土地管理法》第一章第五条明确规定："国务院土地管理部门统一负责全国土地的管理和监督工作。"设置县级以上的土地管理机构，行使管理职能。在城市建设用地管理方面，通过土地利用总体规划和城市总体规划的衔接，通过城市规划管理、城市土地管理相互协调，以合理而有效地利用城市土地推进城市的建设和发展。

3.2.2　城市用地的分类与用地构成

3.2.2.1　用地的分类

城市用地对应于所担负的城市功能，划分为不同的用途。按照国家标准《城市用地分类与规划建设用地标准》（GBJ137—90），将城市用地划分为大类、中类、小类三级，共计 10 个大类，46 个中类和 73 个小类。城市用地的大类项目见表 3-1。一般而言，城市总体规划阶段以达到中类为主，在详细规划阶段，一般用分类规范中的小类。

表 3-1　城市用地分类表

代码	用地名称	内　容	说　明
R	居住用地	住宅用地、公共服务设施用地、道路用地、绿地	指居住小区、居住街坊、居住组团和单位生活区等各种类型的成片或零星的用地 分有一、二、三、四类居住用地
C	公共设施	行政办公用地、商业金融业用地、文化娱乐用地、体育用地、医疗卫生用地、教育科研设计用地、文物古迹用地、其他公用设施用地	指居住区及居住区级以上的行政、经济文化、教育，以及科研设计等机构和设施用地，不包括居住用地中的公共服务设施用地
M	工业用地	一类工业用地、二类工业用地、三类工业用地	指工矿企业的生产车间、库房及其附属设施等用地，包括专用的铁路、码头和道路等用地。不包括露天矿用地，该用地应归入水域和其他用地类
W	仓储用地	普通仓库用地、危险品仓库用地、堆场用地	指仓储企业的库房、堆场、包装和加工车间及其附属设施等用地
T	对外交通	铁路用地、公路用地、管道运输用地、港口用地、机场用地	指铁路、公路、管道运输、港口和机场等城市对外交通运输及其附属设施等用地
S	道路广场	道路用地、广场用地、社会停车场库用地	指市级、区级和居住级的道路、广场和停车场等用地
U	市政公用	供应设施用地、交通设施用地、邮电设施用地、环卫设施用地、施工与维修设施用地、殡葬设施用地、其他市政公用设施用地	指市级、区级和居住区级的市政公用设施用地，包括建筑物、构筑物及管道维修设施等用地
G	绿地	公共绿地、生产防护绿地	指市级、区级和居住区级的公共绿地及生产防护绿地，不包括专用绿地、园地和林地
P	特殊用地	军事用地、外事用地、保安用地	指特殊性质的用地
E	水域和其他用地	水域、耕地、园地、林地、牧草地、村镇建设用地	指除以上九大类城市建设用地之外的用地

　　城市建设用地应包括分类中的居住用地、公共设施用地、工业用地、仓储用地、对外交通用地、道路广场用地、市政公用设施用地、绿地和特殊用地九项用地，不应包括水域和其他用地。

　　在计算城市现状和规划的用地时，应统一以城市总体规划用地的范围为界进行汇总统计。城市用地应按平面投影面积计算。每块用地只计算一次，不得重复计算。城市总体规划用地应采用 1：10 000 或 1：5 000 比例的图纸进行分类计算，分区规划用地应采用 1：5 000 或 1：2 000 比例的图纸进行分类计算。现状和规划的用地计算应采用同一比例的图纸。城市用地的计量单位应为万平方米或公顷。数字统计精确度应根据图纸比例确定：1∶10 000 图纸应取正整数，1∶5 000 图纸应取小数点后一位，1∶2 000 图纸应取小数点后两位。

3.2.2.2　用地的构成

城市用地的构成，是基于城市用地的自然与经济区位，以及由城市职能所形成的城市功能组合与布局结构，而呈现不同的构成形态。

城市用地构成，按照行政隶属的等次，宏观上可分为市区、地区、郊区等。按照功能用途的组合，可分为工业区、居住区、市中心区、开发区等。

城市用地构成为某种功能需要，可以由用途可以相容的多用途用地，构成混合用途的地域。

不同规模的城市，因各种功能内容的不同，其构成形态也不一样。如大城市和特大城市，由于城市功能多样而较为复杂，在行政区划上，常有多重层次的隶属关系，如市辖县、建制镇、一般镇等；在地理上有中心城区、近郊区、远郊区等。

3.3　城市用地评价

城市规划与建设所涉及的方面较多，而且彼此间的关系往往是错综复杂的。对于用地的适用性评定，除进行以自然条件为主要内容的用地评定以外，还须从影响规划与建设更为广泛的方面来考虑。用地条件与城市规划布局的关系，可以归纳为如图 3-1 所示。城市用地评价内容包括三个方面，即自然条件评价、建设条件评价和经济评价。

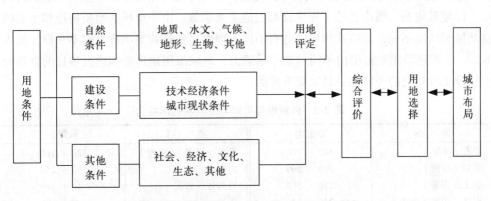

图 3-1　用地条件与城市规划布局的关系图

3.3.1　自然环境条件分析

城市中人类为自身的生存与发展所构筑的人工环境，存在于自然环境之中，与所处地域的自然环境通过不断地交互作用，而形成特有的城市环境系统。

　　自然环境条件与城市的形成发展关系密切,不仅对城市工程的建设经济产生影响,同时对城市的空间形态和城市的职能发挥着相当大的作用。在城市规划工作中深入调查与分析城市所在地域的自然环境条件,研究其与城市的相互制约与影响,将有助于城市规划与建设的合理性与经济性,有助于城市社会与自然环境和谐相融,有助于维护城市的可持续发展。

　　城市自然条件分析工作包括:资料勘察、搜集和按规划阶段需要进行整理、分析与研究。这是城市规划的基础工作之一。

　　影响城市规划与建设的自然条件是多方面的,如物理的、化学的、生物的等,主要包括地质、水文、气候、地形、植被及地上地下自然资源等。在自然条件分析中应注意下列情况:

　　(1)由于地理、地域差异,一项环境因素可能对城市产生有利和不利的两方面影响,且影响程度有重有轻。因此在城市自然环境条件的分析中应着重考虑主导因素,研究其作用规律与影响程度。

　　(2)有些环境因素需要超越所在的局部地域,从更大区域范围评价其利弊。

　　(3)考虑各自然因素之间的叠加影响。各种自然因素之间,有的有着相互制约或抵消的关系,有的则相互配合加剧了某种作用。

　　自然环境条件的分析主要是在地质、水文、气候和地形等几个方面,下面就它们与城市规划和建设的相互影响进行阐述。

3.3.1.1　地质条件

地质条件的分析主要着重在与城市用地选择和工程建设有关的工程地质方面的分析。

　　1. 建筑地基　城市各项工程建设都由地基来承载。由于地层的地质构造和土层的自然堆积情况不一,其组成物质也各有不同,因而对建筑物的承载力也不一样(见表3-2)。了解建设用地范围内不同的地基承载力,对城市用地选择和建设项目的合理分布以及工程建设的经济性,是非常重要的。

表 3-2　自然地基类别与建筑物的承载力　　　　　(单位:千帕)

类　　别	承载力	类　　别	承载力
碎石(中密)	400 ~ 700	细砂(很湿)(中密)	120 ~ 160
角砾(中密)	300 ~ 500	大孔土	150 ~ 250
黏土(固态)	250 ~ 500	沿海地区淤泥	40 ~ 100
粗砂、中砂(中密)	240 ~ 340	泥炭	10 ~ 50
细砂(稍湿)(中密)	160 ~ 220		

　　2. 滑坡与崩塌　滑坡与崩塌是一种物理地质现象。滑坡是斜坡上大量滑坡体(土体或岩体)在风化作用、地表水或地下水、人为的原因,特别是重力作用下,沿一定的滑动面向下滑动而造成的。这类现象常发生在丘陵或山区,也常发生在河道、路

堤。为避免滑坡所造成的危害，须对建设用地的地形特征、地质构造、水文、气候以及土或岩体的物理软科学性质做出综合分析与评定。在选择建设用地时应避免不稳定的坡面。同时在用地规划时，还应确定滑坡地带与稳定用地边界的距离。崩塌的成因主要是岩层或层面对山坡稳定造成的影响。当裂隙比较发育，且节理面顺向崩塌的方向，则易于崩落；尤其是因争取用地，过分的人工开挖，导致坡体失去稳定而崩塌。

3. **冲沟**　冲沟是由间断流水在地表冲刷形成的沟槽。冲沟切割用地，使之支离破碎，对土地使用十分不利。在冲沟发育地区，水土流失严重，而且道路的走向往往受其限制而增加线路长度和增设跨沟工程，给工程建设带来困难。在规划前就应弄清冲沟的分布、坡度、活动状况以及冲沟的发育条件，以便规划中及时采取相应的治理措施。

4. **地震**　大多数地震是由地壳断裂构造无能无力引起的，所以了解和分析当地的地质构造非常重要。在有活动断裂带的地区，最易发生地震；而在断裂带的弯曲突出处和断裂带交叉的地方往往是震中所在。掌握活动断裂带的分布，对城市规划与建设的防震大有好处。在强震区一般不宜设置城市；在震区设置城市时，除制定各项建设工程的防震标准外，还须考虑震后疏散救灾等问题，如建筑不宜连绵成片，尽量避开断裂破碎地段。地震断裂带上一般可设置绿化带，不得进行城市建筑的建设，同时不能作为城市的主要交通干道。此外，在城市的上游不宜修建水库，以免地震时水库堤坝受损，洪水下泄，危及城市。

5. **矿藏**　矿藏是地质条件之一，也是一种资源。它的分布与开采还影响到城市用地的选择和城市布局的形态。

3.3.1.2　水文及水文地质条件

1. **水文条件**　水文条件主要包括水深、水位、流速、流量、水质等。城市用地范围内的江、河、湖水的水文条件，与较大区域的气候特点，流域的水系分布，区域的地质、地形条件等有密切关系。调查分析水文条件为城市规划进行给排水、防洪、桥涵等工程及用地选择提供依据。

2. **水文地质条件**　水文地质条件包括地下水存在形式、含水层厚度、矿化度、硬度、水温以及动态等条件。勘明地下水资源对于城市选址、工业项目布置、城市规模等都有重要关系。

3.3.1.3　气候条件

气候条件对城市规划与建设有着多方面的影响，尤其在为城市居民创造适宜的生活环境、防止城市环境污染等方面，关系更为密切。影响规划与建设的气象因素主要有：太阳辐射、日照、风象、温度、降水与湿度等几方面。

1. **太阳辐射**　太阳辐射的强度与日照率，在不同纬度和不同的地区存在着差异。分析研究城市所在地区的太阳运行规律和辐射强度，对于建筑的日照标准、建筑朝向、建筑间距的确定，以及建筑的遮阳设施及各项工程采暖设施的设置，提供了规划设计的依据。其中某些因素的考虑将进一步影响到城市建筑密度、城市用地指标与用地规模以及建筑群体的布置等。

2. **风象** 风对城市规划与建设有着多方面的影响，城市环境保护与风象的关系更为密切。风是地面大气的水平移动，由风向与风速两个量表示。风向就是风吹来的方向，表示风向最基本的一个特征指标叫风向频率。风向频率一般分 8 个或 16 个罗盘方位观测、累计某一时期内（一季、一年或多年）各个方位风向的次数，并以各个风向发生的次数占该时期内观测累计各个不同风向（包括静风）的总次数的百分比来表示。风速是指单位时间内风所移动的距离，表示风速最基本的一个特征指标为平均风速。平均风速是按每个风向的风速累计平均值来表示的。根据城市多年风向观测记录汇总所绘制的风向频率图和平均风速图又称风玫瑰图（见图 3-2）。

3. **温度** 温度对于城市规划与建设也有影响，如城市所在地区的日温差或年温差较大时，会给建筑工程的设施与施工带来影响；在工业配置时，需根据气温条件，考虑工业工艺的适应性与经济性问题；在生活居住方面，应根据气温来考虑生活居住区的降温或采暖设备的设置等问题。在日温差较大的地区（尤其在冬天），常常因为夜间城市地面散热冷却来得快，大气层中下冷上热，而在城市上空出现逆温层现象，在静风或谷地地区，加上山坡气流下沉，更加剧这一现象。这时城市上空大气比较稳定，有害的工业烟气滞留或扩散缓慢，进而加剧了城市环境的污染。城市由于建筑密集，生产与生活活动过程散发大量热量，往往出现市区气温较郊外高的现象，即所谓"热岛效应"，尤其在大城市中更为突出。为改善城市环境条件，减少炎热季节市区增温，在规划布局时，可增设大面积水体和绿地，以加强对气温的调节作用。

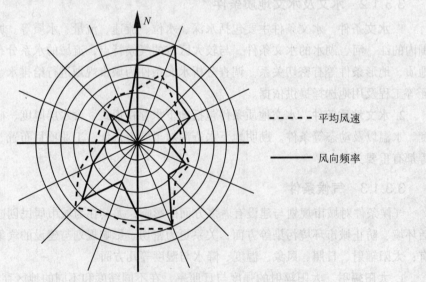

图 3-2 某城市累年风向频率、平均风速玫瑰图

4. 降水与湿度　降水是指降雨、降雪、降雹、降霜等气候现象的总称。降水量的大小和降水强度对城市较为突出的影响是排水设施。此外，山洪的形成、江河汛期的威胁等也给城市用地的选择及城市防洪工程带来直接的影响。湿度的高低与降水的多少有着密切的联系。相对湿度又随地区或季节的不同而异。一般城市因大量人工建筑物与构筑物覆盖，相对湿度比城市郊区要低。湿度的大小还对城市某些工业生产工艺有所影响，同时又与居住环境是否舒适有所联系。

3.3.1.4　地形条件

城市各项工程建设总是要体现在城市用地上。不同的地形条件，对规划布局、道路走向、线型、各种工程的建设以及建筑的组合布置、城市的轮廓、形态等都有一定的影响。但是经过规划与建设，也将对自然地貌进行某种程度的塑造，而呈现出新的地表形态。结合自然地形条件，合理规划城市各项用地和布置各项工程建设，对于节约土地和减少平整土石方工程投资，以及对城市管理等，都意义重大。根据自然地理宏观地来划分地形的类型，大体有山地、丘陵与平原三类（见表 3-3）。

表 3-3　我国地形的分类　　　　　　　　　　（单位：米）

名　称	绝对高度	相对高度	名　称	绝对高度	相对高度
极高山	> 5 000	> 1 000	高丘陵	200 ~ 500	> 200
高山	3 500 ~ 5 000	> 1 000	低丘陵	> 200 ~ 500	50 ~ 200
高中山	1 000 ~ 3 500	> 1 000	高原	> 1 500	< 200
中山	1 000 ~ 3 500	500 ~ 1 000	高平原	200 ~ 1 500	20 ~ 50
低中山	1 000 ~ 3 500	200 ~ 500	低平原	< 200	< 20
低山	500 ~ 1 000	200 ~ 500			

3.3.2　城市用地适用性评定

城市用地的自然环境条件适用性评定，是对土地的自然环境，按照城市规划与建设的需要，进行土地使用的功能和工程的适宜程度，以及城市建设的经济性与可行性的评估。其作用是为城市用地选择和用地布局提供科学依据。

3.3.2.1　用地自然环境条件综合评定的要求

从自然条件出发对城市建设用地的适用性进行评定，主要是在调查研究各项自然环境条件的基础上，按城市规划与建设的需要，对用地在工程技术与经济性方面进行综合质量评价，以确定用地的适用性程度，为正确选择和合理组织城市建设和发展用地提供依据。

城市用地适用性评定要因地制宜，按照用地的自然特性，抓住主导环境条件，进行重点的分析与评定。例如，平原河网地区的城市必须重点分析水文和地基承载力的情况；在山区和丘陵地区的城市，则地形、地貌条件往往成为评价的主要因素。用地评定，不应只是各个环境要素单独作用的总和，而是要从环境的整体意义上考察它们相互的作用及其后果，综合地鉴定其利弊。

3.3.2.2　用地评定的分类

按照《城市规划编制办法实施细则》规定，须对城市用地做出适宜性区划，一般可将建设用地分为三类：

一类用地：即适于修建的用地。这类用地的工程地质等自然环境条件比较优越，能适应各项城市设施的建设需要，一般不需或只需稍加工程措施即可用于建设的用地。其具体要求是：①地形坡度在 10° 以下，符合各项建设用地的要求；②土质能满足建筑物地基承载力的要求；③地下水位低于建筑物的基础埋置深度；④没有被百年一遇洪水淹没的危险；⑤没有沼泽现象或采用简单工程措施即可排除地面积水的地段；⑥没有冲沟、滑坡、崩塌、岩溶等不良地质现象的地段。

二类用地：即基本上可以修建的用地。这类用地需要采取一定的工程措施，改善条件后才能修建的用地。它对城市设施或工程项目的分布有一定的限制。其具体情况是：①土质较差，在修建建筑物时，地基需要采取人工加固措施；②地下水位距地表面的深度较浅，修建建筑物时，需降低地下水位或采取排水措施；③属洪水轻度淹没区，淹没深度不超过 1 ~ 1.5 米，需采取防洪措施；④地形坡度较大，修建建筑物时，除需要采取一定的工程措施外，还需运用较大土石方工程；⑤地表面有较严重的积水现象，需要采取专门的工程准备措施加以改善；⑥有轻微的活动性冲沟、滑坡等不良地质现象，需要采取一定的工程准备措施等。

三类用地：是指不适于修建的用地。这类用地一般说来用地条件极差，其具体情况是：①地基承载力小于 60kPa 和厚度在 2 米以上的泥炭层或流砂层的土壤，需要采取很复杂的人工地基和加固措施才能修建；②地形坡度超过 20° 以上，布置建筑物很困难；③经常被洪水淹没，且淹没深度超过 1.5 米；④有严重的活动性冲沟、滑坡等不良地质现象，若采取防治措施需花费很大工程量和工程费用；⑤农业生产价值很高的丰产农田，具有开采价值的矿藏埋藏，属给水水源卫生防护地段，存在其他永久性设施和军事设施等。

我国地域辽阔，各地的情况存在差异，城市用地适用性评定在用地类别的划分可按各地区的具体条件相对地来拟定。不同城市的用地类别可不强求统一，类别的多少也要根据用地环境条件的复杂程度和规划的要求来确定。如有的城市用地类别可分为四类或五类；而有的城市则可分为两类。因此，用地适用性评定的分类具有地方性和实用性，必须因地制宜加以确定。

3.3.3　城市用地的建设条件评定

城市用地的建设条件是指组成城市各项物质要素的现有状况与它们在近期内建设

或改进的可能以及它们的服务水平与质量。与建设用地的自然条件评定相比，城市用地的建设条件评定更强调人为因素的影响。除了新建城市之外，绝大多数城市都是在一定的现状基础上发展与建设的，不可能脱离城市现有的基础，所以，城市既有的布局往往对城市的进一步发展的方向具有十分重要的影响。城市的现状条件，有时不但不能满足城市发展的要求，还会妨碍城市的发展和建设，这就要求对城市用地的建设条件进行全面评价，对不利的因素加以改造，更好地利用城市原有基础，充分发挥城市的潜力。城市用地的建设条件评价一般包括城市用地布局结构评价、城市市政设施和公共服务设施评价以及社会、经济构成评价三个方面。

3.3.3.1　城市用地布局结构评价

（1）城市用地布局结构是否合理，主要体现在城市各功能部分的组合与构成的关系，以及所反映的城市总体运营的效率与和谐性。城市的布局现状是城市历史发展过程的产物，有着相当的恒定性。城市越大，一般越难以改动。

（2）城市用地布局结构能否适应发展，城市布局结构形态是封闭的，还是开放的，将对城市整体的增长、调整或改变的可能性产生影响。如工业的改造或者规模的扩展，以此带来居住生活等相应用地的扩大，是否会在工作地与居住地的空间扩展时出现结构性的障碍等。

（3）城市用地分布对生态环境的影响，主要体现在城市工业排放物所造成的环境污染与城市布局的矛盾，这一矛盾往往影响到城市用地价值，同时为改变污染状态而需要更多的资金投入。

（4）城市内外交通系统结构的协调性，矛盾与潜力，城市对外铁路、公路、水道、港口及航空港等站场、线路的分布，将对城市用地结构形态产生深刻的影响，同时，城市内部道路交通系统的完善及与对外交通系统在结构上的衔接和协调性，不仅影响到建成区自身的用地功能，还对城市进一步发展的方向和用地选择造成制约。

（5）城市用地结构是否体现出城市性质的要求，或是反映出城市特定自然地理环境和历史文化积淀的特色等。

3.3.3.2　城市市政设施和公共服务设施评价

城市市政设施和公共服务设施的建设现状，包括城市市政设施和公共服务设施的质量、数量、容量与改造利用的潜力等，都将影响到土地的利用及旧区再开发的可能性与经济性。

在公共服务设施方面，包括商业服务、文化教育、邮电、医疗卫生等设施，它们的分布、配套及质量等。无论是在用地本身，还是作为邻近用地开发的环境，都是土地利用的重要衡量条件，尤其是在旧区改建方面，土地利用的价值往往要视旧有住宅和各种公共服务设施以及改建后所能得益的多寡来决定。

在市政设施方面，包括现有的道路、桥梁、给水、排水、供电、煤气等管网、厂站的分布及其容量等方面。它们是土地开发的重要基础条件,影响着城市发展的格局。

3.3.3.3 社会、经济构成评价

影响土地利用的社会构成状况主要表现在人口结构及分布的密度,以及城市各项物质设施的分布及其容量同居民需求之间的适应性。在城市人口高密度地区,为了合理使用土地,常常不得不进行人口疏解。人口分布的疏或密,将反映出土地利用的强度与效益。当旧区改建时,高密度人口地区常会带来安置动迁居民的困难。

城市经济的发展水平、城市的产业结构和相应的就业结构都将影响城市用地的功能组织和各种用地的数量结构。

(1)工程准备条件。在选择城市用地时,为了能顺利而经济地进行工程建设总是希望用地有较好的工程准备条件,以投入最少的资金而获得较大的效益。用地的工程准备视用地的自然状态的不同而异,常有的如地形改造、防洪、改良土地、降低地下水位、制止侵蚀和冲沟的形成、防止滑坡等。

(2)外部环境条件。除以上这些用地自身的建设条件外,还需要考虑建设地区的外部环境的技术经济条件,主要有经济地理条件(如国家或区域规划对拟建新城或已有城市发展地区所确定的要求,区域内城镇群体的经济联系、资源的开发利用以及产业的分布等方面)、交通运输条件(主要是发展地区的对外运输条件,如铁路、港口、公路、航空港等交通网络的分布与容量,以及接线接轨的条件等)、供电条件(指区域供电网络、变电站的位置与容量等可利用的条件)、供水条件(建设地区所在区域内水源分布及供水条件,包括水量、水质、水温等方面在城乡、工农业,以及风景旅游业等用水部门之间的矛盾分析)等。

3.3.4 城市用地经济评价

城市用地经济评价是根据城市土地的经济和自然两方面的属性及其在城市社会经济活动中产生的作用,综合评定土地质量优劣差异,为土地使用与安排提供依据。在城市中,由于不同地段所处区位的自然经济条件和人为投入物化劳动的不同,土地质量和土地收益也不同。因此,通过分析土地的区位,投资于土地上的资本、自然条件、经济活动的程度和频率等条件,可以揭示土地质量和土地收益的差异,在规划中做到好地优用,劣地巧用,合理确定不同地段的使用性质和使用强度,为用经济手段调节土地使用和提高土地的使用效益打下重要基础。

从影响范围看城镇土地区位,可分以下三个层次。①宏观区位,指某个城市在一定地域范围内,如一个地区、一个国家乃至在世界所处的位置与地位,既受距海、河远近,地形条件等自然因素影响,更受人类社会长期建设和发展所形成的经济发展水平和文化结构等影响。宏观区位往往对区域城市间土地的级差地租和地价水平具有决定性的作用。②中观区位,指城市内部不同地段土地的相对位置及其相互关系。城市

土地由于原有自然条件的差异以及人类对各区段土地投入的物化劳动和活劳动不同，从而导致不同区段土地质量和地租水平明显不同。因而，中观区位是影响城市土地等级和基准地价的主要因素。③微观区位，指某块具体使用的土地在城市中具体位置及周边的条件。同样面积的地块，有的背街，有的临街，还有的处于道路拐角，往往位置相距数十米，甚至只差几米，地租和地价的差异就十分大。

城市用地经济评价必须结合自然条件的评价和建设条件的评价，这三个方面在许多地方是穿插在一起而不是孤立的，因此经济评价实为综合评价。

3.3.5　城市用地的选择

城市用地选择是城市规划的重要工作内容。它根据城市各项设施对用地自然环境条件、城市用地的建设条件，综合考虑社会、经济、文化多方面问题对用地的适用性做出的综合评价，进行各项用地的选择。城市用地选择恰当与否，关系到城市功能组织和城市规划布局形态，同时对建设的工程经济和城市的运营管理都有一定影响。

城市用地选择的原则主要包括以下几个方面：

（1）遵照《中华人民共和国城乡规划法》和《中华人民共和国土地管理法》以及相关法律中有关土地利用的规定。

（2）新城选址或各种开发区选址既要满足建设空间与环境的需要，同时要为将来进一步发展预留余地与方向；旧城扩建用地选择，要结合旧区的布局结构考虑城市扩展重构城市功能布局的合理性；要充分利用旧城的设施基础，节省建设投资。

（3）用地选择应对用地的工程地质条件做出科学的评估，要结合城市不同功能地域对用地的不同空间与环境质量要求，尽可能减少用地的工程准备费用。做到地尽其利，地尽其用，合理利用土地资源。

（4）注意保护环境的生态结构，原有的自然资源和水系脉络。要注意保护地域的文化遗产。

3.4　城市发展战略的背景依据

3.4.1　城市发展战略的概念

"战略"一词源于军事科学，它是对战争全局的策划和指导。这种战略本质的概念，逐渐被推广应用到其他领域，即泛指重大的、带全局性的、长期性的、相对稳定的、决定全局的谋划。

城市是由多种类型的用地构成的，不论城市居住用地，还是工业用地以及其他各种用地的安排，除了它们自身的要求，需要满足一定条件外，且彼此有着密切的关联。即由局部组成的整体，必须权衡、协调各局部达到城市全局的目标，如高效、良好的环境，可持续地发展等。而且除了这些普遍的、共同的目标以外，每个城市都还有各自不同的建设发展的重大目标。城市发展战略就是在城市载体物质空间上相应做出的全局性、长期性、决定全局的谋划和安排。从本质上说，城市总体规划可以说就是城市发展的战略安排。

3.4.2 城市发展战略的背景研究

城市是一个开放的复杂巨大的系统，它在一定的系统环境中生存与发展。城市是构成一个地理的、经济的、社会的、文化的和政治的区域单位的一部分，城市即依赖这些单位而发展。《城乡规划法》第五条规定："城市总体规划、镇总体规划以及乡规划和村庄规划的编制，应当依据国民经济和社会发展规划，并与土地利用总体规划相衔接。"因此城市发展战略的制定就必须研究城市的区域发展背景，必须研究城市的社会、经济发展，以城市社会、经济、文化、科技发展确立城市发展的目标。在城市发展一定时期内，城市性质的确定和城市发展可能规模的预测，使城市规划建立在可靠的、科学的基础之上。

在对城市发展战略进行研究时，首先应对区域规划、城镇体系规划、国土规划、土地利用总体规划等有基本的了解，尤其对它们与城市总体规划的关系要有较深入的了解。

1. **国土规划** 国土规划是对国土资源的开发、利用、治理和保护进行全面规划。它的内容包括：土地、水、矿产、生物等自然资源的开发利用；工业、农业、交通运输业的布局和地区组合与发展；环境保护以及影响地区经济发展的要害问题的解决。在我国，国土规划工作的某些内容往往在各种相关规划中有所体现。这些规划通常是以一定的行政区域范围为单位进行的，当然有时某一些重大问题需要协调解决则要跨行政区来组织，比如灌溉系统开发利用和环境保护问题。

2. **土地利用总体规划** 土地利用总体规划是对土地用途进行合理分区和确立控制指标。全国、省级、地级土地利用规划应划定主要农田保护区、土地管理区、土地复垦区、土地开发区等。县乡级划定土地用途分区，按农业用地区、种植园用地区、林业用地区、牧业用地区、城镇建设用地区、村镇建设用地区、独立工矿用地区、自然与人文景观保护区及其他用途区等用地划界，并将种类用地控制指标逐级分解落实到土地空间。土地利用总体规划是国土规划的专项控制和有机组成部分。

土地利用总体规划的基本原则包括，提高土地利用率，以保护耕地为重点，严格控制占用耕地，统筹安排各业用地的要求，划定主要农田保护区、土地管理区、土地复垦区、土地开发区等。

3. **区域规划** 区域规划是根据国家或地区的国民经济与社会发展长期计划及设想，对一定地区范围内，在分析评价各种自然、技术经济因素和条件的基础上，做出该地区的社会、经济发展建设的综合安排，主要包括资源综合开发利用和区域发展方向，合理配置工业和城镇居民点，安排区域性交通、能源、水利、园林、休疗养、旅游、环境保护等各项区域服务性工程设施。

区域规划是以国土规划为基础，是国民经济和社会发展计划的深化，空间布局、物质基础的落实。因此它为城市规划和专业工程规划提供了宏观、区域范围的技术经济依据。

4. **城镇体系规划**　城镇体系规划即预测各发展阶段区域城市化发展水平；规划交通、通信、供水、供电以及社会公共服务设施系统和区域生态环境系统，研究各城镇的人口规模等级结构、各城镇在体系中的职能分工结构以及城镇布局的空间结构，确定其时序关系和动态空间结构。

3.5　城市性质与规模

3.5.1　城市经济、社会发展规划

国民经济和社会发展规划是我国国家计划最重要的表现形式。在政府主导下对国民经济和社会发展规划进行制定和实施，对我国的经济建设和社会文化建设发挥着举足轻重的作用。城乡规划的制定必须以国民经济和社会发展规划为重要依据，以国民经济和社会发展规划为城乡规划提供战略和方向的指引，城乡规划中各种建设项目的选址、布局都必须考虑是否符合国民经济和社会发展规划的要求。城市经济、社会发展规划一般包括城市的基本状况、地位、优势、潜力和制约因素的分析，确立城市发展的战略目标，制定城市发展的规划以及实现规划目标的主要对策和措施等。

经济、社会发展规划纲要除了对战略目标、城市的发展重大方针、政策和城市重大的空间部署外，一般都对经济社会发展的规划指标进行分析和预测，主要指标有：

1. **经济发展指标**　有如下八项：

（1）人均 GDP（国内生产总值）。

（2）每万元 GDP 综合能耗。

（3）国民收入。

（4）财政收入相当于 GDP 的比例。

（5）工业总产值。

（6）农业总产值。

（7）社会商品零售额。

（8）三次产值构成比例。

2. 社会发展指标 有如下四项：

（1）教育经费占 GDP 的比例。

（2）研究与开发经费占 GDP 比例。

（3）中小学普及率。

（4）每万人医生数、床位数。

3. 城市的基础设施及环境指标 有如下三项：

（1）人均道路面积。

（2）人均电话门数。

（3）人均绿地面积。

3.5.2 城市总体规划纲要

城市规划纲要的任务是研究确立总体规划的重大原则，结合城市的经济、社会发展长远规划、国土规划、土地利用总体规划、区域规划，根据当地自然、历史、现状情况，确立城市化地域发展的战略部署。规划纲要经城市人民政府同意后，作为编制城市规划的依据。

城市总体规划纲要的内容有：

（1）市域城镇体系规划纲要，内容包括：提出市域城乡统筹发展战略；确定生态环境、土地和水资源、能源、自然和历史文化遗产保护等方面的综合目标和保护要求，提出空间管制原则；预测市域总人口及城镇化水平，确定各城镇人口规模、职能分工、空间布局方案和建设标准；原则确定市域交通发展策略。

（2）提出城市规划区范围。

（3）分析城市职能、提出城市性质和发展目标。

（4）提出禁建区、限建区、适建区范围。

（5）预测城市人口规模。

（6）研究中心城区空间增长边界，提出建设用地规模和建设用地范围。

（7）提出交通发展战略及主要对外交通设施布局原则。

（8）提出重大基础设施和公共服务设施的发展目标。

（9）提出建立综合防灾体系的原则和建设方针。

在规划纲要阶段，除了研究确定城市性质、规模之外，对可能产生多个战略方案也应加以研究分析，诸如城市发展的方向、空间布局结构以及在时序关系上提出战略部署，如空间结构集中式，或组团式，或先集中后分散的战略，先开发新区后改造旧区的战略，先向某方向发展后再向什么方向发展等。因此规划纲要成果以文字为主，辅以必要的城市发展示意图纸，比例一般为 1 : 25 000 ～ 1 : 50 000。

3.5.3　城市性质和类型

3.5.3.1　城市性质的含义

城市性质是指各城市在国家或区域经济和社会发展中所处的地位和所起的作用，是各城市在城市网络以至更大范围内的主要职能。城市的性质应该体现城市的个性，反映其所在区域的政治、经济、社会、地理、自然等因素的特点。因此，城市性质的确定应把握四个要点：一是表达城市的宏观区位意义，地域要明确；二是反映城市最主要的职能，而不是罗列一般职能；三是体现动态发展含义，即不是对现状的描述，而是在认识客观存在的前提下，糅合了对未来发展的合理预期；四是文字表述准确、简练、凸显个性，弱化共性。

3.5.3.2　城市类型

城市分类，一般有按城市性质、按城市规模和按行政建制分类等几种方法。因为城市性质对城市人口构成、用地组织、规划布局、生活服务设施的内容与标准、基础设施水平等诸方面，都有很大的影响，所以在城市规划中更偏重按城市性质分类。

目前，世界各国对城市分类，并无公认的统一方法。我国城市按性质分类情况见表 3-4。

表 3-4　城市分类情况表

中心城市	1. 全国性中心城市	如：北京、上海、天津、重庆
	2. 地区性中心城市	如：省会、自治区首府
工业城市	1. 多种工业城市	如：淄博、株洲、常州
	2. 单一工业为主的城市	如：大庆、茂名（石油化工城市）、伊春、牙克石（森林工业城市）、淮南、平顶山、（矿业城市）
特殊职能的城市	1. 革命性城市	如：延安、遵义、井冈山、韶山
	2. 风景、浏览、休养为主的城市	如：三亚、桂林、承德、黄山
	3. 边防城市	如：二连浩特
	4. 经济特区城市	如：深圳、珠海、汕头、厦门
交通港口城市	1. 铁路枢纽城市	如：徐州、鹰潭、襄樊、郑州
	2. 海港城市	如：青岛、大连、湛江、宁波
	3. 内河港埠	如：宜昌、九江、江阴、南通
县城	县域的中心城市，多以地方资源为优势的产业为主干产业，同时联系广大农村的纽带、工农业物资的集散地	
商贸城市	如义乌、台州市的独立组团路桥区等	
科研、教育城市	如陕西以西北农林大学为核心的国家杨凌农业高新技术产业示范区	

3.5.3.3　确定城市性质的依据

一个城市的性质可以从两个方面去认识。一方面是从城市在国民经济的职能方面去认识，即指一个城市在国家或地区的政治、经济、社会、文化生活中的地位和作用。另一方面，从城市形成与发展的基本因素中去研究，认识城市形成与发展的主导因素。具体地说，确定城市性质的依据有以下一些内容。

（1）党和国家的方针政策及国家经济发展计划对城市建设的要求。

（2）该城市在所处区域中的地位与作用。

（3）该城市自身所具备的条件（如历史形成特点、资源情况、自然地理与条件等）。

不同的历史时期，不同的城市，上述各种因素对确定城市性质的影响程度也是不同的。另一方面应注意的是，城市性质不是一成不变的。一旦确定城市的性质的主要依据条件发生了变化，往往城市的性质也将随之改变，如新发现的各种资源、城市能源、交通条件的改善及新的科学技术的出现等。

3.5.3.4　确定城市性质的方法

确定城市性质，就是综合分析城市的主导因素及其特点，明确它的主要职能，指出它的发展方向。从城市的现有优势、潜在的优势和条件，以及科学技术的进步、经济发展的方向，根据区域的城镇体系规划、城镇分工和城市社会、经济发展战略，科学地确立城市性质。

城市性质确定的一般方法是采用定性分析与定量分析相结合，以定性分析为主。定性分析就是在进行深入调查研究之后，全面分析说明城市在政治、经济、文化生活中的作用和地位。定量分析就是在定性基础上对城市职能，特别是经济职能进行技术、经济指标分析，从数量上去确定起主导作用的行业（或部门）。一般从以下三方面着手：

（1）起主导作用的行业（或部门）在全国或地区的地位和作用。

（2）分析主要部门经济结构的主次。采用同一经济技术标准（如职工人数、产值、产量等），从数量上去分析，是否占绝对优势。

（3）分析用地结构的主次，以用地的所占比重的大小来表示。

总之，确定城市性质时，不能就城市论城市，不能仅仅考虑城市本身发展条件和需要，必须坚持从全局出发，从地区乃至更大的范围着眼，根据国民经济合理布局的原则分析确定城市性质。因而，开展区域规划工作对于确立城市性质有着重要的意义，城市性质应以区域规划为依据。如果区域规划尚未编制，或者编制时间过久，都应在编制城市总体规划时，先进行城市体系的规划，以地区国民经济发展计划为依据，结合生产力合理布局的原则，对城市性质作全面的战略思考，明确本城市在城镇体系中的战略地位，然后在城市总体规划时对本城市的基础和发展条件作深入的定性和定量分析，以确定城市的性质。

3.5.4 城市的规模

3.5.4.1 城市规模的含义

城市的性质决定了城市建设的发展方向和用地构成，而城市的规模则决定城市的用地及布局形态。城市规模通常以人口规模和用地规模来表示。但是，用地规模随人口规模而变，所以城市规模通常以城市人口规模来表示。城市人口规模就是城市人口总数。城市总体规划报请核定的城市人口规模是指城市建设用地范围内实际居住人口之和，由三部分组成：①非农业人口；②农业人口；③暂住期一年以上的暂住人口。

3.5.4.2 城市人口的含义

从城市规划的角度来看，城市人口应是指那些与城市的活动有密切关系的人口，他们常年居住生活在城市的范围内，构成了该城市的社会主体，是城市经济发展的动力、建设的参与者，又都是城市服务的对象，他们赖城市以生存，又是城市的主人。

在《中国中小城市发展报告（2010）：中国中小城市绿色发展之路》中，依据中国城市人口规模现状，提出的全新划分标准为：市区常住人口 50 万以下的为小城市，50 万 ~ 100 万的为中等城市，100 万 ~ 300 万的为大城市，300 万 ~ 1 000 万的为特大城市，1 000 万以上的为巨大型城市。

3.5.4.3 城市人口的构成

就城市本身而言，用地的多少，公共生活设施和文化设施的内容与数量，交通运输量，交通工具的选择，道路的等级与指标，市政公共设施的组成与能力，住宅建设的规模与速度，建筑类型的选定，郊区的规模以及城市的布局等，无不与城市人口的数量与构成有着密切关系。

城市人口的状态是在不断变化的，可以通过对一定时期城市人口的各种现象，如年龄、寿命、性别、家庭、婚姻、劳动、职业、文化程度、健康状况等方面的构成情况加以分析，反映其特征。在城市规划中，需要研究的主要有年龄、性别、家庭、劳动、职业、文化程度等构成情况，见表 3-5。

表 3-5 城市人口构成要素表

1. 年龄构成	指城市人口各年龄组的人数占总人数的比例	托儿组	0 ~ 3 岁
		幼儿组	4 ~ 6 岁
		小学组	7 ~ 11 岁
		中学组	12 ~ 17 岁
		成年组	男 18 或 19 ~ 60 岁、女：18 ~ 55 岁
		老年组	男：61 岁以上，女：56 岁以上
2. 性别构成	指男女人口之间的数量和比例		
3. 家庭构成	指城市家庭人口数量、性别、辈分组合等情况		

（续）

4. 劳动构成	指劳动人口在城市总人口中的比例	基本人口	指在工业、交通运输以及其他不属于地方性的行政、财经、文教等单位中工作的人员。它不是由城市的规模决定的，却对城市的规模起决定性的作用	工业职工、基本建设职工、农林水利职工、交通邮电职工
		服务人口	指在为当地服务的企业、行政机关、文化、商业服务机构中工作的人员。它的多少是随城市规模而变动的	商业服务系统职工、城市公用职业职工、文教卫等部门职工、金融、国家机关和人民团体职工
		被抚养人口	指未成年的、没有劳动力的以及没有参加劳动的人员。它是随着职工人数而变动的	未成年人、老年人、丧失劳动能力的成年人、其他不从事社会劳动的人
5. 职业构成	指城市人口中的社会劳动者按其人事劳动的行业性质（职业类型）划分，各占总人数的比例	产业类型	第一产业	农、林、牧、渔、水利业
			第二产业	工业、地质普查和勘探业、建筑业
			第三产业	商业、公共饮食、物资供销和仓储业、交通运输、邮电通讯业、房地产业、公用事业、居民服务和咨询服务业、卫生、体育和社会福利事业、教育、文化艺术和广播电视事业、科学研究和综合技术服务事业、金融、保险业、国家机关党政机关和社会团体
6. 文化构成	指大学学历人口的比重			

3.5.4.4　有关人口指标

1. **自然增长**　自然增长是指人口再生的变化量。自然增长与计划生育、医疗卫生条件及社会福利事业有着密切关系，一般用自然增长率来表示，即

$$自然增长率 = \frac{本年出生人口数 - 本年死亡人口数}{年平均人数} \times 100\%$$

2. **机械增长** 机械增长是指城市非自然增长的人口净增数。机械增长与城市的发展、当时的政策和国民经济增长等因素有关，一般用年机械增长率来表示，即

$$机械增长率 = \frac{本年迁入人口数 - 本年迁出人口数}{年平均人数} \times 100\%$$

3. **人口平均增长速度（或人口平均增长率）** 一定年限内，平均每年人口增长的速度（自然增长、机械增长或两者合计的增长）可用下式计算：

$$人口平均增长率 = \sqrt[年限]{\frac{期末人口数}{期初人口数}} - 1$$

$$= 人口平均发展速度 - 1$$

3.5.4.5 城市人口规模的估算

1. **估算城市人口发展规模的基本原理** 估算城市人口发展规模的主要依据就是国民经济和社会发展计划。发展计划中对一定时期内社会各部门的发展提出了明确的目标，从而可以预测在这个时期内各部门从业人员的多少，计算出总的劳动人口数，再加上与其相适应的非劳动人口数，便可得出城市人口发展规模。

估算城市人口发展规模也不能仅仅着眼于城市本身，而要从更大的区域的范围内来考虑，根据某一个区域经济发展的要求，分析确定区域内各个城市的性质和人口发展规模，这是区域规划的任务之一。区域规划是估算城市人口发展规模的重要依据。

城市人口发展的速度和规模，受人口自然增长率和机械增长率所制约，推算城市人口发展规模要符合人口增长的发展规律和经济发展规律。城市人口机械增长的实质是为城市补充劳动力。在研究这个问题时，首先要充分挖掘城市内部的潜力，再分析吸收外地劳动力（优先考虑附近农村劳动力）的可能性，考虑吸收的速度和规模，以求得城市对劳动力的需求和劳动力来源之间的大体平衡，使城市人口发展规模的推算有比较可靠的基础。

2. **估算城市人口发展规模的方法** 我国城市数量大、类型多，人口的劳动构成和人口的增长率各有特点；而各地编制国民经济和社会发展计划的详尽程度也不一样，有关人口资料的完备程度也不同，估算城市人口发展规模的方法就不能强求一致。在估算城市人口发展规模时，一般采用以某种方法为主进行计算，以其他方法为辅进行校核。下面介绍几种常用的估算城市人口发展规模的方法。

（1）劳动平衡法。劳动平衡法是以国民经济和社会发展计划为依据，在分析、确定劳动力合理使用和分配比例的基础上，估算城市人口发展规模。其基本思路是根据社会和经济发展增长计划，确立新增基本人口数量，按基本人口占城市人口的合理比例，推算城市人口的总数。本方法适用于将有较大发展、国民经济和社会发展计划比较具体落实、人口统计资料比较齐全的中小城市和新兴工业区。

（2）职工带眷系数法。本法是根据新增就业岗位数及带眷情况而计算的。其基本

公式为：

$$规划总人口数 = 带眷职工人数 \times （1 + 带眷系数） + 单身职工数$$

带眷系数，指每个带眷职工所带眷属的平均人数。这对于估算新建工业企业、小城镇人口的发展规模以及确定住户形式都可提供依据。其比值随着工厂的规模、新旧等情况而不同。这种推算法对于新建工矿城镇，根据建设的企业规模推算建成后的城镇人口是可行的，其他则难以应用。

（3）综合平衡（递推）法。综合平衡法核心是将城市发展分成若干阶段，根据城市发展不同阶段，影响人口因素的变化，分别确定有关的参数，逐段向前递推预测。适用于对基本人口（或生产性劳动人口）的规划数难以确定的城市。需要有历年来城市人口自然增长和机械增长方面的调查资料。其基本公式为：

$$规划总人口数 = 城市现状人口数 + 规划期内自然增长人数$$
$$+ 规划期内机械增长人数$$

*3.6　城市总体布局简介

3.6.1　概述

城市用地发展方向和城市总体布局都是城市总体规划的核心内容，两者密切相关。在城市性质和规模大致确定的情况下，先选定城市用地发展方向，也就是城市建成区今后拓展的主要方向，再进一步确定城市总体布局形态，对城市各组成部分进行统筹安排，使其空间结构合理，布局有序，联系密切。用地发展方向是否合理，总体布局形态是否科学，基本上决定了城市总体规划的成败。这方面的失误将使该城市发展付出沉重代价，且损失日后不易挽回。因此必须格外慎重，多方论证。城市总体布局是城市的社会、经济、环境以及工程技术与建筑空间组合的综合反映。城市通过城市主要用地组成的不同形态表现出来的。

3.6.1.1　确定城市总体布局形态的主要因素

1. **城市现状**　城市现状布局形态是长期发展的产物，有其历史惯性。故确定一个城市的用地发展方向和总体布局形态应充分尊重现状。在现状基础上按今后发展需要改进、完善现状的不合理部分。

中小城市如今后发展规模不大，一般是原地向周边适当拓展，这样可节省投资，市民也容易接受。大城市、特大城市如中心城区已形成很大饼块，今后又有较大发展，则可考虑采用跳跃式发展，在郊区选择合适地点建设新城区或卫星城来分流中心城区的人口和产业，使城市布局形态产生重大改变。

2. **用地条件**　新城区尽量向用地条件好的地方发展（一类或二类用地），平原城区发展一般不受地形限制，建成区可较自由舒展，但要注意少占耕地，尽量利用附近的荒地、旱地、低丘和台地，宜避开易受洪、潮淹没，地势特别低洼，软土层巨厚用地。同时也要避开容易发生地质灾害的活动断裂带、地下溶洞、滑坡、泥石流等危险地带。

3. 资源情况　主要是考虑淡水、矿产、土地、森林、岸线、旅游等资源分布对城市腹地选择和布局的影响。城市附近应有充足的淡水资源。矿山城市用地布局应充分考虑矿产资源、矿井分布的影响。沿海、沿江、沿湖城市应搞好岸线科学利用，协调好生产岸线与生活景观岸线的矛盾。旅游城市要注意处理好旅游区开发与城市发展的关系，不要因城市发展而破坏风景旅游资源。

4. 城市性质和产业布局　污染型的重化工城市特别要注意工业区正确选址。大型港口往往形成港区新区。还可结合大型工矿企业、大学城、科技城、保税区、出口加工区等布局建设卫星城镇。

5. 特殊职能要求　某些城市的特殊职能对城市用地布局有直接的影响，甚至是关键的影响。如历史文化名城、区域性大型基础设施所在的城市等。

6. 对外交通　铁路、高速公路、机场、港口建设往往对城市腹地发展方向和总体布局产生很大影响。城市新区可考虑向规划建设的干线铁路客站、高速公路出入口、主干公路适当靠近，但一般不宜跨越。有时这些大型交通设施也会成为城市发展的门槛，影响用地选择和布局形态。

3.6.1.2　确定城市总体布局形态的原则

（1）立足现状，合理改进，因地制宜，创造特色；

（2）充分利用自然条件，科学安排用地，保护自然资源；

（3）有利生态环境保护，创造良好生活环境；

（4）避免城市无序蔓延，留有弹性发展余地；

（5）有利生产，方便生活，功能分区合理；

（6）经济合理，节约投资。

3.6.2　城市布局类型

3.6.2.1　城市相对集中布局

相对集中布局的城镇，是在用地和其他条件允许，符合环境保护要求的情况下，将城镇各组成要素集中紧凑，连片布置，使建成区相连或基本相连。这种布局形态便于集中设置较为完善的市政和公共设施，建设和管理比较经济，生产和生活比较方便。缺点是工业区和居住区距离较近、绿地较少，环境不易达到较高标准。一般二三十万人口的中小城市、县城、建制镇镇区可采用这种布局形态。但随着城市规模的不断扩大，建成区面积超过 50 平方公里，居住人口超过 50 万，容易形成"摊大饼"形态，这样将导致城市环境恶化、居住质量下降。城市规划应注意改变这种已经变得不合理的布局形态。

相对集中布局形态一般可分为块状式、带状式、沿河多岸组团式等形态。

1. **块状式** 又称饼状式，建成区的基本形态为一个地块，形状有的接近圆形、椭圆形、正方形、长方形，中间没有绿带隔离，或只有小河把街坊分开。我国地处平原的城市大多为这种形态。

2. **带状式** 有的城市受山岭、河流等地形影响发展成带状。如宜昌市、兰州市。

3. **沿河多岸组团式** 有的城市被河流、湖泊侵害成几部分，形成天然组团，但彼此相隔不远，组团大小也不相同。武汉、重庆、宜宾等就是这种布局形态。武汉被长江和汉水分割成汉口、武昌、汉阳三部分，号称武汉三镇。重庆也被长江和嘉陵江分成中心城区、江北、南岸三部分。

3.6.2.2 相对分散布局

相对分散布局城镇，是因地形、矿产资源、历史原因，使建成区比较分散，每块建成区规模大小不一，彼此距离较远，由交通线保持联系。这种布局形态使建成区之间联系不如相对集中布局那么方便，城市道路、供水、排水、供电、通信、供气等基础设施投资可能增加，管理难度增大；优点是有利形成良好生态环境，减低人口居住密度，也有利于更合理利用土地。

相对分散布局的城市形态多样，主要有姐妹城式、主辅城式、一城多镇式、星座式、点条式、掌状式等。

1. **姐妹城式** 城市建成区由大小差不多的双城组成，故也称双城式。两城共同承担主城区的功能，但有所分工，如银川、包头。银川市由旧城区和新城区双城组成，旧城为行政中心，新城为经济中心，由两条主干道相联系。

2. **主辅城式** 城市建成区由主城区和 1 ~ 2 个辅城组成。主城为城市中心所在，规模较大，为城市主体。辅城与主城保持一定距离（十几公里至几十公里），多为港口城或新的大工业区，为主城的卫星城，居住人口较主城少。连云港、福州是典型的主辅城结构。

3. **一城多镇式** 这种城市的建成区由多个城市组团组成，中心区不够突出，各组团（镇）规模相当。这是因为这些城市是由数镇联合发展起来，如山东的淄博市是由张店、淄川、博山、临淄、周村五镇组成一个特大城市。不少工矿城市是由若干个矿区组成多点式结构。

4. **点条式** 有的山地城市因受地形限制，只好沿河谷发展，在地形较开阔处建设城区、工矿区、居民点，往往形成绵延数十公里，形似长藤结瓜的点条式城市形态。

5. **掌状式** 有的山地工矿因受地形和矿产资源分布的影响，建成区沿河谷发展，结合矿井布置，沿几条河谷形成长条状工矿区，酷似手掌。

3.6.2.3　集聚—扩散型的组团布局

确定一个城市布局形态，对现有布局形态进行改造，应根据每个城市的条件、特点而定。现代城市规划一般宜采用集聚与扩散相结合的组团布局形态，这种城市布局形态采取适当集聚，合理扩散，加强配套，弹性发展的手法。根据不同性质、规模、现状特点、用地条件，把城市划分成若干大组团，每个大组团再细分成小组团。各组团规模适中，社会服务设施自行配套。中心城组团规模较大。大的城市也可采用双中心甚至三中心结构。各组团间可利用天然水面、山体保持距离，或建立绿化隔离带。这样既可保持良好的生态环境，又留有弹性发展余地。中心城以外可规划若干个有一定规模，设施配套的卫星城镇，以分流中心城过密人口，转移部分产业。

拓展学习推荐书目

[1]　李德华.城市规划原理 [M].3 版.北京：中国建筑工业出版社，2001.

[2]　邹德慈.城市规划导论 [M].北京：中国建筑工业出版社，2002.

[3]　黄琲斐.面向未来的城市规划和设计：可持续性城市规划和设计的理论及案例分析 [M].北京：中国建筑工业出版社，2004.

[4]《中华人民共和国城乡规划法》.

复习思考题

1. 简述城市的系统构成。

2. 什么是城市用地？城市用地按照《城市用地分类与规划建设用地标准》分为哪几大类？

3. 一般城市用地区划有哪些类型？

4. 评价城市用地自然环境条件的因素包括哪些？

5. 城市用地评定按适用性分为哪几种类型？

6. 城市用地选择的基本原则有哪些？

7. 城市性质、规模及城市人口的含义是什么？

第 4 章

居住区规划设计概述

学习目标

本章主要介绍了城市居住用地概念及其在城市中的规划布置；居住区规划的任务与内容；居住区规模与组织结构；居住区规划设计原则与要求；市场调查等内容。通过本章的学习，要求读者了解居住区规划设计的任务、原则与要求；掌握居住区等级规模与规划组织结构类型的确定原则与方法；清楚消费者调查的方法。

城市是人类集中定居的生活居住地域，是一种现代的人聚环境形式。早在1933 年国际现代建筑学会所拟订的"城市规划大纲"中，就将城市活动归结为居住、工作、游憩与交通四大活动，明确认定"居住是城市的第一活动"。城市居民以住宅所在的居住地域作为生活基地，由此出发，从事于各种城市活动，就是人们常说的"安居乐业"。所以居住活动是维持城市规模和城市机能运转的基本城市活动内容。

居住区用地是城市中在空间上相对独立的各种类型和各种规模的生活居住用地的统称，它包括居住区、居住小区、居住组团、住宅街坊和住宅群落等。在一个城市中，生活居住用地的比例一般占到城市建设总用地的 40% ~ 50%。居住区是城市的有机组成部分，是被城市道路或自然界线所围合的具有一定规模的生活聚居地，它为居民提供生活居住空间和各类服务设施，以满足居民日常物质和精神生活的需求。

城市居住生活有着丰富的内涵，不仅有各具特色的家居生活，还有着多种多样的户外的社会、文化、消费和游憩等活动。因此，居住区同时还是一个社会学意义上的社区。它包含了居民相互间的邻里关系、价值观念和道德准则等维系个人发展和社会稳定与繁荣的内容。居住区的构成既应该考虑其物质组成的部分，也应充分关注其非物质的内容。居住生活过程是一个文化过程，居住生活方式反映了一个地方或民族的文明程度与形态。

居住区规划属城市修建性详细规划层面。为此，城市居住区规划，要在城市发展战略和建设控制的指导下，合理选择居住用地，结合城市的资源与环境条件，处理好居住用地与城市其他用地的功能关系，进行合理的组织与布局，并配置完善的市政与公共设施。加强绿化规划，注重居住区环境保护，使之具有良好的生态效应与环境质量。为居民创造一个良好的生活居住环境。

4.1　居住用地

居住区规划总用地包括居住区用地和其他用地两类。承担居住功能和居住活动的场所，称之为居住用地，包括住宅用地、公建用地、道路用地和公共绿地等四项用地的总和。其他用地是指规划范围内除居住区用地以外的各种用地，包括非直接为本区居民配建的道路用地、其他单位用地、保留的自然村或不可建设用地等。

4.1.1　居住用地的内容组成与分类

4.1.1.1　用地内容组成

居住用地占有城市用地的较大比重，它在城市中往往集聚而呈地区性分布。居住用地是由几项相关的单一功能用地组合而成的用途地域，一般包括住宅用地和与居住生活相关联的各项公共设施、市政设施等用地。虽然这些构成用地在具体的功能项目和各自所占比例上，往往因城市规模、自然条件、居住生活方式以及建设水平等差别而有不同的组成状态，但可概括地归为以下四类：

1. **住宅用地**　指居住建筑基底占有的用地及其前后左右附近必要留出的一些空地，其中包括通向居住建筑入口的小路、宅旁绿地和杂务院等；

2. **公共服务设施用地**　指居住区各类公共建筑和公用设施建筑物基底占有的用地及其周围的专用地，包括专用地中的通路、场地和绿地等；

3. **道路用地**　指居住区范围内的不属于上两项内道路的路面以及小广场、停车场、回车场等；

4. **公共绿地**　居住区公园、小游园、运动场、林荫道、小块绿地、成年人休息和儿童活动场地等。

为便于城市用地的统计，并与总体规划图上的表示取得一致，国标《城市用地分类与规划建设用地标准》（GBJ 137—90）规定，居住用地是指住宅用地和居住小区及居住小区级以下的公共服务设施用地、道路用地及公共绿地。

4.1.1.2　用地分类

城市居住用地按照所具有的住宅质量、用地标准、各项相关设施的设置水平和完善程度，以及所处的环境条件等，可以分成若干用地类型，以便在城市中能各得其所地进行规划布置。我国的《城市用地分类与规划建设用地标准》（GBJ 137—90），将居住用地分成四类，其中一类最好，四类较差（见表4-1）。

表 4-1 我国居住用地分类

类 别	说 明
一类居住用地	市政公用设施齐全，布局完整，环境良好，以低层住宅为主的用地
二类居住用地	市政公用设施齐全，布局完整，环境良好，以多、中、高层住宅为主的用地
三类居住用地	市政公用设施比较齐全，布局不完整，环境一般，或住宅与工业等用地有混合交叉的用地
四类居住用地	以简陋住宅为主的用地

4.1.2 用地的指标

居住用地在城市占有广阔的空间。居住用地水平关系到城市生活质量、土地资源的利用以及居住空间与环境的营造等多个方面。

居住用地的指标主要由三方面来表达：一是居住用地占整个城市用地的比重；二是居住区用地平衡控制指标；三是人均居住区用地控制指标。

4.1.2.1 用地指标的影响因素

1. **城市规模** 在居住用地占城市总用地的比重方面，一般是大城市因工业、交通、公共设施等用地较之小城市的比重要高，相对的居住用地比重会低些。同时也由于大城市可能建造较多高层住宅，人均居住用地指标会适当比小城市低。

2. **城市性质** 一般老城市建筑层数较低，相对于居住用地所占城市用地的比重会高些；而新兴工业城市，或是相对独立的产业园区等，因产业占地较大，相对居住用地比重就较低。

3. **自然条件** 如在丘陵或水网地区，会因土地可利用率较低，增加居住用地的数量，加大该项用地的比重。此外，因纬度高低的不同地区，为保证住宅必要的日照间距，而会影响到居住用地的标准。

4. **城市用地标准** 城市社会经济发展水平不同，加上房地产市场的需求状况不一，也会影响到住宅建设标准和居住用地的指标。

4.1.2.2 用地指标

1. **居住用地的比重** 按照国标《城市用地分类与规划建设用地标准》（GBJ 137—90）规定，居住用地占城市建设用地的比例为 20% ~ 32%，可根据城市具体情况取值。如大城市可能偏于低值，小城市可能近于高值。在一些居住用地比重偏高的城市，随着城市发展，道路、公共设施等相对用地的增大，居住用地的比重会逐步降低。

2. **居住区用地平衡指标** 居住区内各项用地所占比例的平衡控制指标，在国标《城市居住区规划设计规范》（GB 50180—93）中做了规定（见表 4-2）：

表 4-2 居住区用地平衡控制指标 (%)

用地构成	居 住 区	居住小区	居住组团
1. 住宅用地	50 ~ 60	55 ~ 65	70 ~ 80
2. 公建用地	15 ~ 25	12 ~ 22	6 ~ 12
3. 道路用地	10 ~ 18	9 ~ 17	7 ~ 15
4. 公共绿地	7.5 ~ 18	5 ~ 15	3 ~ 6
居住用地	100	100	100

3. 居住用地人均指标 按照国标《城市用地分类与规划建设用地标准》规定，居住用地指标为 18.0 ~ 28.0 平方米 / 人，并规定大中城市不得少于 16 平方米 / 人。

在城市总体用地平衡的条件下，对城市居住区、居住小区等居住地域结构单位的用地指标，在国标《城市居住区规划设计规范》（GB 50180—93）中有所规定，见表 4-3 所示。

表 4-3 人均居住区用地控制指标 （单位：平方米 / 人）

居住规模	层 数	人均居住用地控制指标		
		Ⅰ、Ⅱ、Ⅵ、Ⅶ	Ⅲ、Ⅴ	Ⅳ
居住区	低层	33 ~ 47	30 ~ 43	28 ~ 40
	多层	20 ~ 28	19 ~ 27	18 ~ 25
	多、高层	17 ~ 26	17 ~ 26	17 ~ 26
居住小区	低层	30 ~ 43	28 ~ 40	26 ~ 37
	多层	20 ~ 28	19 ~ 26	18 ~ 25
	中高层	17 ~ 24	15 ~ 22	14 ~ 20
	高层	10 ~ 15	10 ~ 15	10 ~ 15
居住组团	低层	25 ~ 35	23 ~ 32	21 ~ 30
	多层	16 ~ 23	15 ~ 22	14 ~ 20
	中高层	14 ~ 20	13 ~ 18	12 ~ 16
	高层	8 ~ 11	8 ~ 11	8 ~ 11

因我国经济发展存在着较大的地区不平衡性，住宅商品化与私有化的加速发展，都将影响到居住用地的指标取值。各城市可按照地方的住宅产业发展、土地资源、建设方式等因素，参照国标规定的条件，制定符合实际的地方性指标。

4.1.3 居住用地的选择

1. 有良好的自然环境条件 选择适于各项建筑工程所需要的地形和地质条件的用地，避免不良条件的危害。在丘陵地区，宜选择向阳和通风的坡面，少占或不占高产农田。在可能条件下，最好接近水面和环境优美的地区。

2. 加强与就业区、中心区的相对联系 居住用地的选择应与城市总体布局结构及其就业区、商业中心等功能地域协调相对关系，以减少居住－工作、居住－消费的出行距离与时间。

3. **注重环境保护**　居住用地选择要十分重视用地及其周边的环境污染影响。居住用地接近工业区时，要选择在常年主导风向的上风位，并按环保等法规保持必要的防护距离，为营造卫生、安宁的居住生活空间提供环境保证。

此外，用地选择应注意保护文物和古迹，尤其在历史文化名城，用地的规模及其规划布置，要符合名城保护改造的原则与要求。

4. **用地规模与形态具有适用性**　用地面积大小须符合规划用地所需，用地形态宜集中紧凑地布置，适宜的用地形状将有利于居住区的空间组织和建设工程经济。

当用地分散时，应选择适宜的用地规模和位置作为居住区，各个区块用地同城市各就业区在空间上和就业岗位的分布上有相对平衡的关系。

5. **依托现有城区**　在城市外围选择居住用地，要考虑与现有城区的功能结构关系，尽量利用城市原有设施，以节约新区开发的投资和缩短建设周期。

6. **留有发展余地**　用地选择在规模和空间上要为规划期内或之后的发展留有必要的余地。在居住用地与产业用地相配合一体安排时，要考虑相互发展的趋向与需要，如产业有一定发展潜力与可能时，居住用地应有相应的发展安排与空间准备。

7. **符合房地产市场需求**　居住区用地选择要结合房地产市场的需求趋向，考虑建设的可行性与效益。

4.1.4　居住用地的规划布置

4.1.4.1　居住用地规划的原则

（1）居住用地规划要作为城市土地利用结构的组成部分，通过居住区规划设计协调与整合城市总体的功能、空间与环境关系，在合理的规模、标准、分布与组织结构前提下，确定居住区规划的格局与形态。

（2）居住用地的规划组织要尊重地方文化及居住生活方式，体现生活的秩序与效能，贯彻以人为本的原则。

（3）居住用地规划，要重视居住地域同城市绿地开放空间系统的关系，使居民更多地接近自然环境，提高居住地域的生态效应。

（4）居住用地规划要遵循相关的用地与环境等的规范与标准，在为居民创造良好的居住环境的前提下，确定建筑的容量和用地指标。结合城市的地理环境、经济、功能等因素综合考虑，合理高效利用土地资源，保证环境质量。

（5）城市居住地区作为定居基地，具有地域社会即社区的性质，居住用地规划要为营造安定、健康、和谐的社区环境，提供空间与设施支持。同时居住区用地的组织与规模，要满足社区管理与物业管理等方面的要求。

4.1.4.2　居住用地的分布

居住用地的分布与组织是城市规划布局工作的一部分。它是在总体规划所确定的原则基础上，按照城市的现状构成基础、城市自然地理条件，城市的功能结构，以及城市的道路与绿地网络等诸多因素，有的情况下，还得考虑城市再发展的空间延扩趋向，甚至是城市规划与城市设计的形态构思等，而确定它在城市中的分布方式和形态。城市居住用地在城市总体布局中的分布，主要有以下方式：

1. **集中布置**　当城市规模不大，有足够的用地且在用地范围内无自然或人为的障碍，而可以成片紧凑地组织用地时，常采用这种布置方式。用地的集中布置可以节约城市市政建设投资，密切城市各部分在空间上的联系，在便利交通、减少能耗和时耗等方面可能获得较好的效果。

但在城市规模较大、居住用地过于大片密集布置，可能会造成上下班出行距离增加，疏远居住与自然的联系，而产生影响居住生态质量等问题。

在居住用地集中成片的旧城区，需大量扩展居住用地时，要结合总体规划的布局结构和道路网络的建构，采取相宜的分布方式，避免在原有的基础上继续在外周成片铺展。

2. **分散布置**　当城市用地受到地形等自然条件的限制，或因城市的产业分布和道路交通设施的走向与网络的影响时，居住用地可采取分散布置。如在山区、丘陵地区城市用地顺沿多条谷地展开形成居住用地分散布局；在矿区城市，居住用地与采矿点相伴而分散布置。

3. **轴向布置**　当城市用地以中心地区为核心，居住用地或将产业用地与相配伍的居住用地沿着多条由中心向外围放射的交通干线布置时，居住用地依托交通干线（如快速路、轨道交通线等），在适宜的出行距离范围内，赋以一定的组合形态，并逐步延展。如有的城市因轨道交通的建设，带动了沿线房地产业的发展，居住区在沿线集结，呈轴线发展态势。

4.2　居住区规划的任务与编制

居民生活在城市中以群集聚居，形成规模不等的居住地段。居民的居住生活包含居住、休憩、教育养育、交往、健身甚至工作等活动，也需要有生活服务等设施的支持。这些都要在居住用地上作恰当的安排——规划。居住区的规划是满足这些方面要求的综合性建设规划，影响着居民的生活质量和城市的环境质量，还在很大程度上反映该城市乃至国家不同时期社会政治、经济、文化和科学技术发展的水平。

4.2.1　居住区规划的任务

居住区规划的任务就是为居民经济合理地创造一个满足日常物质和文化生活需要

的舒适、卫生、安全、宁静和优美的生活空间环境。居住区内，除了布置住宅外，还须布置居民日常生活所需的各类公共服务设施、绿地、活动场地、道路、停车场所、市政工程设施等，居住区内也可考虑设置少数无污染、无骚扰的工作场所。

居住区规划必须根据总体规划和近期建设的要求，对居住区内各项建设作好综合全面的安排。居住区规划还必须考虑一定时期经济发展水平和居民的文化背景、经济生活水平、生活习惯、物质技术条件以及气候、地形和现状等条件，同时应注意远近结合，为远期发展留有余地。

4.2.2 居住区规划的编制

居住区规划的编制应根据新建或改建的不同情况区别对待。居住区规模大小、居民对象、住房的社会经济性质和制度、投资渠道等也都会影响规划的编制。

4.2.2.1 居住区规划的内容

居住区规划的内容一般有以下几个方面：

（1）选择、确定居住区用地位置、范围（包括改建范围）。

（2）确定居住区规模，即确定其人口数量及户数和用地的大小。

（3）拟定居住建筑类型、数量、层数、布置方式。

（4）拟定公共服务设施（包括允许设置的生产性建筑）的内容、规模、数量、标准、分布和布置方式。

（5）拟定各级道路的宽度、断面形式、布置方式，对外出入口位置，泊车量和停泊方式。

（6）拟定公共绿地、活动、休憩等室外场地的数量、分布和布置方式。

（7）拟定有关市政工程设施的规划方案。

（8）拟定各项技术经济指标和造价估算。

4.2.2.2 居住区规划的成果

1. 现状分析图

（1）用地现状及区位关系图：包括人工地物、植被、毗邻关系、区位条件等。

（2）用地地形分析图：包括地面高程、坡度、坡向、排水等分析。

（3）规划设计分析图：包括规划结构与布局、道路系统、公建系统、绿化系统、空间环境等分析。

2. 规划设计编制方案图

（1）居住区规划总平面图：包括各项用地界线确定及布置、住宅建筑群体空间布置、公建设施布点及社区中心布置、道路结构走向、停车设施以及绿化布置等。

（2）建筑选型设计方案图：包括住宅各类型平、立面图；主要公建平、立面图等。

3. 工程规划设计图

（1）竖向规划设计图：包括道路竖向、室内外地坪标高、建筑定位、室外挡土工程、地面排水以及土石方量平衡等。

（2）管线综合工程规划设计图：包括给水、污水、雨水和电力等基本管线的布置，在采暖区还应增设供热管线。同时还需考虑燃气、通风、电话、电视公用天线、闭路电视电缆等管线的设置或预留埋设位置。

4. 形态意向规划设计图或模型

（1）全区鸟瞰或透视图。

（2）主要街景立面图。

（3）社区中心、重要地段以及主要空间结点平、立、透视图。

5. 规划设计说明及技术经济指标

（1）规划设计说明：包括规划设计依据、任务要求、基地现状、自然地理、地质、人文条件、规划设计意图、特点、问题、方法等。

（2）技术经济指标：包括居住区用地平衡表；面积、密度、层数等综合指标；公建配套设施项目指标；住宅配置平衡以及造价估算等指标。

图纸比例一般为 1：500 ～ 1：2 000。

4.2.2.3 居住区规划设计的基础资料

居住区规划设计必须考虑一定时期国家经济发展水平和人民的文化、经济生活状况、生活习惯与要求以及气候、地形、地质、现状等因素，作为居住区规划设计的重要依据。

1. 政策与法规方面资料　包括城市规划法规、居住区规划设计规范；道路交通、住宅建筑、公共建筑、绿化以及工程管线等有关规范；城市总体规划、区域规划、控制性详细规划对本居住区的规划要求，以及本居住区规划设计任务书等，它们具有法规与法律性效力，是居住区规划设计的重要指导与依据。

2. 自然及人文地理方面资料

（1）地形图。

1）区域位置地形图：比例 1：5 000 或 1：10 000。

2）建设用地地形图：比例 1：500 ～ 1：2 000。

（2）气象。

1）风象：年、季风向、平均风速、风玫瑰图。

2）气温：绝对最高、最低和最热月、最冷月的平均气温。

3）降水：年平均降雨量、最大降雨量、积雪最大厚度、土壤冻结最大深度。

4）云雾及日照：日照百分率、年雾日数、日照间距系数等。

5）空气湿度、气压、雷击、空气污染度、地域小气候等。

（3）工程地质。

1）地质构造、土的特性及允许承载力。

2）地层的稳定性：如滑坡、断层、岩溶等地质现象。

3）地震情况及烈度等级。

（4）水源。

1）地面水：河湖的最高、最低、平均水位；水的化学、物理特性。

2）地下水：地下水位、流向、水温、水质、可开采量。

3）城市给水管网：与城市管网连接点管径、坐标、标高、管道材料、最低压力。

（5）排水。

1）排入河湖：排入点的坐标、标高。

2）排入城市排水管网：与排水管网连接点管径、坐标、标高、坡度、管道材料和允许排入量。

3）排入污水指标要求。

（6）防洪。

1）历史最高洪水位，如百年一遇、50年一遇洪水位。

2）所在地区对防洪的要求和采取的措施。

（7）道路交通。

1）邻接车行道等级、路面宽度和结构形式。

2）接线点坐标、标高和到达接线点的距离。

3）公交车站位置和距离。

（8）供电。

1）电源位置、引入供电线的方向和距离。

2）线路敷设方式，区域及城市高压线网位置。

（9）人文资料。

1）用地环境特点：建筑形式、环境景观、近邻关系等。

2）人文环境：文物古迹、历史传闻、地方习俗、民族文化等。

3）居民、政府、开发、建设等各方要求，以及各类建筑工程造价、群众经济承受能力等。

4.3　居住区的组成与分级规模

4.3.1　居住区的组成

4.3.1.1　居住区的组成内容

居住区的组成包括物质要素和精神要素。物质要素又是由自然要素和人工要素两方面组成。自然要素指地形、地质、水文、气象、植物等；人工要素指各类建筑物以及工程设施等。精神要素是指社会制度、组织、道德、风尚、风俗习惯、宗教信仰、文化艺术修养等。

如按工程项目类型基本上可分为以下两类：

1. **建筑工程**　主要为居住建筑（包括住宅和单身宿舍），其次是公共建筑、生产性建筑、市政公用设施用房（如泵站、调压站、锅炉房等）以及小品建筑等。

2. **室外工程**　包括地上、地下两部分。其内容有：道路工程、绿化工程、工程管线（给水、排水、供电、煤气、供暖等管线和设施）以及挡土墙、护坡等。

4.3.1.2　居住区的用地组成

居住区的用地根据不同的功能要求，一般可分为住宅用地、公共服务设施用地、道路用地及公共绿地四类。

除此以外，还可有与居住区居民密切相关的居住区（街道）工业用地，指工厂建筑基底占地及其专用场地，其中包括专用地中的道路、场地及绿地等，由于各地情况极不相同，故一般不参加居住区用地的平衡。

4.3.1.3　居住区的环境组成

居住区的环境可分为内部居住环境和外部生活环境。

1. **内部居住环境**　是指住宅的内部环境和住宅楼的公共部分内部环境。

2. **外部生活环境**　住宅又是组成外部生活环境的主要组成内容，它与居住区内的各类公共服务设施、市政公用设施、绿化、环境小品等组成居住区外部空间环境。居住区的外部环境一般包括以下几个方面：

（1）空间环境。指各类空间（私密、半私密及公共空间）环境的大小和质量，如绿地的面积和绿化品种的质量，儿童游戏、老年及成年人休息活动的设施内容和质量，各类环境设施的配置水平等。

（2）大气环境。指空气中有害气体和有害物质的浓度和骚扰性等。

（3）声环境。指噪声的强度。

（4）视觉环境。指住宅相互间的视线干扰程度以及居住区内对架空线、晒衣架、室内空调机位置、阳台等的处理，居住区的建筑空间质量和整体色彩等。

（5）生态环境。指绿地的数量与质量、"绿色"建材的应用与太阳能的应用等。

（6）小气候环境。指居住区环境的气温、日照、防晒、防风和通风等状况。

（7）邻里和社会环境。指居住区环境内的社会风尚、治安、邻里关系、居民的文化水平和修养等。

在居住区用地内可能还有一些不属于居住区的其他用地，如市级的公共建筑用地、工厂或单位的用地，以及一些特殊用地等，都不应包括在居住区用地面积之内。

4.3.2 居住区的规模

居住区的规模包括人口及用地两个方面，一般以人口规模作为主要的标志。居住区作为城市的一个居住组成单位，由于其本身的功能、工程技术经济和管理等方面的要求应具有适当的规模。

4.3.2.1 居住区规模的影响因素

（1）公共设施的经济性和合理的服务半径。配套设置居住区级商业服务、文化、教育、医疗卫生等公共设施的经济性和合理的服务半径，是影响居住区人口规模的重要因素。

所谓合理的服务半径，是指居民到达居住区级公共服务设施的最大步行距离，一般为 800 ~ 1 000 米，在地形起伏的地区可适当减少。合理的服务半径是影响居住区用地规模的重要因素。

（2）城市道路交通方面的影响。现代城市交通的发展要求城市干道之间要有合理的间距，以保证城市交通的安全、快速和畅通。因为城市干道所包围的用地往往是决定居住区用地规模的一个重要条件。城市干道的合理间距一般应在 600 ~ 1 000 米之间，城市干道间用地一般在 36 ~ 100 公顷⊖。

（3）居民行政管理体制方面的影响。居住区的规划应与居民行政管理体制相适应，这是在我国社会主义制度下居住区规划的一个重要特征，也是影响居住区规模的另一个因素。因为在我国居住区的规划和建设不仅只是为了解决人们住的问题，而且还要满足居民的物质文化生活的需要以及居民的社会活动等。街道办事处管辖的人口一般约 5 万人，少则 3 万人左右。

（4）住宅的层数对居住区的人口和用地规模都有很大的影响。

（5）自然地形条件和城市的规模等因素对居住区的规模也有一定的影响。

综合以上分析，居住区合理的规模应符合功能、技术经济和管理等方面的要求，人口一般以 5 万人为宜，其用地规模应在 50 ~ 100 公顷。

4.3.2.2 居住区的分级规模

我国居住区的等级规模是综合地考虑了城市构成特点、居住水平、建设水平以及行政管理体制等情况而拟定的，其等级构成往往同城市公共设施的分级系统、城市绿地系统以及相应的道路系统相互配合而组成有机的整体。

居住区分级规模的目的是为经济合理地配套与之相对应的各类设施，满足居民物质、文化生活不同层次的需要。根据国标《城市居住区规划设计规范》（GB 50180—93）中规定，一般居住区按居住户数或人口规模可分为居住区、居住小区、居住组团三级。居住区分级控制规模应符合表 4-4 的规定。

⊖　1公顷=10 000平方米。

表 4-4 居住区分级控制规模

	居 住 区	居住小区	居住组团
户数（户）	10 000 ~ 16 000	3 000 ~ 5 000	300 ~ 1 000
人口（人）	30 000 ~ 50 000	10 000 ~ 15 000	1 000 ~ 3 000

1. **城市居住区** 一般称居住区，泛指不同居住人口规模的居住生活聚居地和特指城市干道或自然分界线所围合，并具有相应居住人口规模，配建有一整套较完善的、能满足该区居民物质与文化生活所需的公共服务设施的居住生活聚居地。它由若干个居住小区或若干个居住组团组成，相当于街道办事处管理规模。

规模：人口 30 000 ~ 50 000 人，户数 10 000 ~ 16 000 户，用地 50 ~ 100 公顷。

2. **居住小区** 一般称小区，是指被城市道路或自然分界线所围合，而不为城市交通干道所穿越，并具有相应居住人口规模，配建有一套能满足该区居民基本的物质与文化生活所需的公共服务设施的居住生活聚居地。它由若干居住组团组成，是构成居住区的一个单位。

规模：人口 10 000 ~ 15 000 人，户数 3 000 ~ 5 000 户，用地 10 ~ 35 公顷。

3. **居住组团** 一般称组团，指一般被小区道路分隔，并具有相应居住人口规模，配建有居民所需的基层公共服务设施的居住生活聚居地。它是构成居住小区的基本单位，相当于居民管理委员会管理规模。

规模：人口 1 000 ~ 3 000 人，户数 300 ~ 1 000 户，用地 4 ~ 6 公顷。

4. **住宅街坊** 是旧城区的一种划分层次，它是由城市道路或居住区道路划分，用地大小不定，无固定规模的住宅建设地块。它的规模介于居住组团和居住小区之间。服务设施一般因环境条件而异。通常沿街建有商业设施，内部建住宅和其他公共建筑。

5. **住宅群落** 属旧城区的一种划分层次，其规模介于单栋住宅和居住小区之间，服务设施则因规模和环境而异，是一种适合于现有城市道路网（特别是旧城区）的居住区形式。

居住区组成单位的规模存在一个从小到大的多化过程，包括内容由简到繁、质量由低级到高级的变化。居住区、居住小区和居住组团的用地规模是相对的，今后将随着生产和生活方式的变化而变化。上面提到的用地规模主要是以一般的多层住宅区为基础来确定的，人口规模是居住区、居住小区和居住组团划分以及各类设施配套的重要依据，因此，高层高密度的居住区的用地规模将分别相应地减小，低层低密度的居住区的用地规模将分别相应地增大。

4.3.3 居住区的类型

根据居住用地的建设条件、所处位置或住宅层数等的不同，居住区可分为不同的类型。

4.3.3.1　按建设条件划分

1. **新建的居住区**　新建居住区一般易于按照合理的要求进行建设。

2. **城市旧居住区**　旧居住区情况往往比较复杂，有的布局需要调整。对具有传统的城市格局和建筑风格，需要保留和改造。一般说来，旧居住区的改建比新建居住区要困难，特别是在实施过程中，还要解决居民的动迁、安置等问题。

4.3.3.2　按居住区所处的位置划分

1. **城市内的居住区**　这类居住区在用地上既是城市功能用地的有机组成部分，又是具有相对独立的居住组团。在居住区内一般可只设置主要为居住区服务的公共服务设施，而居住区级以上的公共服务设施则由城市统一考虑安排。这类居住区在建设管理、生活供应以及居民的工作、学习、休息等方面都与城市有密切的联系。

2. **独立的工矿企业的居住区**　这类居住区一般主要是为某一个或几个厂矿企业的职工及其家属而建设的，因此居住对象比较单一。该居住区大多远离城市或与城市交通联系不便，具有较大的独立性。因此在居住区内除了需设置一般市内居住区所需要的公共服务设施外，还要设置更高一级的内容，如大型商店、较齐全的医院等。此外，这类居住区的公共服务设施往往还要兼为附近农村服务，因此，独立的工矿企业居住区公共服务设施的项目和定额指标应比市内居住区适当增加。

4.3.3.3　按住宅层数划分

低层居住区，多层居住区，高层居住区或各种层数混合修建的居住区。这类不同住宅层数的居住区在形成城市景观方面起着很大的作用。

4.4　居住区的规划结构

居住区的规划结构，是根据居住区的功能要求，综合地解决住宅与公共服务设施、道路、公共绿地等相互关系而采取的组织方式。

居住区的分级规模与规划组织结构，是既相关又有区别的两个概念。居住区组织结构的目的是为适应拟建社区的实际需要，可变化地对不同分级规模类型居住区进行组合，是包含配套含义在内的规划组织形式，是属于规划设计手法问题。因而，在满足与人口规模相对应的配建设施总要求的前提下，其规划组织结构可采用不同的组织形式，使居住区的规划设计更加丰富多彩、各具特色。

4.4.1　确定居住区规划组织结构的一般原则

（1）要适应城市的现状情况、自然条件和布局特点。

（2）要符合不同年龄组、不同层次居民生活习惯和户外活动规律，尽可能为居民提供良好的生活居住环境。

（3）要尽可能和现有的行政管理体制相适应。

（4）要有利于各项公共服务设施经济合理的分级、成组、配套。

（5）要有利于分期建设的实施，考虑远期发展。

4.4.2　影响居住区规划结构的主要因素

居住区的规划结构主要取决于居住区的功能要求，而功能要求必须满足和符合居民的生活需要，因此居民在居住区内活动的规律和特点是影响居住区规划结构的决定因素。居民在居住区内活动的内容是多种多样的，有经济、商业服务、文教体育、游憩健身、医疗卫生、社会政治等方面的活动。

为了方便居民的生活，根据居民户外活动的规律和特点可以得出：居民日常生活必需的公共服务设施应尽量接近居民；小学生上学不应跨越城市交通干道，以确保安全；以公共交通为主的上下班活动，应保证职工自居住地点至公交车站的距离不大于 500 米。因此，居住区内公共服务设施的布置方式和城市道路（包括公共交通的组织）是影响居住区规划结构的两个重要方面，也是居住区规划结构需要解决的主要问题。此外，居民行政管理体制、城市规模、自然地形的特点和现状条件等对居住区规划结构也有一定的影响。

1. **居住区设施服务半径**　服务半径是指各项设施所服务范围的空间距离或时间距离。各项设施的分级及其服务半径的确定应考虑两方面的因素，一是居民的使用频率，二是设施的规模效益。在安排居住区的各级各项公共服务设施、交通设施和绿地以及户外活动场地时，各级各项设施服务半径要求的满足是规划布局考虑的基本原则，应该根据服务的人口和设施的经济规模确定各自的服务等级及相应的服务范围（见表 4-5）。

表 4-5　居住区设施分级服务半径

设施等级	服务半径（米）
居住区级	800 ~ 1 000
居住小区级	400 ~ 500
居住组团级	150 ~ 250

2. **居住区设施分级布置的基本要求**　居住区的设施分级与布局应该充分考虑居民日常生活的便利、邻里交往的促进、资源的合理与有效利用和空间景观特征的塑造，同时也应与地方的文化传统所体现出的景观风貌相结合，形成包含分级和布局内容在内的各类设施的系统性结构。

4.4.3　居住区规划结构的基本形式

4.4.3.1　居住区—居住小区—居住组团（三级结构）

以住宅组团和居住小区为基本单位来组织居住区（见图 4-1），居住区由若干个居住小区组成，每个居住小区由 2 ~ 3 个居住组团组成。

这种组织方式可使公共服务设施分级进行布置，配套建设，形成不同级别的公共中心，使用和管理方便，建设与经营经济合理。保证居民生活方便、安全、安静，有利于交通组织。适于规模较大的居住区。

4.4.3.2　居住区—居住小区（二级结构）

以居住小区为规划基本单位来组织居住区（见图4-2）。

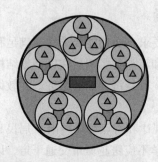

　■ 居住区级公共服务设施
　■ 居住小区级公共服务设施
　▲ 居住组团级公共服务设施

图4-1　以居住组团和居住小区为基本单位

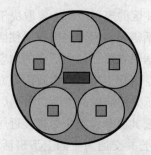

　■ 居住区级公共服务设施
　■ 居住小区级公共服务设施

图4-2　以居住小区为基本单位

居住小区为规划基本单位组织居住区，不仅能保证居民生活的方便、安全和区内的安静，而且还有利于城市道路的分工和交通的组织，并减少城市道路密度。居住小区的规模一般以一个小学的最小规模为其人口规模的下限，而居住小区公共服务设施的最大服务半径为其用地规模的上限。

4.4.3.3　居住区—居住组团（二级结构）

以居住组团为基本单位组织居住区（见图4-3）。

这种组织方式不划分明确的居住小区用地范围，居住区直接由若干居住组团组成，也可以说是一种扩大居住小区的形式。其特点是扩大丰富居住区中心内容，建筑相对集中，建设周期短，利于居住区分期建设及整体面貌形成，适于规模中等居住区。

4.4.3.4　居住小区—居住组团

以居住组团为基本单位组成居住小区的居住区（见图4-4）。

这种组织方式一般适用于城市规模较小、受自然地形条件限制，整个居住区只有居住小区规模大小，或因城市分期建设、旧城改造等需要规划的居住区。

除此以外，目前我国一些城市居住区规划组织结构的形式还有相对独立的居住组团、居住区—居住小区—住宅街坊—居住组团四级结构、居住区—居住小区—住宅街坊和居住区—住宅街坊群—居住组团三级结构及居住小区—住宅街坊两级结构等类型，其特点是将住宅街坊作为规划组织结构中的一级，或与居住小区相当，或与居住组团同级，或居于居住小区、居住组团之间。住宅街坊目前一般出现在旧城区，是被城市道路分割、用地大小不定、无一定规模的地块。街坊的性质也随地块的使用性质而定，如商业街坊、文教街坊、工业街坊等，住宅街坊仅是其中的一类。由于住宅街坊的用地规模大可相当居住小区级用地，小可不足居住组团级用地规模，很难将满足居民生活所需的配套设施直接与住宅街坊用地挂钩。因而，住宅街坊与分级规模无直接的关系，也难将其作为规划组织结构中的某一级。

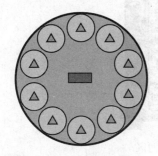

▆ 居住区级公共服务设施

▲ 居住组团级公共服务设施

图4-3　以居住组团为基本单位

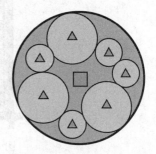

▆ 居住小区级公共服务设施

▲ 居住组团级公共服务设施

图4-4　以居住组团为基本单位

居住区的规划结构形式不是一成不变的，随着社会生产的发展、人民生活水平的提高、社会生活组织和生活方式的变化、公共服务设施的不断完善和发展、居住区的规划结构方式也会产生相应的改变。

居住区规划结构实例见图 4-5 ~ 图 4-11。

图 4-5　南京翠岛花城平面图

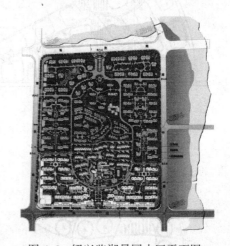

图 4-6　绍兴鉴湖景园小区平面图

居住小区用地呈南北向长方形，建筑从南向北按多层中高层、高层依次布置，规划设计采用浮岛式的组团设计手法。散布在整个地段的自由式的弧形小区道路，曲形水系及组团内部绿化成为其边界，各个组团宛如一个个由小系和森林围绕、环抱的飘浮小岛。

主干道与组团路有机地将地块划分成七个组团。通过绿化及水面组织户外空间环境，使住宅和环境成为统一的整体。水体还引入所有组团中，增添了居住小区的情趣。

图 4-7　新乡博筑花园（西区）

　　整个居住小区共有9个组团，住宅包括别墅、复式、多层、高层四种形式。小高层布置在绿化带侧边，设置在中部景观大道两侧，使它成为城市的一道风景线。别墅、多层住宅、高层住宅各自形成组团布局，形成邻里氛围。组团、建筑之间错落布置整体空间，布局从南到北逐渐增高，形成阶梯状变化的天际线。

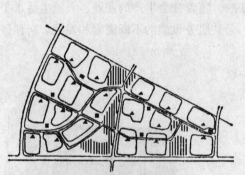

图4-8　上海康健新村居住区

（居住区—居住小区—居住组团三级结构）

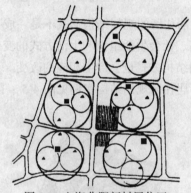

图4-9　上海曲阳新村居住区

（居住区—居住小区—居住组团三级结构）

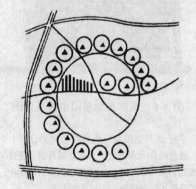

图4-10　莫斯科西南居住区

（居住区—居住组团二级结构）

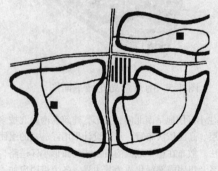

图4-11　英国哈罗居住区

（居住区—居住小区二级结构）

4.5　居住区规划设计的原则与设计要点

居住区是城市的主要组成内容，反映一个城市的形象。居住区的规划设计是居住区建设的先行，是决定居住区建设水平的主要环节。因此，为了确保居民居住生活质量以及城市的经济发展，经济、合理、有效地使用城市的土地和空间，应不断提高居住区的规划设计质量。

4.5.1　居住区规划设计的总体原则

4.5.1.1　"以人为本"的原则

居住区的规划设计是为居民营造"居住环境"。必须注重和树立人与自然和谐及可持续发展的观念。由于社会需求的多元化和人们经济收入的差异，以及文化程度、职业等的不同，对住房与环境的选择也有所不同，特别是当随着住房制度的改革，人们可以更自由地选择自己的居住环境时，对住房与环境的要求将更高。因此，居住区的规划设计如何适应与满足各种不同层次居民的需求是一个十分现实而又迫切的问题。

4.5.1.2　社区发展的原则

社区发展包含多方面的含义，适应与满足人的需求，建设社区文明与发展社区文化，建立完善的服务与管理机制是居住区规划设计中需要考虑的主要内容，而在居住区规划中充分地考虑如何适应与满足人的需求是社区发展原则的基本核心内容。

从满足人的需求出发，居住区规划应该充分考虑居住环境的适居性、识别性与归属性以及营造具有文化与活力的人文环境。

1. **适居性**　卫生、安全、方便和舒适是居住区适居性的基本物质性内容。

卫生包含两个方面的含义，一是环境卫生，如垃圾收集、转运及处理等；二是生理健康卫生，如日照、自然通风、自然采光、噪声与空气污染防治等。

安全也包含两方面的含义：一是人身安全，如交通安全、防灾减灾和抗灾等；二是治安安全，如防盗、防破坏等犯罪防治。

方便主要指居民日常生活的便利程度，如购物、教育（上学、入学等）、交往、户内户外公共活动（儿童游戏、青少年运动、老人健身、社区活动等）、娱乐、出行等，包括各类各项设施的项目设置与布局（见图 4-12）。

舒适包含的内容更为广泛，既有与物质因素相关的生理方面的内容，也有既与物质因素又与非物质的社会因素相关的心理性方面的内容。广义的舒适可以包含卫生、安全和方便在内的与物质因素相关的内容，同时还应包括居住密度、住房标准、绿地指标、设施标准、设计水平、施工质量以及人性化空间和私密性等内容（见图 4-13 和图 4-14）。

图 4-12 街道的命名便于寻访、识别

图 4-13 舒适的居住区有利于形成良好的社区氛围和人际关系

图 4-14 舒适的居住区有利于形成良好的社区氛围和人际关系

2. 识别与归属　识别性与归属感是人对居住环境的社会心理需要，它反映出人对居住环境所体现的自身的社会地位、价值观念的需求。场所与特征是居住环境具备识别性与归属感的两个要素，场所与居住环境的心理归属感具有密切的关系，而特征则与居住环境的形象识别性、社会归属性有着直接的联系。

场所指特定的人或事占有的环境的特定部分。场所必定与某些事件、某些意义相关，其主体是人以及人与环境的某种关系所体现出的意义，不同的人或事件对场所的占有可以使场所体现出不同的意义。场所不仅是一种空间，它的存在在于人们赋予这一空间在社会生活中的意义，由此，它成为人们生活的组成部分。

居住区规划设计应该注重场所的营造，使居民对自己的居住环境产生认同感，对自己的社区产生归属感（见图 4-15）。

图 4-15　门与墙采用了通透视的设计，配以不同姿态、颜色的绿色植物，
整个院落显得清爽宜人。它满足了中国人根深蒂固的围墙心理，
给人带来心灵上的安宁——归属感

特征是具有识别性的基本条件之一。在居住区物质空间环境的识别性方面，可以考虑的要素有：建筑的风格、空间的尺度、绿化的配置、街道的线型、空间的格局、环境的氛围等（见图 4-16 和图 4-17）。

3. 文化与活力　富有文化与活力的人文环境是营造文明社区的重要条件，丰富的社区文化、祥和的生活气息、融洽的邻里关系和文明的社会风尚是富有文化与活力的人文环境的重要内容，融合共处的人文环境是社区发展的基础，社区应该肩负起沟通住户的责任。

居住区规划设计应该通过有形的设施、无形的机制建立起居民对社区的认同、参与和肯定，它包含了邻里关系、社区文化、精神文明和居住氛围等内容（见图 4-18）。

图 4-16　场所特征（雕塑小品）——形象识别性

图 4-17　居住小区具有明晰可辨的规律性，从而具有识别性和整体空间特色，颇具
　　　　特色的公共景观空间——带状下沉广场和中心绿地，立面风格体现现代建
　　　　筑的轻盈、明快、简洁，体量组合丰富变化，形成良好的居住氛围

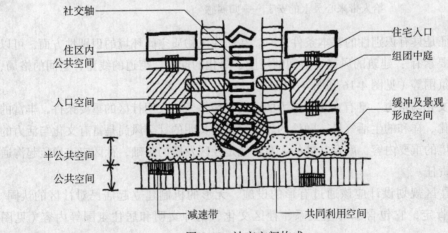

图 4-18　社交空间构成

4.5.1.3　生态优化的原则

通过积极应用新技术、开发新产品，充分合理地利用和营造当地的生态环境，改善居住区及其周围的小气候，实现居住区的自然通风与采光，减少机械通风与人工照明，综合考虑交通与停车系统、饮水供水系统、供热取暖系统、垃圾收集处理系统的建立与完善，节约能源、减少污染、营造生态是现代居住区规划设计应该考虑的基本要求。

可持续发展的观点是基于人类生活的地区面临污染、地球温室化、异常气象、水土流失等工业时代以来，人类持续破坏性开发所带来的严重问题而提出来的。可持续发展就是要将破坏性开发转变成为非破坏性开发。这一转变不只是节约和再利用，更包含着人类与环境关系的再认识和再构成，这样，自然与人将会在新的和谐中共存与发展。

4.5.1.4　社区共享的原则

居住区规划设计应该充分考虑全体居民对居住区的财富的公平共享，包括共享设施、共享服务、共享景象、公众参与。

1. **共享**　共享要求居住区规划设计应该在设施选择上注意类型、项目、标准和消费费用的大众化，在设施布局上注意均衡性与选择性，在服务方式与管理机制上注意整体性与到位程度，以直接面向居住区的服务对象。

2. **公众参与**　公众参与是居住区全体居民共同参与社区事务的保证机制和重要过程。公众参与包括居民参与社区管理、社区发展决策、社区后续建设和社区信息交流等社区事务内容，它反映了居民应该享有的公平的权益，同时也是使居民热爱社区、关心社区，对社区产生归属感和建设文明社区的一种重要方式。

社区的信息交流是公众参与的重要条件，它包括社区管理者与居民之间和居民与居民之间的交流。社区应该建立一种积极的机制，向住户推出全面的社区信息，其内容不仅限于社区问题与意见征求、住户需求调查和服务意见反馈、服务功能的调整完善，更在于鼓励住户们共同参与、决策社区的发展以符合绝大多数社区住户的利益。

4.5.2　居住区规划布局与空间环境设计原则

4.5.2.1　居住区规划布局的原则

居住区的规划布局，应综合考虑周边环境、路网结构、公建与住宅布局、群体组合、绿地系统及空间环境等的内在联系，构成一个完善的、相对独立的有机整体，并应遵循下列原则：

（1）方便居民生活，有利安全防卫和物业管理。

（2）组织与居住人口规模相对应的公共活动中心，方便经营、使用和社会化服务。

（3）合理组织人流、车流和车辆停放，创造安全、安静、方便的居住环境。

4.5.2.2 居住区的空间与环境设计原则

（1）规划布局和建筑应体现地方特色，与周围环境相协调。

（2）合理设置公共服务设施，避免烟、气（味）、尘及噪声对居民的污染和干扰。

（3）精心设置建筑小品，丰富与美化环境。

（4）注重景观和空间的完整性，市政公用站点等宜与住宅和公建结合安排；供电、电信、路灯等管线宜地下敷设。

（5）公共活动空间的环境设计，应处理好建筑、道路、广场、院落、绿地和建筑小品之间及其与人的活动之间的相互关系。

4.5.2.3 文物保护单位和历史保护区规划原则

在重点文物保护单位和历史文化保护区保护规划范围内进行住宅建设，其规划设计必须遵循保护规划的指导；居住区内的各级文物保护单位和古树名木必须依法予以保护；在文物保护单位的建设控制地带内的新建建筑和构筑物，不得破坏文物保护单位的环境风貌。

4.5.3 居住区规划设计的要点

居住区的规划设计，应充分体现居住环境的整体性、功能性、经济性、科学性、生态性、地方性与时代性、超前性与灵活性。

1. **整体性**　整体性是居住区规划设计的灵魂，因为居住建筑作为大量建造的一般性民用建筑，其规划设计，必然会遇到大量重复使用设计的问题，所以，居住区的环境特色和个性主要取决其整体性。单个的住宅犹如音乐中的音符，普通而简单的音符通过音乐家的巧妙构思可创作出气势宏伟的交响乐，或是优美、抒情的小夜曲。居住区的整体设计必须运用现代城市设计的思想与方法，对整体环境的空间轮廓、群体组合、单体造型、道路骨架、绿化种植、地面铺砌、环境小品、整体色彩等一系列环境设计要素进行整体构思。

居住区的功能性很强，而且它的功能多样，几乎涵盖了人们生活的各个领域，可以说每个居住区都是一个"小社会"。同时，随着社会的进步，人们生活水平的提高，还要考虑发展的需要，动态的要求。

2. **经济性**　任何一件商品都要考虑其经济性，作为最昂贵的商品之一的住宅更应如此。因此，节地、节能、节材、节省维护费用等是居住区规划设计要考虑的重要方面。

3. **科学性**　作为我国支柱产业之一的房地产必须依靠科技进步，大力研究和应用"四新"（新技术、新材料、新工艺和新产品）。实践已充分证明，四新的研究与应用不仅改善了居住区的功能，提高了居住区的质量，同时也带来了经济与环境效益，科技进步也将对住宅产业现代化起着重要的作用。

4. 生态性　城市生态环境的保护越来越为人们所关注，已成为全球性的热点。作为城市主体的居住区的生态质量对城市的生态环境的改善起到重要作用，水绿交融的环境、"绿色"建材等已普遍得到社会公众的欢迎。

5. 地方性与时代性　所谓地方性，就是反映当地的气候、地理条件、居民的生活习惯、建筑材料和历史文脉等因素。这些因素有些是变化不大的，而有些如生活习惯、建筑材料等是在不断变化的。地方性还涉及对传统的继承和发展问题，应该承认，一成不变的传统是没有生命力的，正如我国其他传统文化艺术那样，既要继承，又要创新，因此在研究地方性时必须强调时代性。

6. 超前性与灵活性　一幢建筑物的寿命少则几十年，多则上百年，一个居住区及一个城市就更长了，因此规划设计必须要有超前的意识。但是人们认识世界的能力毕竟是有限的，而且规划设计还应面对现实，要兼顾当前的实际情况，因此超前性要与灵活性相结合，也就是要求规划设计要有弹性，要留有余地。

4.6　居住区规划设计的基本要求

居住区规划是项综合性很强的工作，它不仅涉及工程技术问题，还广泛涉及社会、经济、生态、文化、心理、行为以及美学等领域。一般居住区规划设计应满足以下几方面要求。

4.6.1　使用要求

居住区是居民居住生活和部分居民工作的地方，人们一天中平均约有 2/3 的时间是在居住区中度过的。因此，为居民创造一个方便、舒适的居住环境，是居住区规划设计的最基本要求。居民的使用要求是多方面的，例如，为适应住户家庭不同的人口组成和气候特点，选择合适的住宅类型；为了满足居民生活的多种需要，必须合理确定公共服务设施的项目、规模及其分布方式，合理地组织居民室外活动、休息场地、绿地和居住区的内外交通等。

4.6.2　卫生要求

为居民创造一个卫生、安静的居住环境，它既包括住宅及公共建筑的室内卫生要求，要有良好的日照、通风、采光条件，也包括室外和居住区周围的环境卫生。为此，在居住区规划设计中，就要注意对居住区用地和环境的选择，以防止来自有害工业企业的污染。在规划布置时，要注意防止居住区内的锅炉房和居民生活炉灶的烟尘及车辆行驶造成的废气、噪声和灰尘等对居住区大气的污染，在有条件的城市应尽可能采用集中供热方式并改革燃料结构，如采用天然气、沼气、太阳能、煤气等能源以减轻对环境的污染。在住宅等各项建筑布置时，除满足使用功能外，还应从卫生要求出发，充分利用日照和防止阳光强烈辐射，组织居住区的自然通风，配备给排水工程设施，设置垃圾贮运的公共卫生设备等，为搞好环境卫生创造条件。

1. 日照　日照是指建筑室内获得太阳的直接照射。这主要出于生理卫生方面的需要，因阳光中的紫外线具有杀菌、抑制细菌繁殖和净化空气的作用。阳光还具有强烈的热效能，在冬季能提高室内温度，是寒冷地区的重要热源补充，可起到节能的效果。并且阳光能促进花草、树木的生长，为人们提供美好的室外环境。因此，在布置各类建筑（特别是住宅）时应处理好日照关系，在冬季应争取较多的阳光，在夏季则应尽量避免阳光照射时间太长。住宅建筑的朝向和间距也就很大程度上取决于日照要求，尤其是在地理纬度比较高的北方地区，为了保证居室的日照时间，必须有良好的朝向和一定的间距；而在南方地区又要注意防止西晒的问题。

2. 通风　居住区的通风一般指自然通风，它不仅受大气环境所引起的大范围风向变化的影响，而且还受到局部地形特点所引起的风向变化的影响。

风的气流和气压对建筑及其群体的作用一般可通过模拟实验进行分析，建筑群的自然通风与建筑的间距大小、排列方式以及迎风的方向（即风向对建筑群入射角的大小）等有关。试验结果表明：建筑间距越大，后排房屋受到的风压也越强；当间距相同时，入射角由 0°～60° 逐渐增大，其风速也相应增大，当风的入射角为 30°～60° 时对通风较为有利；当间距较小时，不同风的入射角对通风的影响就不明显了。由此可见，建筑间距越大，自然通风效果越好。但为了节约用地，房屋间距不可能很大，一般在满足日照要求的情况下，就能照顾到通风的需要。为了提高建筑物的通风效果，应注意选择合适的朝向，使建筑物迎向夏季盛行风向，保持有利的风向入射角。另外，居室的通风还有赖于居住区的空间组织，在建筑布局时，要为整个居住区创造良好自然通风的环境。一般来说，开敞空间比封闭空间的空气流通性能好；点式住宅比条式住宅通风效果好。可把居住区的室外空间组织成一个系统，将居住区主路设计成主风道，沿风廊道流向各个住宅组团，然后再从组团内庭空间分流到住宅。还可设计成南敞北闭的空间布局，这种方法适用于相当一部分地区，夏季可引进季节风，而冬季又可遮挡北来的寒风。

3. 朝向　住宅的朝向与地理位置、日照时间、太阳辐射强度、常年盛行风向、地形等因素有关，同时还要考虑局部地区对气候的影响，如靠近山谷或河湖，其昼夜之间温差将引起风向的变化等。因此，住宅居室的朝向与所在地区有关。在南方炎热地区，除了争取冬季日照外，还要着重防止夏季西晒和有利于通风，所以，住宅居室应避免朝西；但在北方寒冷地区，夏季西晒不是主要矛盾，而重要的是在冬季获得必要的日照，故住宅居室应避免朝北。

4.6.3　安全要求

居住区规划除保证居民在正常情况下生活能有条不紊地进行外，还应为居民创造一个安全的居住环境。对可能引起灾害发生的特殊和非常情况，如火灾、地震、敌人空袭等具有防范和抵御能力（见图 4-19）。因此，必须对各种可能产生的灾害，进行分析，并按照有关规定，对建筑的防火、防震构造、安全间距、安全疏散通道与场地、人防的地下构筑物等作必要的安排，使居住区规划能有利于防止灾害的发生或减少其危害程度。

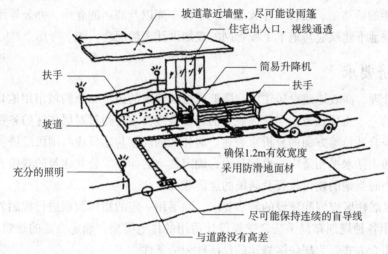

图 4-19　住宅楼前的安全设计

1. **防火灾**　为了保证一旦发生火灾时居民的安全，防止火灾的蔓延，建筑物之间要保持一定的防火间距。防火间距的大小主要随建筑物的耐火等级以及建筑物外墙门窗、洞口等情况而异。

2. **防震灾**　在地震区，为了把灾害控制到最低程度，在进行居住区规划时，必须考虑以下几点：

（1）居住区用地的选择，应尽量避免布置在沼泽地区、不稳定的填土堆石地段、地质构造复杂的地区（如断层、风化岩层、裂缝等）以及其他地震时有崩坍陷落危险的地区。

（2）应考虑适当的安全疏散用地，便于居民避难和搭建临时避震棚屋。安全疏散用地可结合公共绿化用地、学校等公共建筑的室外场地、城市道路的绿化带等统一考虑，有条件时，可适当提高绿化用地的指标。除了室外的疏散用地外，根据唐山、天津地震后的调查，还可利用地下室或半地下室作为避震疏散之用。

（3）居住区内的道路应平缓畅通，便于疏散，并布置在房屋倒坍范围之外。据有的城市所作的观察，房屋倒坍范围，其最远点与房屋的距离大体上不超过房屋高度的一半。

（4）居住区内各类建筑除考虑建筑设防烈度要求外，房屋体型应尽可能简单，同时，还必须采用合理的层数、间距和建筑密度。

3. **防空袭** 居住区的防空建筑是整个城镇防空工程的一部分，它的规划必须符合防空工程总体规划的要求。居住区的防空规划是居住区规划的一个组成部分。

我国防空建筑面积的定额指标目前无统一规定。在有些城市的居住区建设中，规定防空建筑面积为住宅建筑面积的 7%。在具体规划设计时应注重以下几方面：

（1）防空建筑应贯彻"平战结合"的原则。如有的地方平时利用防空建筑物作为居民和青少年的活动室、自行车存放处、汽车停车库以及商店的仓库、办公等用房。

（2）防空地下建筑应与地下工程管网的规划设计密切配合，统一考虑。

4.6.4 经济要求

经济、合理、高效地建设居住区，降低居住区建筑的造价和节约城市用地是居住区规划设计的一个重要任务。居住区规划的经济合理性主要通过对居住区的各项技术经济指标和综合造价等方面的分析来表述。居住区的规划与建设应与国民经济发展的水平、居民的生活水平相适应。也就是说，确定住宅的标准、公共建筑的规模、项目等均需考虑当时当地的建设投资及居民的经济状况。

为了满足居住区规划和建设的经济要求，除了用一定的指标数据进行控制外，还必须善于运用各种规划布局手法，选择设计适用的住宅类型，确定合适的建筑间距、密度及空间组合方式，为居住区修建的经济性创造条件。

4.6.5 美观要求

要为居民创造一个优美的居住环境。居住区是城市中建设量最多的项目，因此它的规划与建设对城市的面貌起着很大的影响。在一些老城市，旧居住区的改建已成为改变城市面貌的一个重要方面。一个优美的居住环境的形成不仅取决于住宅和公共服务设施的设计，更重要的是取决于建筑群体的组合，建筑群体与环境的结合。现代居住区的规划与建设，由于建筑工业化的发展，已完全改变了从前那种把住宅孤立地作为单个的建筑来进行设计和建设的传统观念，而是把居住区作为一个有机的整体进行规划设计。

住宅与公建是居住区景观环境的主体要素。造型美观、色彩和谐、空间丰富、布局严谨又活泼，既有统一性，又有多样性，是创造视觉环境的重要条件。充分利用基地的地形、地物、地貌也是塑造视觉环境的有效途径。因此，居住区规划应在适用、安全、经济合理的前提下，将各类建筑、道路、绿化等物质要素，运用规划、建筑以及造园的手法，组织成完整的、丰富的建筑空间，为城市的居住区创造出生动活泼、欣欣向荣的面貌，具有明朗、大方、整洁、优美的居住环境，既反映地方特色，又体现时代精神。

4.7　市场调查

房地产市场调查就是运用科学的方法和手段，有目的、有计划、全面系统地收集、整理和分析相关的房地产市场信息，为房地产企业进行市场预测、经营决策、制定战略、编制计划等提供科学可靠的依据。

消费者调查是居住区规划设计与研究的基础。消费者调查的目的是为了掌握第一手的基础资料，充分了解居民的需求和规划设计需要解决的问题，其作用在于评价居民的居住环境、分析居民的居住意愿，并预测住房市场的发展趋向，决策居住区规划设计的概念、定位与原则，直接或间接地指导居住区的具体规划设计。调查内容、调查方法和统计分析是居民调查的核心部分。

市场调查应把握以下几个要点：

（1）市场调查要系统全面地收集、记录、分析和报告有关居住区规划方面的信息资料，以便认识把握市场对居住区规划建设的要求。

（2）市场调查必须客观求实，努力提供能反映真实情况的信息，避免调查者和管理者的主观偏见。

（3）市场调查必须采用科学的方法，依据不同的客观情况，有计划、有目的、有针对性地进行，做到高效率并能解决实际问题。

（4）市场调查是进行居住区规划设计及市场预测、经营决策的前提。

4.7.1　市场调查的内容

房地产市场调查的内容十分广泛，概括有以下几大方面。

4.7.1.1　市场环境调查

主要包括：人口环境调查；经济环境调查；政治法律环境调查；技术和自然环境调查；社会文化环境调查。

4.7.1.2　房地产市场需求调查

主要包括：房地产市场的需求潜量；房地产市场对本企业产品的需求总量；房地产市场对某类房地产的供求状况；房地产市场需求的影响因素。

4.7.1.3　竞争者调查

主要包括：对竞争企业的调查；对竞争产品的调查。

4.7.1.4　市场营销策略的调查

主要包括：产品调查；价格调查；销售渠道调查；促销调查。

4.7.1.5　消费者调查（居住区规划的主要调查内容）

主要包括：消费者的数量及地理分布；消费者的构成、收入状况及消费支出模式；

消费者的需求状况，包括现实需求和潜在需求；消费者的购买动机，包括消费者的购买意向、影响消费者购买动机的因素，消费者购买动机的类型；消费者的购买行为，包括消费者购买行为类型及其影响因素等。

科学合理的调查内容是消费者调查结果是否有效和合理的关键。调查内容的确定与调查的目的有直接的关系，除调查的提问问题外，合理地确定调查对象、调查时间和调查地点直接影响着调查的结果是否有效。从调查面来看，有普查（或面上调查）和专项调查（或重点调查）两种；从调查目的来看，有实况调查、评价调查和意向调查三种。不论哪一种调查形式，居民（或被调查者）的基本情况调查是必不可少的。

1. 居民基本情况调查　是为了分析不同居民（或家庭）与调查结果之间的相关关系，可以按不同居民（或家庭）的特征对调查信息进行分类分析与评价，也可以对出现的相同或不相同的调查结果从居民（或家庭）的特征上寻找原因，目的是在调查结果与被调查者之间建立一种关系。

居民基本情况调查一般包括被调查者的年龄、性别、职业、受教育的程度、宗教，被调查者家庭的人口结构、收入、住房状况，被调查者家庭的住址等项目。

2. 实况调查　是指对居民当前居住生活状况的调查。调查主要针对居民在自己的居住区中如何进行日常生活活动的实际状况，包括各项设施的使用频率、出行的次数、消费的标准和认可的场所等，目的在于了解居民目前的居住生活状况和规律。

3. 评价调查　是指居民对目前所居住的居住环境满意程度的调查。评价调查一般涉及居民对自己的住房、对居住区各项设施的配置与布局和各项服务的提供是否合理、完善与充分，使用是否方便，设计是否美观，总体是否符合和满足居民日常生活的需要等方面。主要目的在于了解问题所在。

4. 意向性调查　是指居民对期望的居住环境的调查。意向性调查涉及的方面可以相当广泛，由于调查的具体目的不甚明确，其内容和问题应该具有一定的启发性，以启发和引导被调查者的思维。意向性调查的目的是为了了解居民对居住环境发展的需要，以指导和改进居住区的规划设计，为今后居住区规划设计提供依据。

4.7.2　市场调查的方法

房地产市场调查的方法很多。按照调查对象的多少，可将其分为全面普查、典型调查和抽样调查；按照获取资料的方法，可将其分为询问法、观察法和实验法。

4.7.2.1　按调查对象划分

1. 全面普查　是指对调查对象总体中所包含的个体逐一进行调查。全面普查可以获得系统全面的数据，准确性高。缺点是调查周期长，工作量大，调查费用高。全面普查只适合在小范围内使用，或者是为了了解市场的一些至关重要的基本情况，以便对市场状况做出全面、准确的描述，从而为制定市场有关政策、计划提供可靠的依据时使用。

2. **典型调查**　典型调查又叫重点调查，就是在对被调查总体进行分析的基础上，有计划、有目的地选择其中具有代表性的典型个体进行调查，通过对典型个体进行调查的结果推出一般结论。典型调查是一种非全面调查，它只是对总体中的部分个体进行调查。但它不是随便选择一部分个体进行调查，而是选择总体中有代表性的个体进行调查，从而来认识同类市场现象总体的规律性及其本质。

采用这种调查方法，由于被调查的对象数量少，可以节省人力、物力和财力；可以迅速地取得调查结果，节省时间。缺点是典型个体是根据调查者的主观判断选择的，不能完全避免主观随意性；对于调查结论的适用范围，只能根据调查者的经验判断，无法用科学的手段做出准确的测定；利用典型调查往往难于对总体进行定量研究。随着外部环境的变化，所选择的典型调查对象也会发生变化，在这种情况下，房地产市场调查人员应该重新选取调查对象，保证调查结果的准确可靠。

3. **抽样调查**　就是从调查的总体中抽取一部分对象作为样本进行调查，用样本的调查结果来推断总体情况。

以现代统计学和概率理论为基础的现代抽样理论是十分准确的，误差一旦出现，它的范围一般都是可以知道的。事实上，现在所有的调查都是依靠抽样。

抽样需要先指定一个所要研究的总体或整体，然后从这一总体中的某个预定数中选一子集，这个子集应充分代表整个总体，即该总体中的数据或信息的范围必须反映在该样本中，以使从该子集中收集来的信息从理想的情况来说是可以同从整个总体中收集来的数据同样精确。

和全面普查、典型调查相比，抽样调查具有时间短、收效大、可靠性强、费用省、易推广等特点。因此，是房地产市场调查中最常用、最基本的方法，尤其适用于量大面广、被调查对象数目多的房地产项目的调查。但是，由于抽样调查的对象只是调查对象的一部分，所以，抽样调查存在误差也在所难免。但是，抽样误差可以通过合理地选择抽样个体、抽样方式和样本数目来克服。

按照抽样方式的不同，可将抽样调查分为随机抽样和非随机抽样。

4.7.2.2　按调查方法划分

1. **询问法**　是房地产市场调查人员以询问的方式向被调查者提出问题而收集所需资料的一种调查方法。通常应事先设计好调查提纲或调查表，以便有的放矢、高效率地进行调查。

询问法按照询问方式的不同，又可以分为以下几种方法：

（1）面谈调查。面谈调查是调查人员与被调查者面对面地交谈，提出有关问题从而获得有关信息资料的方法。

（2）电话调查。电话调查是由房地产市场调查人员通过电话向被调查者提出问题而收集资料的一种方法。

（3）邮寄调查。邮寄调查就是房地产市场调查人员将事先设计好的市场调查表邮寄给被调查者，请他们按要求填写好后寄回以获取资料的方法。

（4）留置问卷调查。留置问卷调查是由房地产市场调查人员将市场调查表当面交给被调查者，说明回答问题的要求，留给被调查者自行填写，然后由调查人员收回的方法。

2. 观察法　是由房地产市场调查人员直接或通过仪器在现场观察被调查对象的行为并加以记录而获取信息资料的一种方法。

运用观察法进行调查时，调查人员不许向被调查者提问题，也不需要被调查者回答问题，只是通过观察被调查者的行为、态度和表现来收集资料。

3. 实验法　是在一个较小的范围内并在一定条件下，对某种影响因素进行实际实验，分析其结果，以判断是否具有大规模推行的价值。

实验法的优点是通过小规模的实验可以获得确切的信息，从而减少经营风险。换言之，就是以较小的实验费用防止可能出现的重大损失。缺点是选择实验市场较为困难，调查成本也较高。

4.7.2.3　问卷调查法

问卷调查法是房地产企业进行各种调查时最常用的一种方法。它是询问调查法的发展和延伸，在各种调查中具有广泛的用途，发挥着重要的作用。

1. 问卷调查法的概念　问卷，又称调查表，是调查者根据市场调查的目的和需求设计出来的，由一系列问题、备选答案及说明等组成，向被调查者收集资料的一种工具。

问卷调查法，简称问卷法，是调查者运用统一设计的调查问卷，由被调查者填写，向被调查者了解市场有关情况，以收集有关资料的方法。

2. 调查问卷的基本结构　问卷是问卷调查法的基本工具，了解问卷的基本结构，对问卷的设计和应用都是必需的。

调查问卷一般由卷首语、正文（问题和答案）和结束语三部分组成。

（1）卷首语。卷首语包括问候语、填表说明和问卷编号。

1）问候语。问候语的目的是引起被调查者的重视，消除他们的疑虑，激发他们的参与意识，争取他们的合作。因此，语气要诚恳、亲切、礼貌，文字要简洁、准确。

2）填表说明。填表说明主要是指导被调查者正确填写问卷。这部分内容有时可以集中在一起，有时也可以分散到各有关问题的前面。填表说明要详细清楚，避免因误解题意而引起回答错误或偏差。

3）问卷编号。问卷编号主要用于识别问卷、调查者和被调查者，以便于分类归档或由计算机处理调查结果。

（2）正文（问题和答案）。问题和答案是问卷的主体，是问卷最核心的组成部分，包括需要调查的问题和备选答案。这部分内容在设计问卷时必须认真推敲，问题和答案的质量如何，直接关系到调查结果的质量。

（3）结束语。结束语放在问卷的最后。一方面向被调查者表示诚恳的感谢；另一方面，还应向被调查者征询对市场调查问卷设计的内容、对问卷调查的意见和看法。

3. **调查问卷问题的设计**　问卷设计是问卷调查是否有效的关键。问卷设计的关键术语是"适切"，它包含研究目的的适切、问题切合研究目的、问题切合回答者个人。研究目的的适切性指调查研究的目的需要被回答者理解并确信是正当的、值得做的和为一个良好目的服务等，使回答者愿意并有效地回答问卷。问题切合研究目的是指必须使回答者确信问卷中的所有问题是切合所说明、所解释的研究目的的；问题切合回答者是指所提问题应该适合所有回答者。只有做好了这一步，才可能得到被调查者认真、有效的合作，调查的结果才更具有可信度。

问卷的提问方式、版面设计、甚至问卷纸张的形式和色彩均应该亲切近人并富有启发性，以引起被调查者回答问题的兴趣，提高调查的成功率和质量。

拓展学习推荐书目

[1]　李德华. 城市规划原理 [M]. 3 版. 北京：中国建筑工业出版社，2001.

[2]　周俭. 城市住宅区规划原理 [M]. 上海：同济大学出版社，1999.

[3]　中华人民共和国建设部. 城市居住区规划设计规范 GB 50180—93（2002）[S]. 北京：中国建筑工业出版社，2002.

[4]　建设部住宅产业化促进中心. 国家小康住宅示范小区实录 [M]. 北京：中国建筑工业出版社，2003.

[5]　栾淑梅. 房地产市场营销 [M]. 北京：机械工业出版社，2006.

复习思考题

1. 居住区用地组成内容有哪些？

2. 居住区规划包括哪些内容？

3. 试述居住区、小区、组团的含义，并绘图表达它们之间的关系。

4. 居住区规划结构有几种形式？各自特点如何？

5. 如何从社区发展和社区共享的角度理解居住区规划？

6. 居住区规划有哪些基本要求？

7. 消费者调查的目的与内容有哪些？

第 5 章

居住区住宅及其用地规划

学习目标

本章主要介绍了居住区住宅类型及特点，住宅群体组合的形式与要求，住宅群体的日照、通风和噪声防治，居住区节约土地的规划措施等主要内容。通过本章的学习，要求读者了解居住区住宅及其用地规划的基本知识；掌握居住区住宅群的规划布置方法。

住宅及其用地在居住区中占有的建筑和用地总量均较高（住宅的面积约占整个居住区总建筑面积的 80% 以上，用地则占居住区总用地面积的 50% 左右），而且在体现城市面貌方面起着重要的作用。因此，住宅及其用地的规划布置是居住区规划设计的主要内容。住宅建筑的规划布置，应综合考虑用地条件、选型、朝向、间距、绿地、层数与密度、布置方式、群体组合和空间环境等因素。

5.1 住宅类型的选择

住宅的选型在居住区规划中是一个很重要的环节，恰当与否将直接影响居民的使用、住宅建设的成本和城市用地的多少，同时也影响到城市的面貌。特别是住房成为商品之后，人们对其要求越来越高。由于它是一种昂贵的不动产，人们首先关心的是它的功能和产品质量，其次是价格。住宅的设计应当与时俱进，不断更新观念，有所创新，以满足不同类型和层次使用者的要求。因此，在进行规划布置前，首先要合理地选择和确定住宅的类型。为了合理选择住宅类型，就必须从城市规划的角度来研究和分析住宅的类型及其特点，住宅的建筑和用地经济的关系以及住宅设计标准化与多样化等问题。

5.1.1 住宅的类型及其特点

5.1.1.1 按使用对象分

现代住宅如按不同的使用对象，基本上可分为两大类：第一类是供以家庭为居住单位的建筑，一般称为住宅；另一类是供单身人居住的建筑，如学校的学生、工矿企业的单身职工等居住的建筑，一般称为单身宿舍或宿舍。第一类以套为基本组成单位的住宅按平面组成主要有以下几种类型（见表 5-1）。

表 5-1　住宅类型（以套为基本组成单位）

编　号	住 宅 类 型	用 地 特 点
1 2 3	独院式 并联式 联排式	每户一般都有独用院落，层数 1 ~ 3 层，占地较多
4 5 6	梯间式 内廊式 外廊式	一般多用于多层、中高层和高层住宅，特别是梯间式用得较多，用地比较经济，是常用的住宅类型
7	内天井式	是第 4、5 类型住宅的变化形式，由于增加了内天井，住宅进深加大，对于节约用地有利，一般多见于层数较低的多层住宅
8	点式（塔式）	是第 4 类型住宅独立式单元的变化形成，适用于多层和高层住宅，由于体形短而活泼，进深大，故具有布置灵活和能丰富群体空间组合的特点，但有些套型的日照条件可能较差
9	跃廊式	是第 5、6 类型的变化形式，一般用于高层住宅
10	台阶式	有纵向、横向台阶式之分，适于地形坡度较大而又不易处理的建设场地，减少土方工程量，横向北向台阶式住宅能减少住宅间距，有利于节约用地

注：低层住宅指 1 ~ 3 层的住宅；多层指 3 层以上至 8 层（低于 24 米）；高层住宅指 8 层以上（超过 24 米）的住宅。

5.1.1.2　按体形分

1. **条式**　如为高层住宅则称板式。这是最常见的住宅类型，其特点是住宅朝向、通风、日照以及对于施工等方面都比较有利，在建筑造价和用地方面也较经济。

2. **点式**　如为高层住宅则称塔式。这类住宅由于体形短，能适应零星的小块用地及坡地的建造，且有利于住宅组团内的通风、日照以及空间组合的变化，但点式和塔式住宅由于外墙较多，故建筑造价一般比条式和板式稍高一些。

3. **其他形状住宅（L、E、I、⊥等）**　这类住宅在不规则地形布置可提高住宅建筑面积密度，在城市道路交叉口采用沿街坊周边布置 L 形住宅还可美化街景。但有些住户的日照和通风条件较差、在结构和施工方面也较复杂，因此，一般不宜大量修建。

5.1.2　住宅建筑经济和用地经济的关系

住宅建筑经济和用地经济是房地产开发的两个重要组成部分，两者之间关系密切。住宅建筑经济直接影响用地经济，而用地经济往往又影响对住宅建筑经济的综合评价，特别是在土地有偿使用的情况下，用地经济起主导作用。住宅建筑经济和住宅用地经济有时是一致的，而有时则相互矛盾。住宅建筑经济主要是指每平方米建筑面积的土建造价和平面利用系数、层高、长度、进深等技术参数,而用地经济主要是指地价和住宅在群体布置中利用土地的经济性(容积率)等。下面仅就住宅建筑经济和用地经济密切相关的几个因素分别加以分析。

5.1.2.1 住宅层数

如果只考虑住宅建筑本身,在一般情况下,由于低层住宅可采用地方材料,且结构简单,故低层住宅一般比多层住宅造价低,而高层的造价更高,但低层占地大,如平房与5层楼房相比,要大3倍左右。对于多层住宅,提高层数能降低住宅建筑的造价。从用地经济的角度来看,提高层数能节约用地,如住宅层数在3~6层时,每提高1层,每公顷可相应增加建筑面积1 000平方米左右;而6层以上,效果将显著下降。自20世纪五六十年代以来,国内外很多专家的经验认为,6层住宅无论从建筑造价和节约用地来看都是比较经济的,故得到了广泛的采用。很多国家,由于城市用地日趋紧张,住宅普遍向高空发展。我国从20世纪70年代中期在一些特大城市也开始试建高层住宅。毫无疑问,高层住宅的造价与5层相比肯定要高得多,且层数越高一般造价也越大。这主要是由于结构形式的改变、电梯的增加以及供水加压设备、防火设施、建材费用和施工成本高等原因。根据国外的一些研究认为,建筑层数由5层增加到9层可使住宅居住面积密度提高35%,由于节约用地,也就大大降低了室外工程造价、维护费用以及减少道路交通和改建用地的拆迁费用。

5.1.2.2 住宅进深

住宅在每户建筑面积不变的情况下,加大进深,可使纵墙缩短,外围护墙面积减小,这对于采暖地区外墙需要加厚的情况下,经济效果更好。加大进深也有利节约用地。住宅进深在11米以下时,每增加1米,每公顷可增加建筑面积1 000平方米左右,而11米以上效果则不显著,因有时需设内天井。

5.1.2.3 住宅长度

住宅长度直接影响建筑造价,因为住宅单元拼接越长,山墙也就越省。根据分析,四单元长住宅比二单元长住宅每平方米居住面积造价省2.5%~3%,采暖费省10%~21%。但住宅长度不宜过长,过长就需要增加伸缩缝和防火墙等,且对通风和抗震也不利。

5.1.2.4 住宅层高

住宅层高的合理确定不仅影响建筑造价,也直接和节约用地有关,据计算,层高每降低10厘米,能降低造价1%,节约用地2%。但为了保证住宅室内的舒适要求,住宅层高不能降得过低,住宅起居室、卧室的净高一般不应低于《住宅设计规范》的最低标准要求(普通住宅层高宜为2.80米;卧室、起居室(厅)的室内净高不应低于2.40米,局部净高不应低于2.10米,且其面积不应大于室内使用面积的1/3;利用坡屋顶内空间作卧室、起居室（厅）时，其 1/2 面积的室内净高不应低于 2.10 米；厨房、卫生间的室内净高不应低于 2.20 米；厨房、卫生间内排水横管下表面与楼面、地面净距不应低于 1.90 米，且不得影响门、窗开启。

5.1.2.5　建筑节能

建筑节能是通过降低"建造能耗"和"使用能耗"的总能耗量而取得的。根据统计，建筑物年度的使用能耗远比年平均的建造能耗为多。在寒冷地区，用于房屋采暖的能耗占使用能耗中的大部分，因此，降低采暖能耗是建筑节能中的重点。

降低建筑采暖能耗，可采取两方面措施：一是在采暖设备方面提高热利用率；二是在建筑设计方面采取措施以减少热能损耗。后者就是设计"节能型建筑"，是一劳永逸的治本方法。

小区节能是多方面的，如房屋进深的加大，层高的降低，南向开窗面积的扩大，北向窗户的缩小，外墙构造的改进，供暖方式的改进（集中供热），等等。

通过以上初步分析，我们可以看到，普遍合理地提高住宅建筑的层数是提高住宅建筑面积密度、节约用地的主要和最基本的手段和途径。

5.1.3　户型配比原则

以市场调查为基础，通过对客户对象的分析，可以大致把握本次住区规划的客户形象特点，并以此为依据，进行户型配比规划。

户型配比规划是指在住区整体规划过程中，通过对住区的户型加以限定，明确各个户型的比例划分，满足客户对象对每个住宅的面积要求和住区总体调控。

户型配比规划原则具体体现在两个方面。

5.1.3.1　注重与整体规划方案的结合

在进行户型配比规划的时候，要充分满足整体规划对本次规划用地的土地利用划分、交通规划系统和绿地景观的要求。同时，要尊重住区居民的生活习惯，进行良好日常生活圈的构筑。

5.1.3.2　以市场调查和客户对象分析为基础

进行周密的市场调查，仔细分析客户对象，通过对客户对象的生活、工程、学习等各种修改的把握，设计户型基本类型。并以客户对象层在整个住区的比例划分决定各种户型的配比。

5.1.4　合理选择住宅类型

合理选择住宅类型一般应考虑以下几个方面：

5.1.4.1   确定住宅标准

住宅标准包括面积标准与质量标准两个方面，面积标准一般指平均每户建筑面积和平均每人居住面积的大小，或平均每户使用面积；而质量标准是指设备的完善程度（如卫生设备、煤气、供电、供热、电话等）。住宅标准的确定是国家的一项重大技术政策，反映了一定时期国家经济发展和居民的生活水平。因此，从国家到地方，在每个时期都制定了住宅的建筑标准。此外，对于商品住宅的标准应根据不同的居住对象、市场的需求来确定。1996 年我国政府提交给联合国第二次人类住区大会的《中华人民共和国人类住区发展报告》中指出：到 2000 年，全国城镇每户居民有一处住宅，人均居住面积达到 9 平方米（人均使用面积达到 12 平方米）。到 2010 年，全国城镇每户居民都有一处使用功能基本齐全的住宅，人均使用面积达到 18 平方米，基本达到人均一间住房，并有较好的居住环境。

5.1.4.2   满足套型比的要求

套型是指每套住房的使用面积大小和居住空间的数量，现行《住宅设计规范》将套型分为四种类型。所谓套型比是指各种不同套型建造数量的比例。合理确定套型比是住宅选型的重要内容。套型比的确定应参照当地的人口结构及市场的需求，参照国家或当地住宅标准等多方面的因素来确定。如果套型比定得不适当，将造成住户使用不合理和房地产营销的困难。

套型比的平衡一般有三种方法：一是选用多种套型的住宅，套型比在一个单元或一幢住宅内进行平衡；二是选用单一套型住宅，在几幢住宅或更大范围内进行平衡；三是既采用单一套型，又选用多种套型的住宅。为了使住宅对套型比具有更大的灵活性和适应性，可选择或设计成套型能灵活变化的住宅平面。

5.1.4.3   确定住宅建筑层数和比例

住宅建筑层数的确定，要综合考虑用地的经济、建筑造价、施工条件、建筑材料的供应、市政工程设施、居民生活水平、居住方便的程度等因素。根据我国目前的条件，大中城市一般以 5 ~ 6 层为主，小城镇以 4 ~ 5 层为主，受用地条件限制的地方可适当建造一定数量的高层住宅。

5.1.4.4   适应当地自然气候条件和居民的生活习惯

不同的气候条件对住宅的平面布置和层高等都有很大的影响。我国幅员广大，全国自然气候条件相差甚大。南方地区，气候比较炎热，在选择住宅时，首先应考虑居室有良好的朝向和获得较好的自然通风；而在北方地区，气候严寒，主要矛盾是冬季防寒，防风雪。另外，居民的生活习惯也必须充分考虑，如南方地区室内应设置冲凉设备以满足居民冲凉的习惯；而北方则室内应有供暖设施。

5.1.4.5　要有利于节约用地，结合地形

住宅建筑单体平面和布局要尽量利用地形、结合地形，可从利用住宅单元在开间上的变化达到户型的多样化和适应基地的各种不同情况。为了不占或少占农田，使住宅上山，就需要结合不同坡度和朝向的地形对建筑进行错层、跌落、掉层、分层入口等局部处理（见图 5-1 ）。

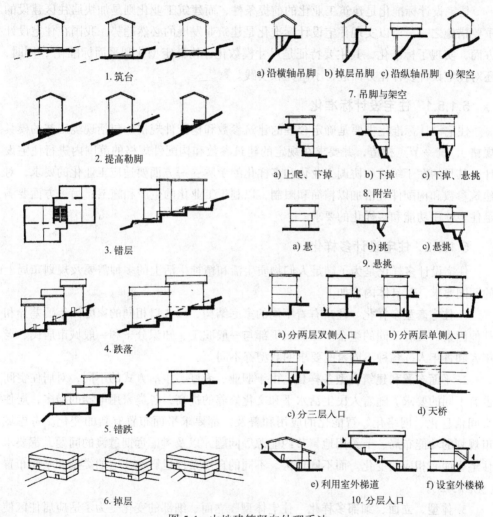

1. 筑台

a) 沿横轴吊脚　b) 掉层吊脚　c) 沿纵轴吊脚　d) 架空
7. 吊脚与架空

2. 提高勒脚

a) 上爬、下掉　　b) 下掉　　c) 下掉、悬挑
8. 附岩

a) 悬　　　　b) 挑　　　c) 悬挑
9. 悬挑

3. 错层

a) 分两层双侧入口　　　　b) 分两层单侧入口

4. 跌落

c) 分三层入口　　　　　　　d) 天桥

5. 错跌

e) 利用室外梯道　　　　f) 设室外楼梯

6. 掉层

10. 分层入口

图 5-1　山地建筑竖向处理手法

　1. 筑台——对天然地表开挖和填筑，形成平整台地；2. 提高勒脚——将房屋四周勒脚高度调整到同一高度；3. 错层——房屋内同一楼层作成不同标高，以适应倾斜的地面；4. 跌落——房屋开间单位，与邻旁开间或单元标高不同；5. 错跌——房屋顺坡势逐层或隔层沿水平方向错移和跌落；6. 掉层——房屋基底随地形筑成阶状，其阶差等于房屋的层高；7. 吊脚与架空——房屋的一部或全部支承在柱上，使其凌空；8. 附岩——房屋贴附在岩壁修建，常与吊脚、悬挑等方法配合使用；9. 悬挑——利用挑楼、挑台、挑楼梯等来争取建筑空间的方法；10. 分层入口——利用地形高差按层分设入口，可使多层房屋出入方便

5.1.4.6　满足城市建筑面貌的要求

居住区住宅在建筑层数、色彩、体型及密度、容积率等方面应满足城市总体规划要求。

5.1.5　住宅设计标准化与多样化

住宅设计标准化是建筑工业化的前提条件，而建筑工业化则是加快居住区建设的重要措施之一。所以实现住宅设计标准化是建筑业发展的必然趋势。我国在住宅设计方面，实现了标准化，其主要特征是尺寸模数化，构件定型化和平面标准化；同时，还对住宅设计多样化方面进行了研究和实践。

5.1.5.1　住宅设计标准化

住宅设计标准化主要是确定合理的建筑参数和构配件规格（包括现浇工艺的模具规格），统一节点构造，并要求在规定的建筑参数和构配件规格的范围内进行住宅设计。其目的在于统一和协调工业化和多样化的矛盾：一方面要适应工业化的要求，对建筑参数和构配件规格加以精简和限制，以利于工业化的生产和施工；另一方面要满足住宅使用功能和多样化的要求。

5.1.5.2　住宅设计多样化

住宅设计多样化是为了满足人们物质生活和精神生活上的多种需要及规划布局上的不同要求，其具体内容如下。

1. **住宅套型多样化**　住户有着不同的家庭结构，而人口相同的家庭因年龄差异和其他因素，又有不同的组合。如高级干部与一般职工、知识分子和一般城市居民、老年人和青年人、各种不同家庭要求的套型都不同。

2. **平面布置和建筑类型多样化**　由于职业、爱好、生活方式的不同，对居住空间也有不同的要求。随着人民生活水平和文化修养的提高，各类家用电器的增多，居住空间信息化、网络化、智能化的应用和普及，都要求平面布置有新的变化。考虑城市规划的功能布局、节约用地、节约能源等问题，以及考虑远期过渡的问题，都要求住宅平面有相应的变化。而不同地区、不同的自然条件也影响住宅的类型和平面布置（见图5-2）。

3. **体型、立面、细部多样化**　住宅体型、立面、细部的变化是为了适应居住区使用功能和建筑艺术布局的要求。一般来说，居住区住宅体型的形式、长短、高低，立面的色彩、比例，以及阳台、门窗的细部处理都要与居住区的总体布局相协调，在统一中求变化。而对于沿城市主要道路、广场或居住区、住宅组团的重点部位的住宅，以及在风景区内的住宅，则要重点处理。对海滨、丘陵、山地的住宅，则要结合地形条件、环境特点，做特殊处理。

a）多居住宅外景

b）高层住宅外景

图 5-2　天津新都庄园一期户型外景图举例

5.2　住宅群体的组合

5.2.1　住宅群体组合的基本要求

5.2.1.1　功能要求

1. **日照**　指保证住宅每户主要居室获得国家规定的日照时间和日照质量，同时保证居住区室外活动场地有良好的日照条件。

2. **通风**　指保证住宅之间和住宅内部有良好的自然通风，并考虑不同地区，不同季节主导风向对群体组合的影响。

3. **安静**　指对外部噪声的防治，避免组团内部有过境人流和车流的穿越，使室内与室外环境符合国家规定的噪声分贝标准。

4. **舒适**　指室外环境设施（包括绿地）的数量和质量，如儿童游戏场地、老年和成年人休息场地、体育活动场地等。

5. **方便**　指根据居民活动规律，组织交通（如上、下班、购物、休息等活动）达到出行便捷、公共服务设施的配套程度及其服务时间和方式的合理性。此外，还应便于门牌编号和垃圾集收。

6. **安全**　指防盗、防交通事故、防火灾、防地震灾害等要求，特别是安全防盗尤为重要。

7. **交往**　指邻里之间的相互交往，提供居民交往的场所和增加生活气氛，使居民产生邻里归属感。

5.2.1.2　经济要求

主要指土地和空间的合理使用，通常以容积率或建筑面积密度和建筑密度作为主要的技术经济指标来衡量和控制。

5.2.1.3　美观

居住建筑是城市重要的物质景观要素，而居住区是城市风貌的重要组成部分。居住区的景观不仅取决于建筑单体的造型、色彩，而更重要的在于群体的空间组合以及绿化和环境小品等的整体设计。住宅组团的设计应力求打破千篇一律和单调呆板的形式，努力创造富有地方特色、充满生活气息的亲切、明快和和谐的居住环境。

5.2.2　住宅群体组合的技术要求

5.2.2.1　住宅建筑的间距要求

住宅建筑间距分正面间距和侧面间距两个方面。凡泛称的住宅间距，系指正面间距。决定住宅建筑间距的因素很多，根据我国所处地理位置与气候状况，以及我国居住区规划实践表明，绝大多数地区只要满足日照要求，其他要求基本都能达到。仅少数地区如纬度低于北纬 25° 的地区，则将通风、视线干扰等问题作为主要因素。因此，住宅建筑间距，应以满足日照要求为基础，综合考虑采光、通风、消防、管线埋没和避免视线干扰与空间环境等要求为原则，进行确定。

1. **住宅日照** 住宅日照指居室内获得太阳的直接照射。日照标准是用来控制住宅日照是否满足户内居住条件的技术标准，一般由日照时间和日照质量来衡量。日照标准是按在某一规定的时日住宅底层房间获得满窗的连续日照时间不低于某一规定的时间来规定的。国标《城市居住区规划设计规范》中根据我国不同的气候分区规定了相应的日照标准（见图 5-3 和表 5-2），同时还要求一套住房中必须有一间主要居室满足日照标准。

表 5-2 住宅建筑日照标准

建筑气候区划	Ⅰ、Ⅱ、Ⅲ、Ⅶ气候区		Ⅳ气候区		Ⅴ、Ⅵ气候区
	大城市	中小城市	大城市	中小城市	
日照标准日	大寒日				冬至日
日照时数（h）	≥ 2		≥ 3		≥ 1
有效日照时间带（h）	8 ~ 16				9 ~ 15
日照时间计算起点	底层窗台面				

注：1. 建筑气候区划应符合《城市居住区规划设计规范》附录 A 第 A.0.1 条的规定。

2. 底层窗台面是指距室内地坪 0.9m 高的外墙位置。

对于特定情况还应符合下列规定：

（1）老年人居住建筑不应低于冬至日日照 2 小时的标准；

（2）在原设计建筑外增加任何设施不应使相邻住宅原有日照标准降低；

（3）旧区改建的项目内新建住宅日照标准可酌情降低，但不应低于大寒日日照 1 小时的标准。

2. **日照间距** 在住宅群体组合中，为保证每户都能获得规定的日照时间和日照质量而要求住宅长轴外墙之间保持一定的距离，即为日照间距。

（1）住宅正面间距。住宅正面间距，应按日照标准确定的不同方位的日照间距系数控制，也可采用表 5-3 不同方位的间距折减系数换算。

表 5-3 不同方位间距折减换算表

方位	0° ~ 15°（含）	15° ~ 30°（含）	30° ~ 45°（含）	45° ~ 60°（含）	> 60°
折减值	1.00L	0.90L	0.80L	0.90L	0.95L

注：1. 表中方位为正南向（0°）偏东、偏西的方位角。

2. L 为当地正南向住宅的标准日照间距（m）。

3. 本表指标仅适用于无其他日照遮挡的平行布置条式住宅之间。

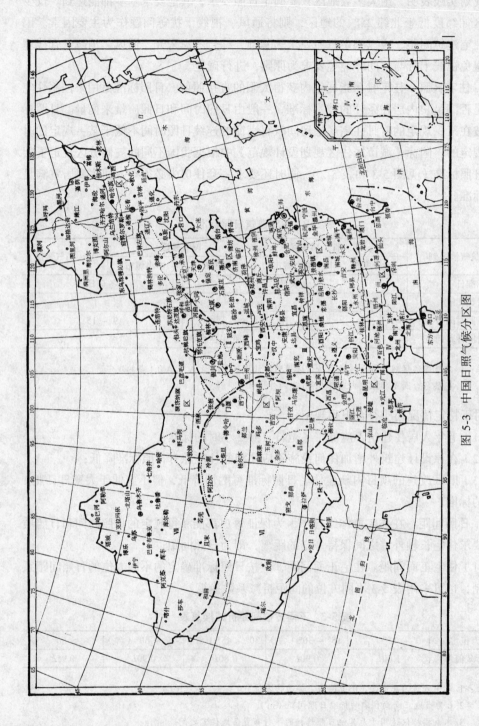

图 5-3 中国日照气候分区图

资料来源：中华人民共和国建设部.城市居住区规划设计规范 GB 50180—93（2002）[S]. 北京：中国建筑工业出版社，2002.

日照间距可用图解法或计算法求得。一般采用冬至日和大寒日两级日照标准，即根据冬至日或大寒日正午前后居室获得的连续日照时数的多少来确定，并以太阳照射到住宅底层窗台面为计算依据。

为了简化和说明日照间距计算的关系，试以住宅长边向阳、正南朝向和以正午太阳照到住宅底层窗台为计算依据，从图 5-4 所示的关系中可以得出：

$$\text{tg } h = \frac{H-H_1}{L} \qquad L = \frac{H-H_1}{\text{tg } h} = K \cdot H$$

式中　L——日照间距；

　　H——前排住宅檐口至地面高度；

　　H_1——后排住宅的窗台至地面高度；

　　h——正午太阳高度角；

　　K——间距系数。

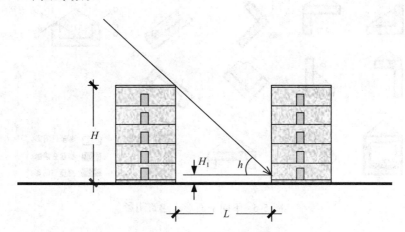

图 5-4　日照间距计算示意图

规划设计应用中日照间距一般采用 $H{:}L$（即前排房屋高度与前后排住宅之间的距离之比称为间距系数）来表示，经常以 1：1.1，1：1.2，1：1.3 等形式出现，它表示的是日照间距与前排房屋高度的倍数关系。以沈阳为例，某小区规划设计前排房屋为五层，高度为 15 米，现行沈阳采用的日照间距标准是 1：1.7，则该日照间距的实际距离应是 25.5 米。

日照标准的确定与居住区用地经济关系密切，因为日照标准决定了房屋间距的大小，直接影响住宅用地的经济性。

各地的太阳高度角与所处地理纬度有关，一般来说纬度越高，同一时日的太阳高度角也就越小，因此，日照间距也就要求越大。

（2）住宅侧面间距。住宅侧面间距，条式住宅，多层之间不宜小于 6 米；高层与各种层数住宅之间不宜小于 13 米；高层塔式住宅、多层和中高层点式住宅与侧面有窗的各种层数住宅之间应考虑视觉卫生因素，适当加大间距。

建筑间距的控制要求不仅仅是保证每家住户均能获得基本的日照量和住宅的安全要求，同时还要考虑一些户外场地的日照需要，如幼儿和儿童游戏场地、老年人活动场地和其他一些公共绿地，以及由于视线干扰引起的私密性保证问题。在住宅布置中不可能在每幢住宅之间留出许多日照标准以外不受遮挡的开阔地，但可在一组住宅里开辟一定面积的宽敞空间，让居民活动时获得更多的日照。如在行列式布置的住宅组团里，将其中的一幢住宅去掉一两个单元，就能为居民提供获得更多日照的活动场地。

各类建筑形式和建筑布置方式在我国大部分地区均会产生终年的阴影区（见图5-5）。终年阴影区的产生与建筑的外形、建筑的布置有关，因此，在考虑建筑外形的设计和建筑的布局时，需要对住宅建筑群体或单体的日照情况进行分析，避免那些需要日照的户外场地处于终年的阴影区中。

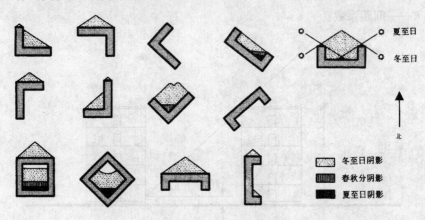

图 5-5　不同平面形式建筑阴影

由视线干扰引起的住户私密性保证问题，有住户与住户的窗户间和住户与户外道路或场地间两个方面。住户与住户的窗户间的视线干扰主要应该通过住宅设计、住宅群体组合布局以及住宅间距的合理控制来避免，而住户与户外道路或场地间的视线干扰可以通过植物、竖向变化等视线遮挡的处理方法来解决。

5.2.2.2　住宅布置规定

（1）选用环境条件优越的地段布置住宅，其布置应合理紧凑；

（2）面街布置的住宅，其出入口应避免直接开向城市道路和居住区级道路；

（3）Ⅰ、Ⅱ、Ⅵ、Ⅶ建筑气候区，主要应利于住宅冬季的日照、防寒、保温与防风沙的侵袭；在Ⅲ、Ⅳ建筑气候区，主要应考虑住宅夏季防热和组织自然通风、导风入室的要求；

（4）在丘陵和山区，除考虑住宅布置与主导风向的关系外，尚应重视因地形变化而产生的地方风对住宅建筑防寒、保温或自然通风的影响；

（5）老年人居住建筑宜靠近相关服务设施和公共绿地。

5.2.2.3　住宅的设计标准

住宅的设计标准应符合现行国家标准《住宅设计规范》GB50096—99（2003 版）的规定，宜采用多种户型和多种面积标准。

5.2.2.4　住宅层数规定

（1）根据城市规划要求和综合经济效益，确定经济的住宅层数与合理的层数结构；

（2）无电梯住宅不应超过六层。在地形起伏较大的地区，当住宅分层入口时，可按进入住宅后的单程上或下的层数计算。

5.2.2.5　住宅净密度规定

（1）住宅建筑净密度的最大值，不应超过下列规定（见表 5-4）。

表 5-4　住宅建筑净密度控制指标　　　　　（%）

住宅层数	建筑气候区		
	I、II、VI、VII	III、V	IV
低层	35	40	43
多层	28	30	32
中高层	25	28	30
高层	20	20	22

注：混合层取两者的指标值作为控制指标的上、下限值。

（2）住宅建筑面积净密度的最大值，不宜超过下列规定（见表 5-5）。

表 5-5　住宅建筑面积净密度（容积率）控制指标　　（单位：万 m^2/hm^2）

住宅层数	建筑气候区		
	I、II、VI、VII	III、V	IV
低层	1.10	1.20	1.30
多层	1.70	1.80	1.90
中高层	2.00	2.20	2.40
高层	3.50	3.50	3.50

注：1. 混合层取两者的指标值作为控制指标的上、下限值；
　　2. 本表不计入地下层面积。

5.2.3　住宅群体平面组合的基本形式

住宅建筑群体的规划布置方式既受气候、地形、现状条件等外部环境的影响又受住宅建筑本身类型（平面形式、高度等）的制约，概括起来，住宅群体的平面组合方式一般可分为以下几种基本形式：

5.2.3.1 行列式布置

建筑按一定的朝向和合理间距成排成列布置的形式称为行列式。这种布置形式能使绝大多数居室都有好的朝向并获得良好的日照和通风，同时便于工业化施工，因而已成为我国20世纪60年代以来广泛采用的一种住宅布置方式。但如果处理不好会造成单调、呆板的感觉，而且容易产生穿越交通的干扰。因此，为了避免以上这些缺点，在规划布置时常采用山墙错落，单元错开拼接以及用矮墙分隔的手法；也可采用住宅和道路平行、垂直、呈一定角度的布置方法，产生街景的变化；还可采用不同角度的几组建筑组合成不同形状的院落空间等。

图5-6是呼和浩特桥华世纪村（二期）平面图。规划设计采用以院落为单元的布局方式，分别以一进院落和两进院落为基本单元，交替错落布置，并适当拉大院落之间的距离，以打破道路空间所带来的呆板和单调。小区的公共绿地顺应长方形的地形呈带状布置，使每个院落都能直接靠近小区的公共绿地，利于居民便捷地到达小区的公共空间。

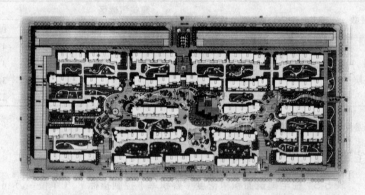

图5-6　呼和浩特桥华世纪村（二期）平面图

1. 行列式基本形式（见图5-7）

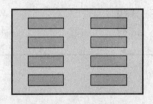

a) 基本形式

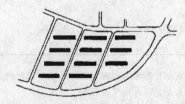

b) 广州石化居住区住宅组

图5-7　行列式组合基本形式

2. 山墙错落排列（见图 5-8）

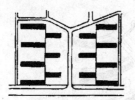 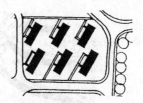

a) 北京龙潭小区住宅组　　　　　b) 青岛浮山后小区住宅组
　　山墙前后交错　　　　　　　　　山墙前后左右交错

图 5-8　山墙错落排列

3. 单元错开拼接（见图 5-9）

 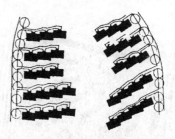

a) 天津天府新村住宅组　　　　　b) 青岛浮山后小区住宅组
　　不等长拼接　　　　　　　　　　等长拼接

图 5-9　单元错开拼接

4. 成组改变朝向（见图 5-10）

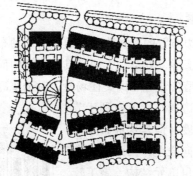

上海番瓜弄居住小区

图 5-10　成组改变朝向

5. 扇形排列（见图 5-11）

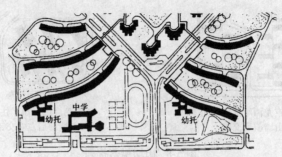

a) 深圳白沙岭居住区住宅组
曲线扇形排列

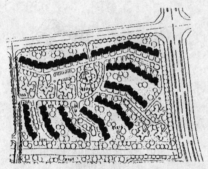

b) 上海黄山居住区住宅组
折线扇形排列

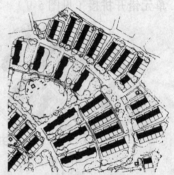

c) 日本阿左古小区住宅组
直线扇形排列

图 5-11　扇形排列

5.2.3.2　周边式布置

　　建筑沿街坊或院落周边布置的形式称为周边式。这种布置形式有利于形成封闭或半封闭的内院空间，院内安静、安全、方便且具有一定的面积，有利于布置室外活动场地、小块公共绿地和小型公建等居民交往场所，对于寒冷及多风沙地区，可以阻挡风沙及减少院内积雪。周边式布置还有利于节约用地，提高住宅面积密度。但是这种布置形式有相当一部分居室的朝向较差，因此不适合于南方炎热地区，而且转角单元结构、施工较为复杂，不利于抗震，对于地形起伏较大地段也会造成较大的土石方工程量，增加建设投资。

　　图 5-12 是天津子牙里住宅组团平面。该组团采用曲尺形多层住宅围成周边式的大院，将绿化分散到各个组团大院，形成较大的室外活

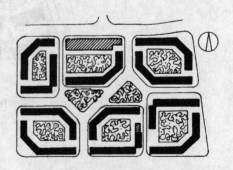

图 5-12　天津子牙里住宅组

动空间。所有住宅单元入口均面向庭院，居民进入庭院有归属感。每个组团留有两个出入口，造成半封闭的气氛。庭院内设有坐椅和花坛供居民休息交谈，也方便儿童在紧邻住宅的空间内活动。

1. 单周边式（见图 5-13）

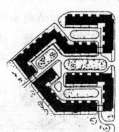

a) 基本形式　　　　b）荷兰阿姆斯特丹居住区住宅组　　　　c）承德竹林寺住宅组

图 5-13　单周边式布置

2. 双周边式（见图 5-14）

a) 基本形式　　　　b) 北京百万庄住宅组　　　　c) 莫斯科某街坊住宅组

图 5-14　双周边式布置

3. 自由周边式（见图 5-15）

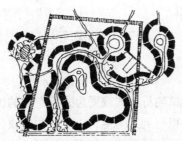
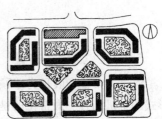

a) 基本形式　　　　b) 巴黎大勃尔恩居住区住宅组　　　　c) 天津子牙里住宅组

图 5-15　自由周边式布置

5.2.3.3 点群式布置

点群式住宅布局包括低层独院式住宅、多层点式及高层塔式住宅布局，点式住宅自成组团或围绕住宅组团中心建筑、公共绿地、水面有规律地或自由布置，运用得当可丰富建筑群体空间，形成特征。点式住宅布置灵活，便于利用地形，但在寒冷地区外墙太多而对节能不利。

1. 规则式布置（见图 5-16）

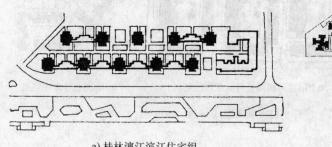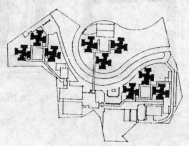

a) 桂林漓江滨江住宅组　　　　　　　　　b) 香港穗禾苑住宅组

图 5-16　规则式布置

2. 不规则式布置（见图 5-17）

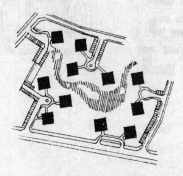

a) 瑞典斯德哥尔摩住宅群　　　　　　b) 巴黎勃菲兹芳泰乃·奥克斯露斯小区

图 5-17　不规则式布置

5.2.3.4 混合式布置

混合式布置一般是为兼顾单纯行列式或周边式等布置的优点产生的，是上述几种形式的有机结合。最常见的是以行列式为主，以少量住宅或公建沿道路或院落周边布置以形成半开敞式院落。这种形式既保留了行列式和周边式的优点，又克服了两者的一些缺点，因此，被广泛地采用。

图 5-18 是北京幸福村住宅组团平面。该组团运用混合式布置手法，由条形住宅组成半封闭的内向庭院。院落随地形变化，灵活布置。住宅为外廊式，在面向庭院的

走廊上居民能看到庭院，庭院内活动的居民也能看到走廊上各户的人口，使庭院内充满着生活气息，创造较好的居住环境。

图 5-19 深圳园岭住宅组采用对称规则的混合式布置，空间布局既规整又富有变化。

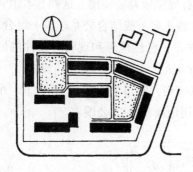
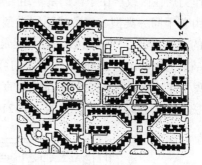

图 5-18 北京幸福村住宅组   图 5-19 深圳园岭住宅组

5.2.3.5 自由式布置

建筑结合地形，在基本满足日照、通风等功能要求的前提下成组自由灵活地布置。自由布置是在具备"规律中有变化，变化中有规律"的前提下进行的，其目的是追求住宅组团空间更加丰富，并留出较大公共绿地和户外活动场地。地形变化较大的地区，以采用这种布置形式效果较好（见图 5-20、图 5-21）。

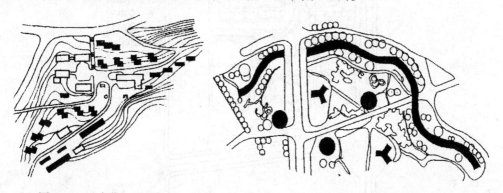

图 5-20 重庆华一坡住宅组   图 5-21 法国波比恩小区住宅组

以上几种基本布置形式并不包括住宅布置的所有形式，而且也不可能列举所有的形式。在进行规划设计时，必须根据具体情况，因地制宜地创造出不同的布置形式，营造丰富的居住空间环境。

5.2.4 住宅群体的组合方式

住宅建筑群体的组合应在居住区规划组织结构的基础上进行。住宅建筑群体的组合是居住区规划设计的重要环节和主要内容。

5.2.4.1　成组成团的组合方式

住宅群体的组合可以由一定规模和数量的住宅（或结合公共建筑）组合成组或成团，作为居住区或居住小区的基本组合单元，有规律地发展使用。这种基本组合单元可以由若干同一类型、层数或不同类型、层数的住宅（或结合公共建筑）组合而成。组团的规模主要受建筑层数、公共建筑配置方式、自然地形和现状等条件的影响而定。一般为 1 000 ~ 2 000 人，较大的可达 3 000 人。

恩济里小区（见图 5-22）位于北京西郊恩济庄，距市中心区约 10 公里。小区基地狭长、南北方向 470 米，东西方向 210 米，用地面积 9.98 公顷。

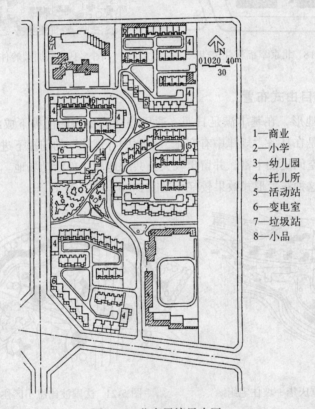

1—商业
2—小学
3—幼儿园
4—托儿所
5—活动站
6—变电室
7—垃圾站
8—小品

图 5-22　北京恩济里小区

小区的用地及建筑布局突出以人为主体的原则，满足居民对日照、通风、生活、交往、安全等多方面的需求。考虑到居民出行便利，主干道结合用地狭长的特点布置了南北向曲线型车行干道，避免外部车辆穿过小区。小区内道路分为三级，主要车行道宽 7 米，进入住宅组团的尽端路宽 4 米，宅前道路宽 2 米。

小区内设 4 个 400 户左右的住宅组团，沿车行干道两侧布置，由 5 至 6 幢住宅围合成院落。每个住宅组团有一个主要入口，还有半地下自行车库设在组团入口，车库顶高出地面形成平台，设计为公共绿地的一部分。

公共设施的分布考虑居民出行流向，主要商业网点设在小区西南角，靠近小区主要入口，方便居民购物。北端另设辅助商业网点，服务半径均不超过 200 米。

小学与托幼分别布置在东南端和西北隅，减少对居住的干扰。

图 5-23 鞍山湖南三号小区规划结构为居住小区—居住组团，整个小区分为五个组团，可供 3 850 人居住，小区总用地 11 公顷，小区总建筑面积 9.8 万平方米，容积率 0.94。设置一所小学，一所幼儿园，一处文化站（含老少）及小区物业管理等为小区服务的公共设施，小区内住宅按组团布局，并尽量保护和利用自然环境，组团与组团之间即有区别又有联系，充分强调其个性化，住宅层数控制在 5 ~ 7 层，整个小区住宅采用南北向布置，小区内的空间布置采用外围内敞的布局手法，强调其空间的序列。

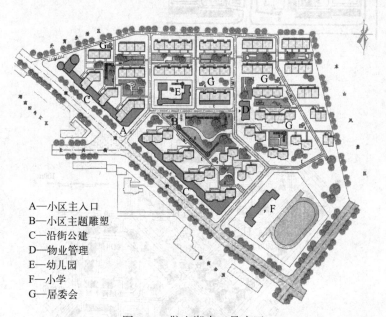

A—小区主入口
B—小区主题雕塑
C—沿街公建
D—物业管理
E—幼儿园
F—小学
G—居委会

图 5-23　鞍山湖南三号小区

图 5-24 是北京黄村富强西里小区平面，该小区位于北京市郊大兴县黄村新城中心地区。占地 12.1 公顷，可住 2 000 户，7 000 多人。小区基本上由一种组团形式反复布置组成。2 个组团组成 1 个居委会。

图 5-25 是天津川府新村，建成于 1989 年，是国家第一批实验住宅居住小区之一。川府新村由 4 个住宅组团和 1 个小区公共中心构成。由于 4 个住宅组团选用了不同平面的住宅单体，形成了迥异的建筑空间，因而达到了增加各组团的识别性的要求。新村总用地 12.83 公顷，住宅总建筑面积 15 万平方米，居住人口 8 398 人。

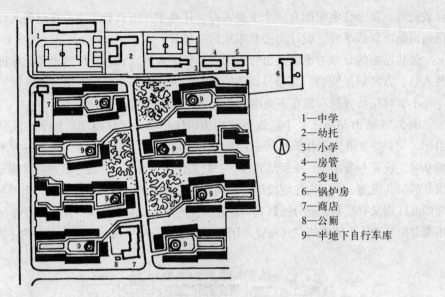

1—中学
2—幼托
3—小学
4—房管
5—变电
6—锅炉房
7—商店
8—公厕
9—半地下自行车库

图 5-24 北京黄村富强西里小区

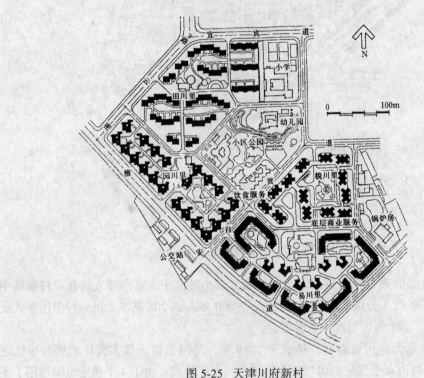

图 5-25 天津川府新村

　　成组成团的组合方式功能分区明确，组团用地有明确范围，组团之间可用绿地、道路、公共建筑或自然地形进行分隔（见图 5-26）。这种组合方式也有利于分散建设，即使在一次建设量较小的情况下，也容易使建筑组团在短期内建成，并达到面貌比较统一的效果。

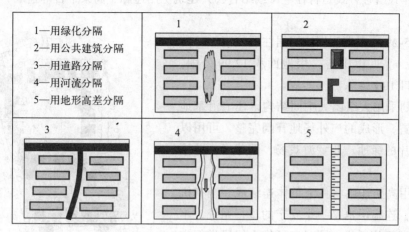

图 5-26　住宅组团的分隔方式

5.2.4.2　成街成坊的组合方式

　　成街的组合方式就是以住宅（或结合公共建筑）沿街成组成段的组合方式，而成坊的组合方式就是住宅（或结合公共建筑）以街坊作为整体的一种布置方式（见图 5-27、图 5-28）。成街的组合方式一般用于城市和居住区主要道路的沿线和带形地段的规划。成坊的组合方式一般用于规模不太大的街坊（小于小区、大于组团规模）或保留房屋较多的旧居住地段的改建。成街组合是成坊组合中的一部分，两者相辅相成，密切结合。特别在旧居住区改建时，不应只考虑沿街的建筑布置，而不考虑整个街坊的规划设计。

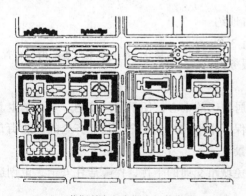

a) 莫斯科车尔宾斯克区某街坊

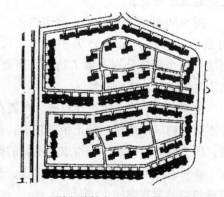

b) 天津经济技术开发区4号路街坊

图 5-27　住宅成街成坊布置

5.2.4.3 整体式组合方式

整体式组合方式是将住宅（或结合公共建筑）用连廊、高架平台等连成一体的布置方式。

图 5-29 广东省深圳滨河居住区位于红岭南路以西，靠近市中心。用地面积 12.99 公顷，居住人口 10 724 人。

规划采用大组团大空间结构，住宅沿基地周边布置，形成的户外场地开阔完整，可用以布置成片的绿地、儿童游戏场、网球场、游泳池等。

利用高架连廊将住宅单体连结成一个有机的整体，连廊层也是一个安宁的步行系统，不受地面车辆的干扰，同时又可作为居民进行交往的通道和休息场所。在部分的连廊层下面还布置了公共设施及自行车停车场，增添了公共使用面积，给居民生活带来方便。在连廊上配置了绿化，与住宅的屋顶、阳台上的花木构成了立体绿化空间，更显示了住宅环境的优美。

住宅群体成组成团和成街成坊的组合方式并不是绝对的，往往这两种方式相互结合使用；在考虑成组成团的组合方式时，也要考虑成街的要求，而在考虑成街成坊的组合方式时，也要注意成组的要求。

图 5-30 仙霞新村位于上海市西郊，占地约 20 公顷，总建筑面积 35 万平方米。设有 3 个街坊，每个街坊分别布置了幼托及商业服务网点，生活方便，环境安静。

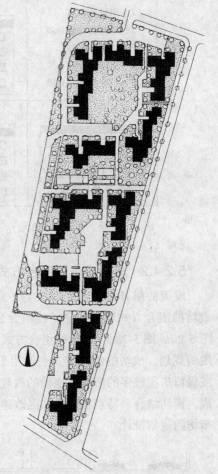

图 5-28　日本上水本町小区街坊布置

中学，小学等文化医疗设施，布置在居住区的中心，便于居民使用。中小学生上学不必穿越城市道路，行走距离较短，确保了学生的行走安全。行业齐全的商业街布置，既方便居民使用，又构成了良好的街景。

新村设计采用不规则的道路选线，避免城市交通的干扰，保障居住安全，也创造了建筑群的丰富空间。

住宅建筑选用高层与多层结合，多层以 6 层为主，布置住宅组团，每个组团均有一集中绿地，供居民户外生活使用，高层住宅集中布置，4 幢 22 ~ 24 层的塔式住宅与 3 幢 12 ~ 16 层的曲线形板式住宅，以及大片的绿地组成一个有机的高层建筑群。

在绿地中布置了低层的幼托建筑、儿童游戏场和成人休息庭园。高层建筑的集中布置，可充分利用其建筑间距与绿化组合，节约了居住用地，又创造了一个有高低错落自然活泼的空间，一个富有情趣的居住环境。

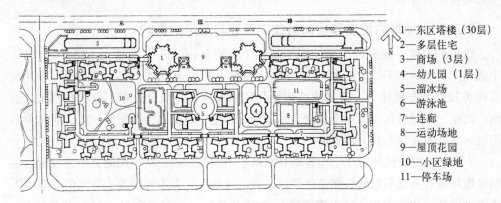

1—东区塔楼（30层）
2—多层住宅
3—商场（3层）
4—幼儿园（1层）
5—溜冰场
6—游泳池
7—连廊
8—运动场地
9—屋顶花园
10—小区绿地
11—停车场

图 5-29　深圳滨河居住区住宅整体式布置

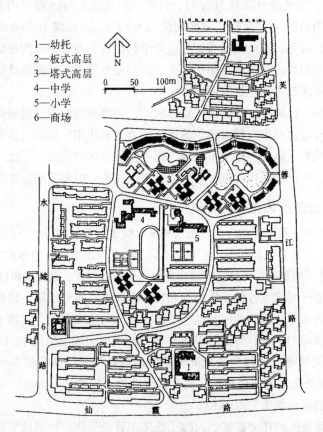

1—幼托
2—板式高层
3—塔式高层
4—中学
5—小学
6—商场

图 5-30　上海仙霞新村居住区

5.2.5 山地、丘陵地区住宅规划布置的要点

我国地域辽阔，山地、丘陵占有相当大比重。在这类地区布置住宅建筑时，必须考虑其特殊的要求。

5.2.5.1 地形的坡度和坡向对住宅间距与通风的影响

地形的坡度一般分为五类，即平坡地（坡度3%以下）、缓坡地（3%～10%）、中坡地（10%～25%）、陡坡地（25%～50%）和急坡地（50%～100%）。其中，前两类较宜于布置建筑。地形的坡向变化比较复杂，一般分为东、南、西、北、东南、西南、东北和西北等8个坡向，其中南、东南、西南向为全阳坡，东、西向为半阳坡，北、西北和东北为背阳坡。

不同的坡度和坡向对住宅建筑的日照产生不同的影响。从不同的坡向来分析，很明显地可以看到全阳坡的日照条件最好，背阳坡最差；而不同坡度上建筑的日照间距将随坡向的变化而变化（减少或增加）。如重庆地区，当坡度为10%时，正南向的日照间距为1∶1，当坡度升高到50%时，日照间距只需1∶0.5就够用了。反之，在北向背阳坡上，当坡度为25%时，日照间距为1∶2.3，而坡度为50%时的日照间距达到1∶5.5。由此可见，在向阳坡布置建筑可节约用地，而背阳坡用地则很不经济。但必须注意，当向阳坡的日照间距小于防火、防震或室外工程所需的建筑间距时，应按防火、防震等要求确定其建筑间距。

山地建筑的自然通风，除受大气候影响外，还受到因地形、温差而产生的局部小气候的影响，有时这种小气候对建筑的通风起着主要作用，如山谷地带的山谷风，靠近水面的水陆风等，绿化林带也可导致气候在局部地区的改变。因此，在山地、丘陵地区布置住宅，不仅要利用气流，还应注意组织气流，但冬季须注意防风。

5.2.5.2 建筑群体组合的特点

山地丘陵地区建筑群体的组合在很大程度上受地形条件的影响。山地的建筑用地常呈不规则形状，且有时还高低不一、大小不等。因此，山地建筑的布置形式一般比较灵活和活泼，最常见的是各种随地形陡缓曲直而变化的行列式、点群式和自由式布置。

在山地采用行列式或各种变化的行列式，或自由式布置建筑，较容易适应地形的变化，能使绝大部分建筑的朝向与地形坡向一致。周边式或混合式都不适宜山地的布置。一般在坡度均匀平缓，等高线基本平行的迎风向阳坡上采用平列或交错行列式；随着坡度的增大或等高曲线的变化而分别采用斜行列式或曲折形等布置方式（见图5-31）；当地形变化无一定规律性，而对其改造的可能性又不大时，则多采用更为灵活的点式、自由式布置（见图5-32）。

在山地丘陵地区的住宅布置中，除了群体布置必须适应地形的变化外，还可通过建筑单体的某些局部处理以适应地形的变化，达到功能合理和节省投资。我国山区有

许多传统处理手法，例如：筑台、提高勒脚、错层、跌落、错跌、掉层、吊脚与架空、附岩、悬挑、分层入口等，为山地建筑的设计和修建提供了宝贵的经验。

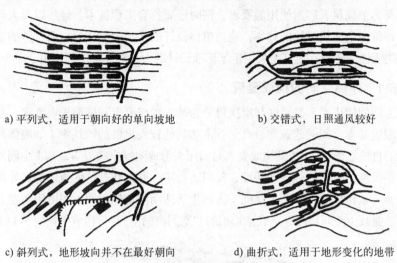

a) 平列式，适用于朝向好的单向坡地　　　b) 交错式，日照通风较好

c) 斜列式，地形坡向并不在最好朝向　　　d) 曲折式，适用于地形变化的地带

图 5-31　行列式布置的几种方式

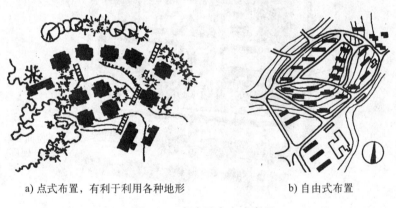

a) 点式布置，有利于利用各种地形　　　b) 自由式布置

图 5-32　点式及自由式布置

5.2.6　住宅群体的空间组合

无论是城市空间还是建筑及建筑群体空间均由三维的物质要素限定而成。生活活动中人们随时随地感知空间的存在，并且生活内容与空间的形式、尺度、比例、质感、色彩等物理性要素具有某种程度上的相关性。一个空间对某些特定的使用人群是有直接意义的，它是这些人群的个人生活和社会生活的一部分，意味着某种归属。空间具有层次性，它是由人心理上的安全感、归属感和私密性要求决定的。

居住区规划设计所考虑的空间问题，主要侧重于研究外部空间，研究如何通过外部空间的构筑营造一个适居的居住环境。

住宅群体的空间组合就是运用建筑空间构图的规律以及建筑空间构图的手段将住宅、公共建筑、绿化种植、道路和建筑小品等有机地组成完整统一的建筑群体。住宅群体的组合不只是为了满足人们对使用的要求，同时还要符合工程技术、经济以及人们对美观的需要。评价一个建筑群体的好坏，建筑单体设计的水平固然重要，而群体的空间组合往往起着决定性的作用；尤其是采用定型标准设计的大量性住宅的群体组合尤为重要。

5.2.6.1 外部空间的构成要素

外部空间的构成要素按尺度与层次可分为基本构成要素和辅助构成要素。基本构成要素是指限定基本空间的建筑物、高大乔木和其他较大尺度的构筑物（如墙体、柱或柱廊、高大的自然地形等）。辅助构成要素是指用来形成附属空间以丰富基本空间的尺度和层次的较小尺度的三维实体，如矮墙、院门、台阶、灌木和起伏的地形等。外部空间一般是由基本要素构成的外部基本空间（人们生活活动的主体空间）和由附属要素构成的附属空间（能减少空间尺度并造成亲切感的"空间内的空间"）构成（见图5-33）。

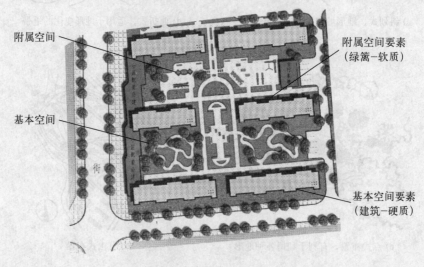

图 5-33 外部空间及其构成要素

按空间构成要素的材质可分成硬质和软质两类，由建筑物的墙面、围墙、过街豁口、铺地等要素围蔽的空间为硬质空间（多为基本空间），而由大树、行道树、树群、灌木丛、草地等围蔽的空间为软质空间（多为附属空间）。

5.2.6.2 空间领域的限定与划分

空间领域是指居民户外活动的空间范围，一般具有不同的领域使用性质。它是我们进行室外空间布局时的一个重要依据。居住区空间如不对其加以适当的限定与划分，空间的使用性质将会混乱，景观也将显得单调、沉闷、无韵味。空间限定的处理手法应是隔而不断，在大空间中限定小区域空间，利用建筑、道路、绿化、小品等将空间限定划分成不同大小、不同层次和不同性质的空间，使其空间形态丰富灵变、性质分明。

1. **空间的围合**　外部空间的形成一般具有三种基本的限定方式：围合、占领、占领间的联系（见图 5-34）。

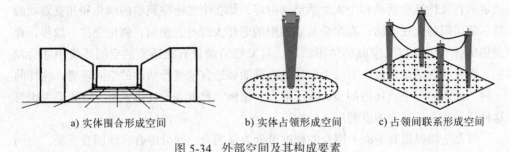

　　a) 实体围合形成空间　　　　　b) 实体占领形成空间　　　　c) 占领间联系形成空间

图 5-34　外部空间及其构成要素

在居住区的外部空间中，围合是采用最多的限定和形成外部空间的方式。围合的空间具有以下四个特点：

（1）围合的空间具有很强的地段感和私密性。

（2）围合的空间易于限定空间界限和提供监视。

（3）围合的空间可以减少破坏行为。

（4）围合的空间可以增进居民之间的交往和提供户外活动场所。

由此可以看到，围合空间所具有的特点均更适合居住生活的需求，它符合居住空间需要安全性、安定感、归属感和邻里交往的要求，易于提供亲切宜人的、可靠的生活空间，同时也为居住空间层次的形成创造了条件。

不同的外部空间依据其不同的生活内容和规划概念，可采用不同的空间限定方式来形成。一般情况下，在住宅院落空间的构筑上较多地运用围合的空间限定方式；在住宅群落空间和由点式或塔式住宅限定的住宅院落空间的构筑中，较多地运用实体占领间的空间扩张联系来进行空间限定；而实体占领的空间限定方式则较多地运用在少量高层住宅的空间限定、街区公共空间及住宅区整体空间的重点部分。常见的情况是，在一个住宅区的外部空间构筑中，上述三种空间限定方式往往根据具体的条件（如外部环境、住宅的层数、地形地貌等）以及规划的构思（如规划的结构等）综合加以运用。

2. **空间层次的划分与构筑**　居住区空间领域按使用性质一般分为私有空间、半私有空间、半公共空间和公共空间四个层次。

（1）私有空间是指住宅私有庭院、阳台或露台。

（2）半私有空间是指住宅单元入口周围的空间。

（3）半公共空间是指住宅组团内的公共绿地和住宅之间的空间。

（4）公共空间是指小区与居住区级的公共绿地和公共建筑活动场地。

住宅区居民的生活活动一般可分为个人性活动和社会性活动或必要性活动和自发性活动两类。而以上两种分类是相互重叠的，如上学，既是个人性活动又是必要性活动；如交往，既是社会性活动也是自发性活动，等等。

社会性活动和自发性活动是住宅区规划设计所期望达到的社区文明目标的重要内容。如果考察住宅区各个空间层次中的生活活动就可以发现，每一空间层次都有相对固定的自发性社会活动和个人生活活动内容，如在半私密空间中的幼儿和儿童游戏活动、邻居间的交往活动；在半公共空间中的老年人健身、消闲，邻里交往、散步，青少年的体育活动以及家庭的休闲活动。自发性活动只有在适宜的空间环境中才会发生，而社会性活动则需要有一个相应的人群能够适宜地进行活动的空间环境，这样的一种"适宜的"空间环境的塑造除了形式、比例、尺度等设计因素外，首先要考虑与这种活动相关的适宜的空间层次的构筑。

围合空间根据其平面上围合的程度可分为强围合、部分围合和弱围合三类。空间的围合程度和各层次空间的衔接点的处理是构筑有层次的空间的关键。往往围合程度越强的空间暗示着空间的私密性越强，而围合程度越弱的空间则具有越强的公共性。空间层次构筑实例见图 5-35。

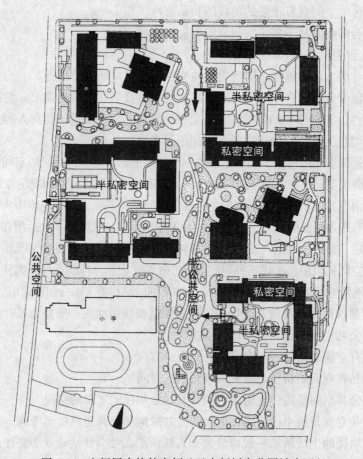

图 5-35　空间层次构筑实例（日本新川奇花园城小区）

各层次空间衔接点（或称空间节点）是否经过处理，在很大程度上影响着各空间层次是否真正存在及所能起到的实际作用。界定两个空间层次的空间节点必须经过一定的处理，不论是采用何种方式，如过渡、转折或对比，目的在于暗示某种空间的性质和空间的界限，使人有"进与出"的感觉变化，从而保证各空间层次的相对完整和独立性，满足各种活动对空间的领域感、归属感和安全感的要求，使人们在其中自然、舒适和安定地生活与活动（图 5-35 箭头所示空间层次的过渡与衔接）。

居住区外部空间按人们活动的空间范围一般又可分为住宅院落空间、住宅群落空间、住宅区公共街区空间和住宅区边缘空间四部分。其中，住宅院落空间、住宅群落空间和住宅区公共街区空间是规划设计着意塑造的、供居民活动使用的积极空间；而边缘空间则是一些在某些情况下不可避免地形成的消极空间。

积极的外部空间需要能给人以心理上的安定感，并让人易于了解和把握，从而使人在其中能安心地进行活动；积极的外部空间也需要具有良好的通达性，使人易于接近和到达。因此，相对完整的、较多出入口的（不论是建筑的出入口还是通路的出入口）空间是形成积极的外部空间的基本条件。

5.2.6.3　建筑群体的空间构图规律与手段

所谓建筑群体空间构图的基本规律就是利用对立统一法则，力求居住环境在功能、工程技术、经济和美观上的统一。群体的空间构图手段主要有以下几种。

1. **统一**　指格调与风格上的统一，使整个居住区的面貌富有特色。在居住区建筑群体中往往以公共建筑群（居住区中心、小区中心）为点，大量的住宅建筑为主体，包括小品、公共设施，其在色彩、比例与尺度等方面均应同使用环境、空间性质相协调，即在格调统一的基础上成为统一的整体。一个地方有它的地方习惯、地方材料及地方传统，在规划设计中，应注意保持城市原有的特色，结合居住区周围的人工与自然环境条件，创造出一个适居并具有特色的居住环境。

2. **均衡**　不论在建筑造型和规划布局上，均衡都是一种十分重要的建筑艺术。对称是最简单的均衡，如图 5-36 所示。不对称也能达到均衡，如高低相结合的一幢建筑也能达到均衡的目的，如图 5-37 所示。这种规则或不规则的均衡是建筑设计及规划设计在艺术上的根基。均衡能为外观带来力量和统一，均衡可以形成安宁、防止混乱和不稳。建筑群也往往通过绿化、建筑小品的设置作陪衬，来达到均衡（见图 5-38）。

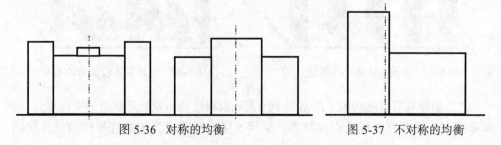

图 5-36　对称的均衡　　　　　　　　图 5-37　不对称的均衡

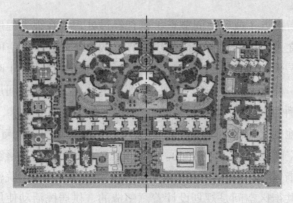

图 5-38 规划布局上的均衡

3. 对比 所谓对比就是指同一性质物质的悬殊差别。例如大与小、简单与复杂、高与低、长与短、横与竖、虚与实、色彩的冷与暖、明与暗等的对比。对比的手法是建筑群体空间构图的一个重要的和常用的手段，通过对比，可以达到突出主体建筑或使建筑群体空间富于变化，从而打破单调、沉闷和呆板的感觉。下面通过一些实例和设计方案来进一步说明对比手法在住宅群体空间构图中的应用（见图 5-39，图 5-40）。

图 5-39 高与低、长与短的对比
（北京世纪华侨城主题社区设计方案一）

图 5-40 虚与实、明与暗的对比

4. 韵律和节奏 同一形体有规律的重复和交替使用所产生的空间效果，有如节奏、韵律（见图 5-41，图 5-42）。

图 5-41 建筑形体简单的重复

图 5-42 建筑形体较复杂的重复

产生韵律和节奏的构图手法常用于沿街或沿河线状布置的建筑群的空间组合。例如常州市东风北路西侧沿街建筑群，采用 5 层 L 形住宅为主，有规律地重复使用，并与一层商店相结合，既保证了住宅良好的朝向，又丰富了沿街面貌（见图 5-43）。运用简单的重复手段，如果处理不当会造成单调、呆板和枯燥的感觉。例如，有些居住区出现一长串同一层数和同一类型住宅的山墙沿街布置，而又不加任何的局部处理。一般来说，简单重复的数量不宜太多，如南京市大桥南路沿街住宅建筑群采用点状和条状的互相交替布置（见图 5-44）。

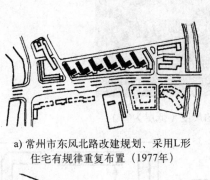

a) 常州市东风北路改建规划、采用L形
住宅有规律重复布置（1977年）

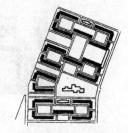

b) 北京市夕照寺小区采用住宅组有
规律地重复布置（1959年）

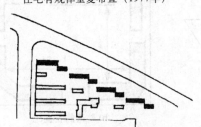

c) 上海市石化总厂居住区沿公路以
一长一短住宅交替布置（1975年）

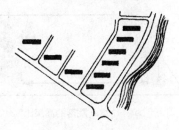

d) 上海市曹杨一村住宅组，住宅与
道路不平行布置（1951年）

图 5-43　韵律与节奏

5. 比例和尺度　在建筑构图范畴内，比例的含义是指建筑物的整体或局部在其长、宽、高的尺寸、体量间的关系以及建筑的整体与局部、局部与局部、整体与周围环境之间尺寸、体量的关系。而尺度是指建筑物的各部分绝对尺寸，尺度大小则与建筑物的性质、使用对象密切相关。一个建筑应有合适的比例和尺度（见图 5-45），同样一组建筑相互之

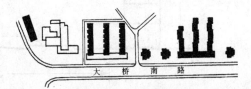

图 5-44　南京市大桥南路沿街住宅建
筑群（1977 年）

间也应有合适的比例和尺度的关系。在组织居住院落的空间时，就要考虑住宅高度与院落大小的比例关系和院落本身的长宽比例。一般认为建筑高度与院落进深的比例在 1∶2 或 1∶3 左右为宜，而院落的长宽比则不宜悬殊太大（见图 5-46），特别应避免住宅之间的空间成为既长又窄的"一线天"，使人感到压抑、沉闷。沿街的群体组合，也应注意街道宽度与两侧建筑高度的比例关系。比例不当会使人感到空旷或

造成狭窄的感觉。一般认为道路的宽度为两侧建筑物高度的 2.5 倍左右为宜（见图 5-47），这样的比例可以使人们在较好的视线角度内完整地观赏建筑群体。

图 5-45 幼儿园建筑的尺度（低层为宜）

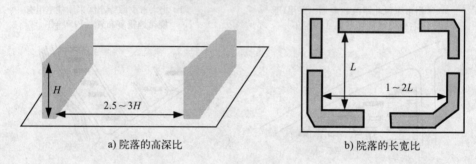

a) 院落的高深比   b) 院落的长宽比

图 5-46 住宅院落空间比例关系

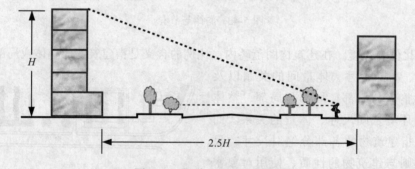

图 5-47 街道空间的比例关系

以上我们分别叙述了有关建筑群体空间构图的一些主要的和基本的手段及其在住宅群体空间组合中的应用。实际上，一个建筑群体空间的组合往往是综合运用各种空间构图手段的结果，其中还包括色彩、绿化、道路、地形以及建筑小品等空间构图的辅助手段的综合运用（见图 5-48）。

6. **色彩** 色彩是每个建筑物不可分割的特性之一，也是建筑构图的一个重要的辅助手段，对于建筑起着表现形体生动美观的作用。在大量性住宅建设中，当采用标准设计和逐步实现工业化生产的情况下，色彩的运用更具有十分重要的作用。因为同样类型的住宅可以具有不同的色彩，从而为住宅建筑群组合的多样化提供更为有利的条件。住宅群体的色彩要整体考虑，色调应力求统一协调；对建筑的局部如阳台、栏杆等的色彩可作重点处理，以达到统一中有变化。建筑物的色彩往往与建筑材料密切相关，因此如何充分利用建筑材料的固有色泽，使建筑的色彩（特别是外部色彩）保持持久稳定，同时减少经常性的维护费用，对于大量性住宅建筑十分重要。

图 5-48　河北邢台阳光国际小区鸟瞰图

注：小区采用以多层条式住宅为主，少量连体别墅和高层住宅的排列组合、单元错位，构筑成高低错落、变化有序的群体空间。住宅全部朝南，满足日照、采光、通风要求。

7. **绿化**　绿化是人们生活中不可缺少的内容，也是组织建筑群体的重要物质要素之一。绿化在建筑群体的空间组合中起着联系、分隔、衬托、补充和重点美化等作用（见图 5-49）。通过运用各种树木、花卉、草地的形态和色彩与建筑、道路等有机的结合，组成生动活泼的建筑群空间。

8. **道路**　道路的线型对建筑群体的空间组合也起着重要的作用。直线型道路如两侧建筑有规律地布置，往往给人以强烈的节奏感。而曲线型的道路则随着人们视点的不断变换沿街景色也随之不断变化（见图 5-50）。在道路和建筑的相互关系上，应处理好直线型道路的尽端和曲线形道路的转折处。

图 5-49　绿化与建筑完美结合

（"凭空捏造"，创意为"山"）

图 5-50　长春威尼斯花园住区

（设计方案）

9. 建筑小品　建筑小品是指附属性的小建筑，内容多，范围广，它是一种功能单一、体型小巧、造型别致、带着意境特色的建筑，是建筑群体空间组合中不可忽视的要素之一。在景观艺术处理中，建筑小品常被用来突出重点，强调主体，分隔空间，增加层次，延续空间，点缀环境。一般常用的有围墙、栏杆、花格、花架、室外座椅、垃圾箱等，而在地形起伏的地区则包括挡土墙、台阶等的细部处理。另外，在一些主要街道沿线，还常常运用小亭、花台、喷泉、水池、雕塑、路标、灯柱等建筑小品（见图 5-51）。建筑小品对于美化城市面貌有较大的作用，而且所花的投资也有限。

10. 地形地貌　在建筑群体景观的艺术处理中，应合理地把自然的地形地貌组织到集镇景观中，并与周围的自然环境融合为一个统一的整体。

我国幅员辽阔，各地的山河地貌，千变万化，丰富多彩，各具特色，规划时应认真分析现状地形地貌的特点，找出适合本地特点的艺术处理方法，创造独特的空间艺术景观。在水网地区，河流纵横，空间景观要反映水乡特色，尽量利用一些河湖、池塘，并注意水、桥、建筑、树等有机结合；在山区丘陵地区，要依山就势，利用山景的变化和建筑物的层层叠叠，构成高低错落的三度空间感很强的景观；在地势平坦的地区，则应尽量组织对景，利用宽窄不同的街道，广场大小和形状的变化，高低错落的建筑轮廓线等方法，以打破平坦地形可能引起的贫乏、空旷和单调感。

图 5-51　建筑小品在空间构图中的应用

综上所述，组织居住区景观艺术空间，首先要使各种要素本身和相互之间具有合适的比例尺度关系，建筑与建筑、建筑与道路、建筑与小品均应满足合适的比例尺度关系，使空间构图均匀适度；其次要使各要素之间有相互和谐、统一的关系，并在统一中寻求变化，运用它们的形体、色彩、线条，细部构件以及相互间的对比，求得和谐和统一；三要使新构成的建筑群体具有一定的韵律与节奏，相互呼应，层次分明，破除呆板、单调之感，赋以生动、亲切之情。

5.3　住宅群体的组合与日照、通风及噪声的防治

5.3.1　住宅群体争取日照和防止日晒的规划设计措施

1. **建筑采用不同的组合方式**（见图 5-52，图 5-53）

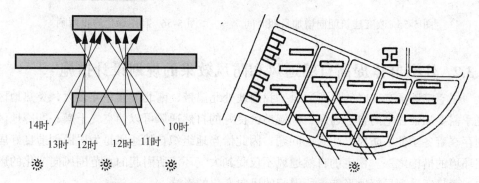

图 5-52　住宅错落布置，利用山墙间隙提高日照水平

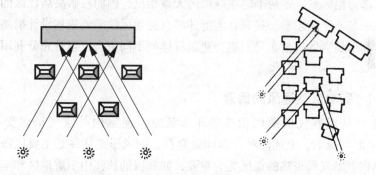

图 5-53　住宅点状布置增加日照效果，可适当缩小间距

2. **利用地形**（见图 5-54）

3. **改变建筑朝向**

将建筑方位偏东（或偏西）布置（见图 5-55），等于加大建筑间距，增加了住宅底层的日照时间，但阳光入室的照射面积比南向要小。

4. **利用绿化防止西晒**

建筑西侧种植高大乔木、灌木可起到遮阳作

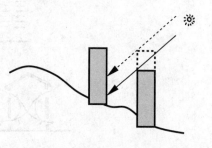

图 5-54　利用南向坡缩短日照间距

用，防止西晒（见图 5-56），但要注意树木与建筑、管线的空间距离应符合有关规定。

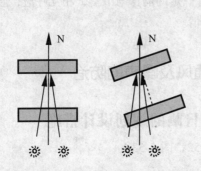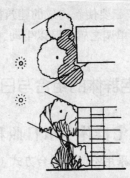

图 5-55　改变建筑朝向增加日照时间　　　　图 5-56　利用绿化防止西晒

5.3.2　住宅群体提高自然通风和防风效果的规划设计措施

　　住宅应该享有良好的自然通风，我国地处北温带，南北气候差异较大，炎热地区夏季需要加强住宅的自然通风；潮湿地区良好的自然通风可以使空气干燥；寒冷地区则存在着冬季住宅防风、防寒的问题，因此恰当地组织自然通风是为居民创造良好居住环境的措施之一。住宅的自然通风不仅受到大气环流所引起的大范围风向变化的影响，而且还受到局部地形特点所引起的风向变化的影响。

　　我国大部分地区夏、冬两季的主导风向大致相反，因而在解决居住区的通风、防风要求时，一般不至于矛盾。提高住宅群体的自然通风效果的规划设计措施主要是妥善安排城市和居住区的规划布局，进行建筑群体的不同组合，以及充分利用地形和绿化等条件。

5.3.2.1　影响自然通风的因素

　　自然通风是指空气借助风压或热压而流动，使室内外空气得以交换（见图 5-57）。在一般情况下，上述两种压差同时存在，而风压差往往是主要风源。住宅区的自然通风在夏季气候炎热的地区尤为重要，如我国的长江中下游地区和华南地区。

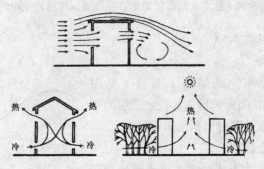

图 5-57　房屋室内、室外空气流动示意图

1. 与建筑自然通风效果有关的因素

（1）对于建筑本身而言，有建筑的高度、进深、长度、外形和迎风方位；

（2）对于建筑群体而言，有建筑的间距、排列组合方式和建筑群体的迎风方位；

（3）对于住宅区规划而言，有住宅区的合理选址以及住宅区道路、绿地、水面的合理布局。

2. 住宅群体布置方式与自然通风的关系

（1）行列式布置。调整住宅朝向引导气流进入住宅群内，使气流从斜方向进入建筑群体内部，从而可减小阻力，改善通风效果。

（2）周边式布置。在群体内部和背风区以及转角处会出现气流停滞区，旋涡范围较大，但在严寒地区则可阻止冷风的侵袭。

（3）点群式布置。由于单体挡风面较小，比较有利于通风。但当建筑密度较高时也会影响群体内部的通风效果。

（4）混合式布置。自然气流较难到达中心部位，要采取增加或扩大缺口的办法，适当加进一些点式单元或塔式单元，不仅可提高用地的利用率，而且能够改善建筑群体的通风效果。

5.3.2.2　规划设计措施

1. 规划布局　居住区的位置应选择良好的地形和环境。要避免因地形等条件造成的空气滞留或风速过大。在居住区内部，可通过道路、绿地、河湖水面等空间，将风引入，并使其与夏季的主导风向相一致（见图 5-58、图 5-59）。

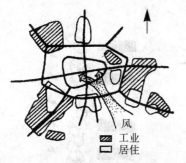

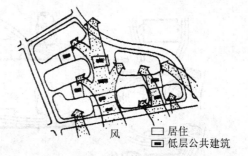

图 5-58　某城市在总体布局时于东南
向有意识地留有一片菜田，
形成风道，将风引入城市

图 5-59　居住区划分成若干建筑组团，
其间布置绿化和低层的公共
建筑，以利于将风引入纵深

2. 建筑组合　采用图 5-60 ～图 5-63 的组合形式，可以提高通风的效果。

3. 利用绿化　成片成丛的绿化布置可以阻挡或引导气流，改变建筑组团气流流动的状况。如图 5-64 为建筑邻近利用绿化导风，改变气流的流向的实例。成片的绿树地带，与附近的建筑地段之间，因两者升降温速度不一，可出现近 1 米 / 秒的局地风或林源风（见图 5-65）。此外成片的绿化可以调节风速范围，或利用林带来阻挡强风的吹袭等（见图 5-66）。

4.利用地形 因地形产生的局部风候可改善建筑群的通风效果（见图 5-67，图 5-68）。

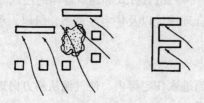

图 5-60 住宅建筑长短结合布置，院落
开口迎向主导风向，如有防寒
要求则在迎风面上少设开口

图 5-61 住宅错列布置增大迎
风面利用山墙间距，
将气流导入住宅群内

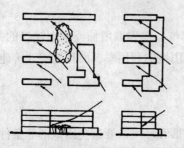

图 5-62 高低层建筑间隔布置，将较
低的建筑布置在迎风面上

图 5-63 建筑疏密相间布置，密处风速
加大，可改善东西向的通风

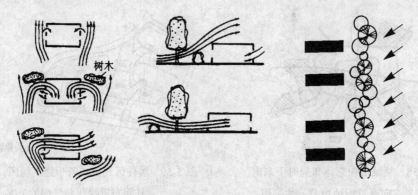

图 5-64 利用绿化起导风和防风作用

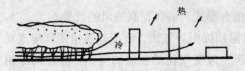

图 5-65 林源风示意图

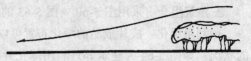

图 5-66 绿带防风作用可影响到树木高度的
10～20 倍，最高可达 40 倍的范围

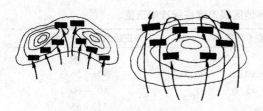
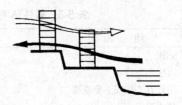

图 5-67 利用局部风候改善通风   图 5-68 利用水面和陆地温差加强通风

5.3.3 住宅群体噪声防治的规划设计措施

噪声对人的危害是多方面的，它不仅干扰人的生活、工作和休息，而且还会损害听觉和引起神经系统和心血管方面的许多疾病，因此，噪声防治已被提到环境保护的范畴来加以研究。

住宅区的噪声源主要来自三个方面：交通噪声、人群活动噪声和工业生产噪声。防治噪声最根本的办法是控制声源，如在工业生产中改进设备，降低噪声强度；在城市交通方面，主要是改进交通工具。但要完全从声源上来控制噪声，目前在技术上和经济上还存在一定的困难，因此仍需采取一些消极的防护措施来防止噪声的干扰。如采用消声、隔声装置或护耳设备，限制机动车辆行驶范围，禁止鸣号等。住宅区噪声的防治可以从住宅区的选址、区内外道路与交通的合理组织、区内噪声源相对集中以及通过绿化和建筑的合理布置等方面来进行。

为了控制噪声，需要制定不同地区和不同工作性质、不同生活内容所需要的噪声允许标准。国际标准组织（ISO）制定的居住环境室外噪声容许标准规定为 35 ~ 45 分贝（A）。在不同时间和不同地区对该标准的修正值见表 5-6 ~ 表 5-9。

表 5-6 不同声响的声压分贝级别

声压级（分贝）	声源（一般距测点 1 ~ 1.5 米）
10 ~ 20	静夜
20 ~ 30	轻声耳语
40 ~ 60	普通谈话声，较安静的街道
80	城市道路，公共汽车内，收音机
90	重型汽车，泵房，很吵的街道
100 ~ 110	织布机等
130 ~ 140	喷气飞机，大炮

表 5-7 居住环境在不同时间噪声容许标准修正值

时　　间	修正值（分贝）
白天	0
晚上	−5
深夜	−10 ~ −16

表 5-8　居住环境在不同地区噪声容许标准修正值

地　　区	修正值（分贝）	修正后的标准值（分贝）
郊区	＋5	40 ～ 50
市区	＋10	45 ～ 55
附近有工厂或主要道路	＋15	50 ～ 60
邻近市中心	＋20	55 ～ 65
附近有工业区	＋25	65 ～ 70

表 5-9　我国居住区环境容许噪声标准

时　　间	A 声级（分贝）
白天（上午 7：00 ～ 晚上 9：00）	46 ～ 50
夜晚（晚上 9：00 ～ 凌晨 7：00）	41 ～ 45

5.3.3.1　合理布局

通过城市和居住区总体的合理布局、建筑群体的不同组合，合理组织居住区内外交通，防止噪声（见图 5-69 ～ 图 5-74）。

工业与居住分区布置
隔离绿带

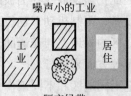
噪声小的工业
隔离绿带

居住区内工业
相对集中布置

图 5-69　工业与居住区用地布局关系

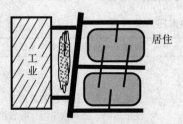
明确各级道路分工，交通干道在
居住区旁通过，减少过境车辆穿越
居住区和住宅组团的机会

图 5-70　合理组织交通

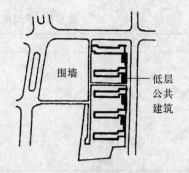

图 5-71　住宅组两侧以围墙、公共建筑
封闭，避免人流穿越干扰

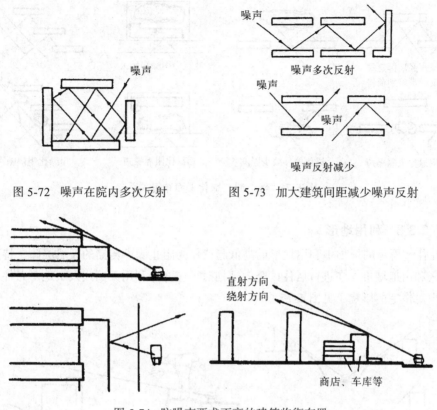

图 5-72 噪声在院内多次反射　　　　　图 5-73 加大建筑间距减少噪声反射

图 5-74 防噪声要求不高的建筑临街布置

5.3.3.2 利用绿化

绿化具有良好的反射和吸收声音的作用。据测定：绿篱能反射 75% 的噪声；枝叶蓬松的树木，树叶面积与密度越大，吸声越好，如在夏季可吸声 7～9 分贝，在秋季落叶后还能平均降低噪声 3～4 分贝；当树木成群布置时，在 200～3 000 赫兹范围内的声音经过 30 米浓厚的乔木及灌木丛后，可减低 7 分贝。因此在居住区或道路上充分利用绿化材料来阻隔噪声，可以收到良好的功效（见图 5-75 和图 5-76）。

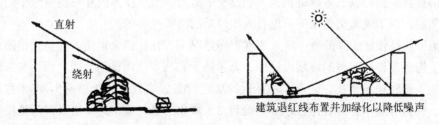

图 5-75 噪声源与绿化竖向布置关系

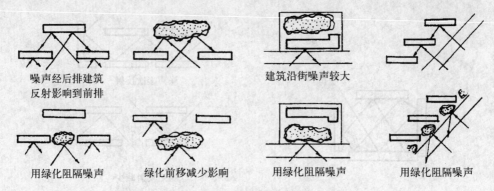

噪声经后排建筑
反射影响到前排

建筑沿街噪声较大

用绿化阻隔噪声　　绿化前移减少影响　　用绿化阻隔噪声　　用绿化阻隔噪声

图 5-76　噪声源与绿化平面布置关系

5.3.3.3　利用地形

在住宅群体的规划中利用地形的高低起伏作为阻止噪声传播的天然屏障，特别在工矿区和山地城市，在进行居住区竖向规划时，应充分利用天然或人工地形条件，隔绝噪声对住宅的影响（见图 5-77）。

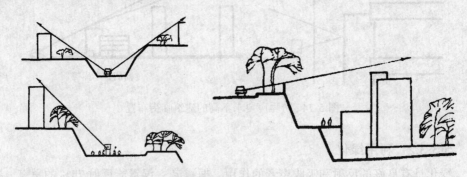

图 5-77　利用地形降低噪声

5.3.3.4　利用人工障壁

一般采用吸声或隔声效果较好的材料来做隔声障壁，如在上海蕃瓜弄住宅街坊中，沿铁路一边距铁轨 6 米处砌筑一道 2.5 米高的围墙。在国内外一些城市中的高架道路两侧，为了隔离交通噪声，也有采用轻质的防噪声墙的。

为了获得较好的降低噪声效果，在很多情况下，往往综合运用多种防治措施。例如在上海蕃瓜弄住宅群的规划设计中，为了防止和减少北面铁路干线、南面和东面城市交通干道噪声的干扰，采取了一系列的规划措施：在北面距铁路留出 45 米宽的绿化带，密植乔灌木，并在距铁轨 6 米处设 2.5 米高围墙一道，这样使最靠近铁路的住宅噪声由 90 ~ 100 分贝降为 65 分贝左右。东面沿共和新路旱桥和南面新民路各设一条 18 ~ 20 米和 17 米宽的隔离绿带。又如北京西罗园 11 区西临铁路干线，干扰较大。规划中设置了 3 道隔声防线：第一道是铁路线旁设 4～5 米高的隔声墙；第二道是在 30 米宽的铁路隔离带内密植不同高度和不同品种的乔木、灌木；第三道是布置了 3 幢与铁路线平行的 14 层外廊式住宅。住宅朝向铁路一面是封闭的走廊，主要卧室在另一侧，朝向内院，受铁路噪声干扰较小。

在常州市红梅西村居住小区的规划设计中，为降低小区南侧铁路噪声的干扰，也采取了四道防噪声屏障：第一道为铁路北侧的隔声墙；第二道为绿化隔声带；第三道是 300 多米长的隔声建筑，高度大于 12 米；第四道为封闭式阳台和小学辅助用房（见图 5-78）。

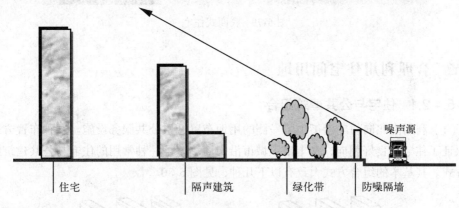

图 5-78　住宅防噪规划措施

5.4　住宅群体的组合与节约用地

除了通过建筑单体设计外，还可以通过居住区建筑群体的规划布置来提高节约用地的效果，但应防止在房地产开发过程中不顾使用要求而片面追求节约用地。下面介绍通过建筑群体组合来实现节约用地的几种规划措施。

5.4.1　住宅底层布置公共服务设施

公共服务设施布置在住宅底层可减少居住区公共建筑的用地。宜于布置在住宅底层的公共服务设施主要是一些对住户干扰不大且本身对用房和用地无特殊要求的公共服务设施，如小百货商店、居委会等。在一些用地特别紧张的城市或地段，有时也在住宅底层布置一些需要室外用地或比较吵闹的公共服务设施，如幼儿园、菜市场等（见图 5-79）。

图 5-79　底商式住宅

5.4.2　合理利用住宅间用地

5.4.2.1　住宅与公共建筑组合

（1）利用南北向住宅沿街山墙一侧的用地布置低层公共服务设施。这种布置方式既保证了住宅的良好朝向，又丰富了城市沿街面貌，是一种常用的住宅与公共建筑组合方式。其基本的组合方式大致有以下几种，见图 5-80。

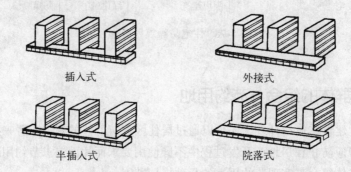

图 5-80　住宅与公共建筑组合方式

（2）在住宅间距内插建低层公共建筑（见图 5-81）。

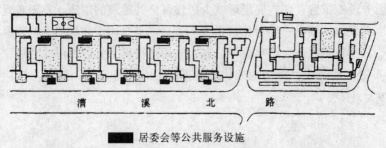

图 5-81　上海漕溪北路高层住宅群（住宅间配建公共服务设施）

（3）住宅采用异型平面设计（见图 5-82）。这些形式由于对结构、施工、抗震等带来不利因素，因此一般不宜大量采用，但这些类型的住宅对于节约用地的效果较为显著。

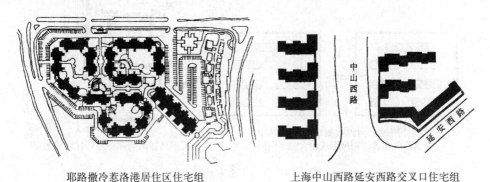

耶路撒冷惹洛港居住区住宅组　　　　　上海中山西路延安西路交叉口住宅组

图 5-82　住宅采用异型平面设计

5.4.2.2　空间的借用

如住宅北临或西临道路、绿地、河流等空间，可以适当提高层数，以达到在不增加用地和在不影响使用的情况下，提高建筑面积密度，但应注意与群体的统一协调（见图 5-83）。

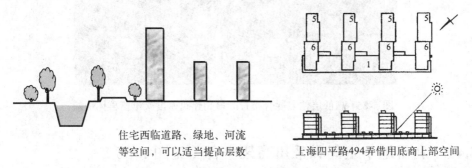

住宅西临道路、绿地、河流　　　　上海四平路494弄借用底商上部空间
等空间，可以适当提高层数

图 5-83　建筑的空间借用

5.4.2.3　少量住宅东西向布置

少量住宅东西向布置有利于组织院落，布置室外活动场地和小块绿地。东西向布置的住宅类型应与南北向住宅有所区别。在南方地区应考虑防止西晒，一般以外廊式为宜（见图 5-84）。

5.4.2.4　高低层住宅混合布置

高层住宅与多层住宅混合布置，不仅是提高建筑面积密度的途径之一，而且对于丰富群体面貌有显著的效果（见图 5-85）。

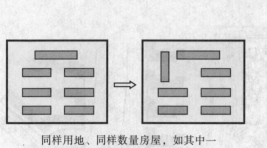 

同样用地、同样数量房屋，如其中一
幢东西向布置，则可形成较大院落空间

美国洛杉矶贝尔德温居住区住宅组

图 5-84 少量住宅东西向布置

图 5-85 高低层住宅混合布置既提高建筑密度又丰富群体面貌

5.4.3 利用地下空间和采用高架平台（见图 5-86）

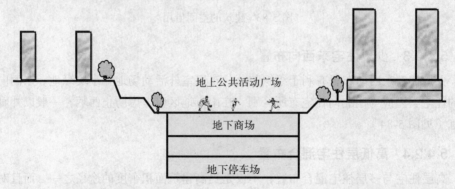

图 5-86 利用地下空间和高架平台（设地下停车场，顶层平台布置花园、活动场地等）

拓展学习推荐书目

[1] 李德华 . 城市规划原理 [M]. 3 版 . 北京：中国建筑工业出版社，2001.

[2] 白德懋 . 居住区规划与环境设计 [M]. 北京：中国建筑工业出版社，1993.

[3] 小泉信一 . 集合住宅小区 [M]. 王宝刚，等译 . 北京：中国建筑工业出版社，2001.

[4] 中国城市规划学会 . 住区规划 [M]. 北京：中国建筑工业出版社，2003.

[5] G. 卡伦 . 城市景观艺术 [M]. 天津：天津大学出版社，1992.

[6] 居住区详细规划课题研究组 . 居住区规划设计 [M]. 北京：中国建筑工业出版社，1985.

复习思考题

1. 居住区规划时，对住宅类型的选择应考虑哪些因素？

2. 居住区住宅群体组合布置有哪些技术要求？

3. 住宅群平面组合有几种基本形式？其各自的特点有哪些？

4. 住宅群体组合方式有几种？组团之间可采用哪些方法进行分隔？

5. 举例说明建筑群体空间构图手法的应用。

6. 居住区规划可以利用哪些规划设计手法节约用地？

第 6 章

居住区公共服务设施规划

学习目标

本章主要介绍了居住区公共服务设施的分类与内容，居住区公共服务设施的规划布置要求与方法。通过本章的学习，要求读者掌握居住区公共服务设施规划布置的原则与方法，了解城市商业区与中心的规划。

居住区公共服务设施（也称配套公建，或简称公建）是居住区中一个重要组成部分，与居民的生活密切相关。它主要是为了满足居民基本的物质和精神生活方面的需要，并主要为本区居民服务，因此居住区公共服务设施是城市公共服务设施系统的社会基础设施，应与住宅建筑配套建设。公共服务设施项目设置和布置方式不仅综合反映了居民对物质生活的客观需求和精神生活的追求，并直接影响到居民的生活方便与否，也体现了社会对人的关怀程度，是城市生活的缩影与写照。同时，公共服务设施的建设量和占地面积仅次于住宅建筑，而其形体色彩又富于变化，有利于组织建筑空间，丰富居住区建筑群体面貌。因此，在居住区规划设计中应予以足够重视。

6.1 居住区公共服务设施的分类和定额指标

我国自 20 世纪 90 年代以来，国民经济保持了较高速度的稳定发展，人民生活水平有了普遍的提高，城市居民的消费观念也逐渐由温饱型向品味型转变。人们在日常消费活动中的价值取向日趋多元化和高质化，家务劳动的日益社会化，人口的老龄化和每周 5 天工作制的推行，使居民闲暇时间增多，健身、文化娱乐和旅游越来越成为生活中不可缺少的部分，城市居民消费结构出现的根本变化，将对居住区乃至整个城市公共服务设施的规划与配套建设带来巨大的影响。

居住区公共服务设施构成分别可按功能性质、使用频率（配建层次）和营利性进行分类，以利于功能组合、规划布局及分级配建。公共服务设施用地一般由各类公共建筑及其专用的道路场地、绿化及小品等内容构成，其公共建筑设施是构成的主体。公共服务设施不仅与居民的生活密切相关，并体现居住的面貌和社区精神，在经济效益方面也起着重要的作用。

6.1.1　居住区公共服务设施的分类

6.1.1.1　按公共服务设施的使用性质分类与内容

居住区公共服务设施按使用性质分为：教育、医疗卫生、商业服务、文化体育、金融邮电、社区服务、市政公用和行政管理及其他共八类。包含的具体内容见表 6-1。

表 6-1　公共服务设施分级配建表

类　别	项　目	居 住 区	小　区	组　团
教　育	托儿所	—	▲	△
	幼儿园	—	▲	—
	小学	—	▲	—
	中学	▲	—	—
医疗卫生	医院（200～300 床）	▲	—	—
	门诊所	▲	—	—
	卫生站	—	▲	—
	护理院	△	—	—
文化体育	文化活动中心（含青少年、老年活动中心）	▲	—	—
	文化活动站（含青少年、老年活动站）	—	▲	—
	居民运动场、馆	△	—	—
	居民健身设施（含老年户外活动场地）	—	▲	△
商业服务	综合食品店	▲	▲	—
	综合百货店	▲	▲	—
	餐饮	▲	▲	—
	中西药店	▲	△	—
	书店	▲	△	—
	市场	▲	△	—
	便民店	—	—	▲
	其他第三产业设施	▲	▲	—
金融邮电	银行	△	—	—
	储蓄所	—	▲	—
	电信支局	△	—	—
	邮电所	—	▲	—
社区服务	社区服务中心（含老年人服务中心）	—	▲	—
	养老院	△	—	—
	托老所	—	—	△
	残疾人托养所	△	—	—
	治安联防站	—	—	▲
	居（里）委会（社区用房）	—	—	▲
	物业管理	—	▲	—

（续）

类　别	项　目	居 住 区	小　区	组　团
市政公用	供热站或热交换站	△	△	△
	变电室	—	▲	△
	开闭所	▲	—	—
	路灯配电室	—	▲	—
	燃气调压站	△	△	—
	高压水泵房	—	—	△
	公共厕所	▲	▲	△
	垃圾转运站	△	△	—
	垃圾收集点	—	—	▲
	居民存车处	—	—	▲
	居民停车场、库	△	△	△
	公交始末站	△	△	—
	消防站	△	—	—
	燃料供应站	△	△	—
行政管理及其他	街道办事处	▲	—	—
	市政管理机构（所）	▲	—	—
	派出所	▲	—	—
	其他管理用房	▲	△	—
	防空地下室	△①	△①	△①

注：▲为应配建的项目；△为设置的项目。
①在国家规定的一、二类人防重点城市，应按人防有关规定配建防空地下室。

6.1.1.2　按居民对公共服务设施的使用频繁程度分类

1. 居民经常使用的公共服务设施（属于居住小区和居住组团级）　指少年儿童教育设施和满足居民小商品日常性购买的小商店，如副食、菜店、早点铺等，要求近便，宜分散设置。

2. 居民必要的非经常使用的公共服务设施（属居住区级）　满足居民周期性、间歇性的生活必需品和耐用商品的消费，以及居民对一般生活所需的修理、服务的需求，如百货商店、书店、日杂、理发、照相、修配等，要求项目齐全，有选择性，宜集中设置，以方便居民选购，并提供综合服务。

6.1.1.3　按营利与非营利性分类

在当前社会主义市场经济的机制下，居住区公共服务设施又可分为营利性和非营利性（公益性）两大类。

由于居民生活水平的逐步提高，社会的进步，居民的生活方式也有了很大的变化，大型超市及其连锁店的出现对人们的购物方式有所改变；住宅的私有化使居民更加关心自己的家园。物业管理、会所等新的居住区公共服务设施应运而生；私人小汽车进入家庭等新生活方式的出现，都说明居住区公共服务设施的内容与项目的设置不是固定不变的，它取决于居民的消费水平和消费结构、各地的生活习惯、居住区周围的公共服务设施的完善程度以及人们社会生活组织的变化等因素。

6.1.2　居住区公共服务设施指标的制定和计算方法

在城市规划的一系列控制性定额指标中，居住区配套公建定额指标是其中的一项重要内容，一般由国家统一制定，有条件的省、市可根据国家的标准制定适合本省、市的定额指标，作为进行居住区规划设计和审批的依据。合理地确定居住区公共服务设施指标不仅有关居民的生活，而且涉及投资和城市土地的合理使用。影响居住区公共服务设施指标的因素较多，如当前国家的经济水平和居民的经济收入，建造地段原有公共服务设施的可利用程度，或附近农村的实际需要，人口结构以及公共服务设施本身的合理规模效益等。例如，确定幼托机构的指标时，不仅要考虑适龄儿童的比例，还要预计到今后的出生率、入托和入幼率的幅度等。又如一些商业服务设施的行业已由计划经济转向市场经济机制，其指标的确定应更具灵活性。

居住区公共服务设施的配建，主要反映在配建项目和面积指标两个方面，而面积指标又包括了建筑面积和用地面积。居住区公共服务设施面积定额指标计算方法有"千人指标""千户指标"和"民用建筑综合指标"等。我国沿用的以"千人指标"为主。"千人指标"（见表 6-2），是指每千居民拥有的各项公共服务设施的建筑面积和用地面积，即以每千居民为单位根据公共建筑的不同性质而采用不同的计算单位来计算建筑面积和用地面积。例如幼托所、中小学、饭店、食堂等以每千人多少座位来计算，而门诊所按每千人每日就诊人次为定额单位，商业则按每千人售货员岗位为计算单位计算，然后折合成每千人建筑面积和用地面积。各类公共服务设施的各项目服务内容、设置规定、规模指标参见《城市居住区规划设计规范》（最新版）附表——"公共服务设施各项目的设置规定"。公共服务设施定额指标的应用，要从实际需要出发，应根据居住区类型的不同而有所区别，如附近原有设施可利用时，指标可取下限；如远离城市，且要兼为附近农村服务时，指标可取上限。规划设计时可根据居住区、小区、组团不同的居住人口估算出需配建的公共服务设施总面积，也可对大于组团或小区的居住人口规模所需的配套设施面积进行插入法计算。

表6-2　公共服务设施控制指标

(单位：平方米/千人)

类别 / 居住规模		居住区		小区		组团	
		建筑面积	用地面积	建筑面积	用地面积	建筑面积	用地面积
总指标		1669~3293 (2228~4213)	2171~5559 (2762~6329)	968~2397 (1338~2977)	1091~3835 (1491~4585)	362~856 (703~1356)	488~1058 (868~1578)
其中	教育	600~1200	1000~2400	330~1200	700~2400	160~400	300~500
	医疗卫生 (含医院)	79~198 (178~398)	138~378 (298~548)	38~98	78~228	6~20	12~40
	文体	125~245	225~645	45~75	65~105	18~24	40~60
	商业服务	700~910	600~940	450~570	100~600	150~370	100~400
	社区服务	59~464	76~668	59~292	76~328	19~32	16~28
	金融邮电 (含银行、邮电局)	20~30 (60~80)	25~50	16~22	22~34	—	—
	市政公用 (含居民存车处)	40~150 (460~820)	70~360 (500~960)	30~140 (400~720)	50~140 (450~760)	9~10 (350~510)	20~30 (400~550)
	行政管理及其他	46~96	37~72	—	—	—	—

注：1. 居住区级指标含小区和组团级指标，小区级指标含组团级指标。

2. 公共服务设施总用地的控制指标应符合居住区用地平衡控制指标的规定。

3. 总指标未含其他类，使用时应根据规划设计要求确定本表面积指标。

4. 小区医疗卫生类未含门诊所。

5. 市政公用类未含锅炉房，在采暖地区应自选确定。

6.2　居住区公共服务设施的规划布置

6.2.1　居住区公共服务设施的规划原则

1. **居住区配套公建的配建水平**　必须与居住人口规模相对应。并应与住宅同步规划、同步建设和同时投入使用。

2. **居住区配套公建的项目**　应符合《城市居住区规划设计规范》规定。配建指标，应以规范规定的千人总指标和分类指标控制。

（1）在使用规范时可根据规划布局形式和规划用地四周的设施条件，对配建项目进行合理的归并、调整，但不应少于与其居住人口规模相对应的千人总指标。

（2）当规划用地内的居住人口规模介于组团和小区之间或小区和居住区之间时，除配建下一级应配建的项目外，还应根据所增人数及规划用地周围的设施条件，增配高一级的有关项目及增加有关指标。

（3）旧区改建和城市边缘的居住区，其配建项目和千人总指标可酌情增减，但应符合当地城市规划行政主管部门的有关规定。

（4）凡国家确定的一、二类人防重点城市均应按国家人防部门的有关规定配建防空地下室，并应遵循平战结合的原则，与城市地下空间规划相结合，统筹安排。将居住区使用部分的面积，按其使用性质纳入配套公建。

3. **居住区配套公建各项目的规划布局**　应符合下列四项规定：

（1）根据不同项目的使用性质和居住区的规划布局形式，应采用相对集中与适当分散相结合的方式合理布局。并利于发挥设施效益，方便经营管理、使用和减少干扰。

（2）商业服务与金融邮电、文体等有关项目宜集中布置，形成居住区各级公共活动中心。

（3）基层服务设施的设置应方便居民，满足服务半径的要求。

（4）配套公建的规划布局和设计应考虑发展需要。

4. **居住区内公共活动中心、集贸市场和人流较多的公共建筑**　必须相应配建公共停车场（库），并应符合下列三项规定：

（1）配建公共停车场（库）的停车位控制指标，应符合表 6-3 的规定。停车场属于静态交通，它的合理设置与道路网的规划具有同样意义。表 6-3 中配建停车位控制指标均为最小配建数值，有条件的地区宜多设一些，以适应居住区内车辆交通的发展需要。

（2）配建停车场（库）的设置位置要尽量靠近相关的主体建筑或设施，以方便使用及减少对道路上车辆交通的干扰。

（3）为了节约用地，在用地紧张地区或楼层较高的公共建筑地段，应尽可能地采用多层或地下停车库（见图 6-1）。

表6-3 配建公共停车场（库）停车位控制指标

名　　称	单　位	自 行 车	机 动 车
公共中心	车位/100m² 建筑面积	≥ 7.5	≥ 0.45
商业中心	车位/100m² 营业面积	≥ 7.5	≥ 0.45
集贸市场	车位/100m² 营业面积	≥ 7.5	≥ 0.30
饮食店	车位/100m² 营业面积	≥ 3.6	≥ 0.30
医院、门诊所	车位/100m² 建筑面积	≥ 1.5	≥ 0.30

注：1. 本表机动车停车车位以小型汽车为标准当量表示；
　　2. 其他各型车辆停车位的换算办法，应符合规范中的有关规定。

6.2.2 居住区公共服务设施的规划特征

随着物质与文化生活的提高，公共服务设施在满足生活需求的前提下应不断寻求文化品位的高层次，从整体环境出发，体现出系统化、综合化、步行化、景观化、社会化以及设备完善化规划的明显特征。

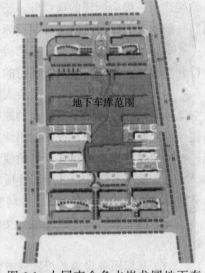

地下车库范围

图 6-1 大同市金色水岸龙园地下车库分布图

1. 系统化　居住区公共服务设施是城市公共服务系统的组成部分。城市居住用地按不同人口规模配建相应级别的公共服务设施，其规模、项目、经营等都有其系统的延续性，并受城市规划布局的制约和支撑。同时，居住区还具有相对的独立性，以其特有的居住功能满足居民物质与精神生活的多层次需求。

2. 综合化　紧张的生活节奏使人们对闲暇生活寄予更多的要求，丰富多彩、多种选择是消费时尚。因而公共服务设施将购物、饮食、娱乐、文化、健身、休憩等多种功能综合配置。这样不仅方便使用，提高设施效率，同时，集中建设还可节约用地，减少费用并利于经营管理。

3. 步行化　保证购物环境的安全、舒适，将车行和步行分离，创造宽松的购物环境和氛围，闹中取静。使顾客能从容选择、品评、欣赏商品，构成良好的购物心理，促进商品的销售。

4. 景观化　在保证使用功能的同时注重环境景观，适当配置绿地、铺地小品等，提高公共设施环境的文化品位，将商品陈列在良好的环境中，一个好的商场便是一个展览馆，逛商店轻松惬意，购商品、看商品、看景物，各得其所，让人们的紧张生活有片刻调剂。同时，公共设施环境的景观化更新，可改善居住区空间单一的格调，利于展示社区风采，并为城市添景增色。

　　5. **社会化**　将公共服务设施提供的环境视为社交活动的场所，作为沟通供求渠道，提供工作岗位，宣传国家方针政策，维护社区治安，提供家政社会化服务等。公共服务设施项目与内容随社会发展和市场需要应不断充实和更新。

　　6. **设备完善化**　适应公共活动和购物行为的需求，从安全、卫生、交通、休息、交往等行为所需，配置相应设施和设备，提高公共服务设施环境的精神与物质文明程度。

6.2.3　居住区公共服务设施规划布置的要求和方式

　　在进行居住区配套公共服务设施规划的时候，尤为注意的是"日常生活圈"的存在。一般以家庭成员为中心的日常居住生活并不会涉及较广的活动范围。主妇前往日常购物设施的区域通常约为 400 ～ 500 米，最长的也很少超过 1 000 米。孩子们则很少离开居住组团和学校之间的区域，幼儿的生活圈相对更小。像这样，住区的日常生活中存在着某种具体的界限，并且购物、上幼儿园、玩耍、散步、日常交际等生活行为通常是通过步行或骑自行车可以实现的（见图 6-2）。

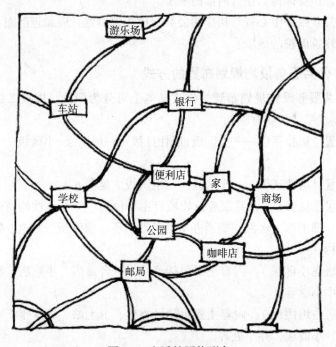

图 6-2　生活的网络形象

　　这种日常生活圈的存在是衍生地方社区的原动力，也是进行居住区配套公共服务设施规划的设计依据。

　　日常生活圈重复描绘了与各种生活行为有关的行动区域，它偶尔会与铁路、河流、自然地形的起伏等物理界限相重合，但通常不是固定的或某种特定的事物或范围。

6.2.3.1　公共服务设施规划布置的基本要求

居住区配套公共服务设施的规划布局，应根据项目的性质、居民对其使用的频率和人口规模情况，按照分级、对口、配套和集中与分散相结合的原则进行。配套公建项目的规划布置必须与居住区的规划组织结构相适应。

（1）各级公共服务设施应有合理的服务半径，方便居民使用。各级配套公建项目的服务半径为：

居住区级　　800～1 000米

居住小区级　400～500米

居住组团级　150～200米

（2）公共服务设施应设在交通比较方便，人流比较集中的地段，并要考虑职工上下班的走向。

（3）如为独立的工矿居住区或地处市郊的居住区，则应在考虑附近地区和农村使用方便的同时，还要保持居住区内部的安宁。

（4）各级公共服务中心宜与相应的公共绿地相邻布置，或靠近河湖水面等一些能较好体现城市建筑面貌的地段。

6.2.3.2　公共服务设施规划布置的方式

居住区公共服务设施规划布置的方式基本上可分为两种，即按二级或三级布置（与居住区规划组织结构相对应）。

1. 二级布置　居住区级——小区级；居住区级——组团级；小区级——组团级（见图6-3）。

2. 三级布置　居住区级——小区级——组团级（见图6-4）。

第一级（居住区级）：公共服务设施项目主要包括一些专业性的商业服务设施和文化活动中心、图书馆、医院、街道办事处、派出所、房管所、邮电、银行等为全区居民服务的机构。

第二级（居住小区级）：内容主要包括菜站、综合商店、小吃店、物业管理、会所、幼托所、中小学等。

第三级（居住组团级）：内容主要包括居委会、卫生站、青少年活动室、老年活动室、服务站、小商店、存车处等。

第二级和第三级的公共服务设施都是居民日常必需的，通称为基层公共服务设施，这些公共服务设施可以分成二级，也可不分。基层公共服务设施一般为居住区部分居民服务。

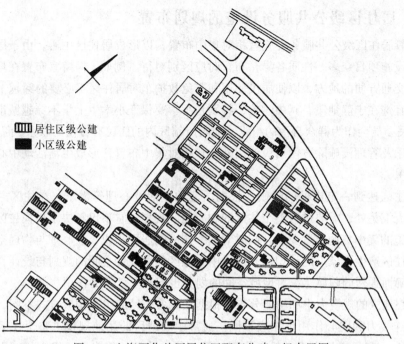

图 6-3　上海石化总厂居住区配套公建二级布置图

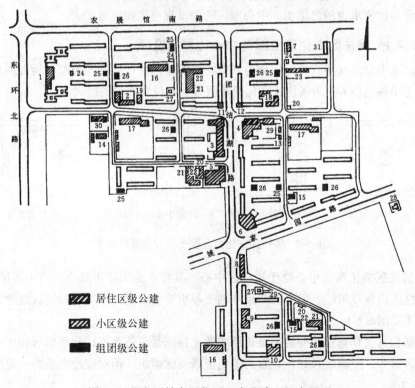

图 6-4　北京团结湖居住区配套公建三级布置图

6.2.4 居住区级公共服务设施的规划布置

一般居住区级公共服务设施宜相对集中布置，以形成居住区中心。由于居住区公共服务设施项目众多，性质各异，布置时应区别对待。例如，医院宜布置在环境比较安静且交通方便的地方，以便居民使用和避免救护车对居住区不必要的穿越干扰；教育机构宜选在宁静地段，其中学校，特别是小学要保证小学生上学不穿越城市交通干道；居民委员会作为群众自治的组织，应与所辖区内的居民有方便的联系；商业服务、文化娱乐及管理设施除方便居民使用外，宜相对集中布置，形成生活活动中心（居住区中心）。

在住区达到一定规模的时候，根据居民的生活及心理等需求，在住区内交通便利、人流汇集处，需要进行整个住区的中心地区规划。它不仅解决了规模住区对公共服务设施的集中集约布置要求，同时对整个住区的居民来说，在心理与物理空间上对自己的住区产生形象上的认识。并通过中心地区的象征性空间的规划与设计，让居民有了明确而强烈的归属感，对地域空间的划分也起到了骨架的作用。

中心地区的规模大小和功能分布，根据住区各街区的组合构成方式不同，对中心地区的连接力和向心作用也相应不同。通常中心地区的用地规模占整个住区用地的2% ~ 4%，容积率相当于一般居住用地的两倍。并且，随着住区规模的扩大，人们对公共设施的需求也随之增加，中心地区的建设规模也相应地扩大。

6.2.4.1 居住区文化商业服务中心位置的选择

应以城市总体规划或分区规划为依据，并考虑居住区不同的类型和所处的地位以及地形等条件。图6-5为居住区文化商业服务中心位置布置的模式图。

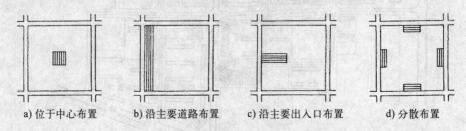

a) 位于中心布置　　b) 沿主要道路布置　　c) 沿主要出入口布置　　d) 分散布置

图6-5 居住区文化商业服务中心位置模式图

1. **居住区文化商业中心位于居住区中心**　其特点是服务半径小，便于居民使用，利于居住区内景观组织，但内向布点不利于吸引更多的过路顾客，对经营效果有一定的影响（见图6-6）。

2. **居住区文化商业中心沿主要道路布置**　特点是可兼为本区和相邻居住区居民及过往顾客服务，经营效果好，且有利于街道景观的组织，但对交通会造成一定的干扰（见图6-7）。

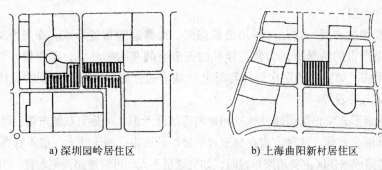

a) 深圳园岭居住区　　　　　　　　b) 上海曲阳新村居住区

图 6-6　居住区文化商业服务中心位置实例一

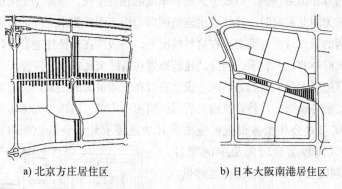

a) 北京方庄居住区　　　　　　　　b) 日本大阪南港居住区

图 6-7　居住区文化商业服务中心位置实例二

3. 居住区文化商业中心沿主要出入口处布置　特点是便于本区职工上下班使用，也可兼顾其他居住区居民使用，经营效益较好，且便于交通疏导（见图 6-8）。

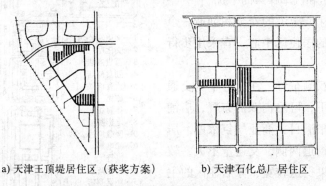

a) 天津王顶堤居住区（获奖方案）　　　　b) 天津石化总厂居住区

图 6-8　居住区文化商业服务中心位置实例三

4. 居住区文化商业中心分散在道路四周　特点是居民使用方便，可选择性强，经营效果好。但面积分散，难以形成一定规模。

6.2.4.2　居住区文化商业服务中心的布置方式

根据国内外居住区规划和建设的实践，居住区文化商业服务中心的布置方式大致有以下几种类型：

1. 沿街线状布置　这是一种历史最悠久、最普遍的布置形式。在当今交通快速、拥挤、污染严重的情况下，为营造祥和的街道空间和购物环境，需要精心规划设计，运用各种手法。如空间的层次划分与限定；功能的分离、组织；景观的设计与塑造；设备的运用与安置等。

沿街布置形式应根据道路的性质和走向等综合考虑，可分为双侧布置、单侧布置以及步行街、混合式等。这种方式在交通过于繁忙的城市交通干线上一般不宜布置。在沿城市主要道路或居住区主要道路布置时，如交通量不大，可沿道路两侧布置；当交通量较多时，则宜布置在道路一侧，以减少人流和车流的相互干扰。道路的走向也影响建筑的布置，如当道路为南北走向时，往往产生建筑朝向与沿街面貌要求之间的矛盾，尤其是采用住宅底层商店的形式时更为突出。在这种情况下，一般应在保证住宅有良好朝向的前提下考虑沿街建筑群体的艺术要求。当公共建筑布置在道路交叉口时，应便于人流和车流的疏导，一般不宜把有大量人流的公共服务设施布置在交通量大的交叉口。可布置一些吸引人流较少的公共服务设施，并将建筑适当后退，留出小广场，以作为人流集散的缓冲。

沿街线状布置公共服务设施，应根据其功能要求和行业特点相对成组集中布置。对一些吸引人流较多且时间集中的项目，如饭店、影剧院等，必须保证有足够供人流集散用的人行道宽度和车辆存放的场地。沿街线状布置公共服务设施时，车行道与人行道最好用绿地隔离，以保证行人的安全，并减少灰尘和汽车噪声的干扰。

为了充分保证居民的安全和创造一个富于生活气息的居住区中心，宜采用步行街的形式。

（1）沿街双侧布置。在街道不宽交通量不大的情况下，可沿街双侧布置，店铺集中、商品琳琅满目，商业气氛浓厚。居民采购穿行于街道两侧，交通量不大，较安全省时。如果街道较宽，像居住区的主干道超过20米宽，可将居民经常使用的相关商业设施放在一侧，而把不经常使用的商店放在另一侧，这样可减少人流与车流的交叉，居民少过马路，安全方便。如辽化居住区中心街道（见图6-9），将人流多的公共建筑如文化馆、百货商店、副食

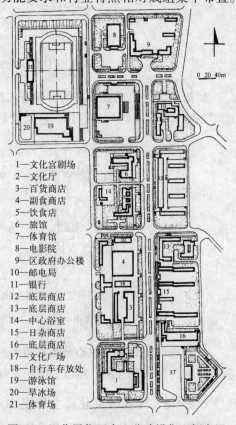

0 20 40m

1—文化宫剧场
2—文化厅
3—百货商店
4—副食商店
5—饮食店
6—旅馆
7—体育馆
8—电影院
9—区政府办公楼
10—邮电局
11—银行
12—底层商店
13—底层商店
14—中心浴室
15—日杂商店
16—底层商店
17—文化广场
18—自行车存放处
19—游泳馆
20—旱冰场
21—体育场

图6-9　辽化居住区中心公建沿街双侧布置

商店、饭店、体育馆等设置在街道同一侧。

（2）沿街单侧布置。当所临街道较宽且车流较大，或街道另一侧与绿地、水域、城市干道相临时，沿街单侧布置形式则比较适宜。常州清潭小区（见图6-10），位于城市东南部，商业服务设施布置顺应主要人流方向，由小区主要道路一侧通过小区主入口，沿城市道路向着城市主体方向延伸，这样也有利于隔离城市道路的噪声。

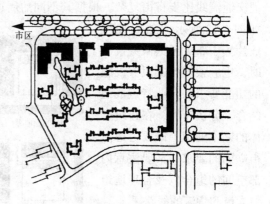

（3）在沿街布置公共设施的形式中，将车行交通引向外围，没有车辆通行或只有少量供货车辆定时出入，形成步行街。使商业服务业环境比较

图 6-10　常州清潭小区商业沿街单侧布置

安宁，居民可自由活动，不受干扰。北京西罗园 11 区（见图 6-11），一条东西走向的步行街与南北走向的小区主干道相交处以绿地隔离；步行街商业楼后面的专用杂务院设专用出入口通向城市车行道，为步行街禁止机动车通行创造了条件。

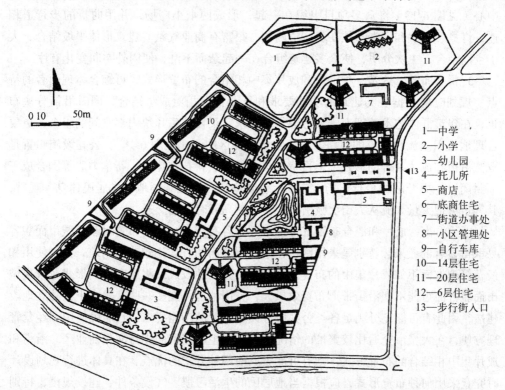

1—中学
2—小学
3—幼儿园
4—托儿所
5—商店
6—底商住宅
7—街道办事处
8—小区管理处
9—自行车库
10—14 层住宅
11—20 层住宅
12—6 层住宅
13—步行街入口

图 6-11　北京西罗园 11 区规划平面及步行商业街

2. 独立地段成片集中布置　这是一种在与干道临接的地块内，以建筑组合体或群体联合布置公共设施的一种形式。它易于形成独立的步行区，方便使用，便于管理，但交通流线比步行街复杂。根据其不同的周边条件，可有几种基本的交通组织形式，如图 6-12 所示。独立地段成片集中布置公共服务设施时，也应根据各类服务设施的功能要求和行业特点成组结合，分块布置，在建筑群体的艺术处理上既要考虑沿街立面的要求，又要注意内部空间的组合以及合理地组织人流和货流的线路。

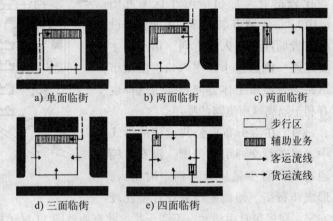

a) 单面临街　　b) 两面临街　　c) 两面临街

d) 三面临街　　e) 四面临街

□ 步行区
▨ 辅助业务
→ 客运流线
--→ 货运流线

图 6-12　成片布置区交通组织示意图

成片布置形式有院落型、广场型、混合型等多种形式。其空间组织主要由建筑围合空间，辅以绿化、铺地、小品等。如山东胜利油田孤岛新镇中华社区商业服务中心（见图 6-13）将众多项目组织在一起，形成两个小广场，并用曲折的步行道相连，灯具、彩旗和广告悬挂在步行道两侧，很富有商业气氛。建筑形体平坡结合，大小空间结合，主次分明，使众多建筑组合在一起杂而不乱，使内外空间变化有序。

3. 混合布置　这是一种沿街和成片集中相结合的布置形式，可综合体现两者的特点。规划时应根据各类建筑的功能要求和行业特点相对成组结合，同时沿街分块布置，在建筑群体艺术处理上既要考虑街景要求，又要注意片块内部空间的组合，更要合理地组织人流和货流的线路。上海宝山居住区中心（见图 6-14），公建设施布置是双侧沿街和成片结合的形式，由百货大楼、餐厅、科技文化馆、新华书店等围合成三面封闭，一面开敞的步行广场。广场上设置座椅、绿地和铺地，供居民休息、观赏，其容量可把大量人流从大街上吸引过去，以免高峰时影响交通。

上述沿街、成片和混合布置三种基本方式各有特点，沿街布置对改变城市面貌容易取得显著的效果，特别是采用沿街住宅底层商店的方式比较节约用地，但在使用和经营管理方面不如成片集中的布置方式有利。独立地段成片集中布置的形式对改变城市面貌方面可能不如沿街带形布置效果大，且用地也可能多一些，但由于在独立地段建造，因此有可能充分满足各类公共服务设施布置的功能要求，且居民使用和经营管理方便，在大城市交通比较繁忙的情况下，易于组成完整的步行文化商业区。沿街和成片集中相结合的布置方式，则有可能吸取前两种方式的优点。在具体进行规划设计时究竟采用何种布置形式，应根据当地居民的生活习惯、气候条件、建设规模，特别是用地的紧张程度及现状条件等综合考虑，酌情选用。

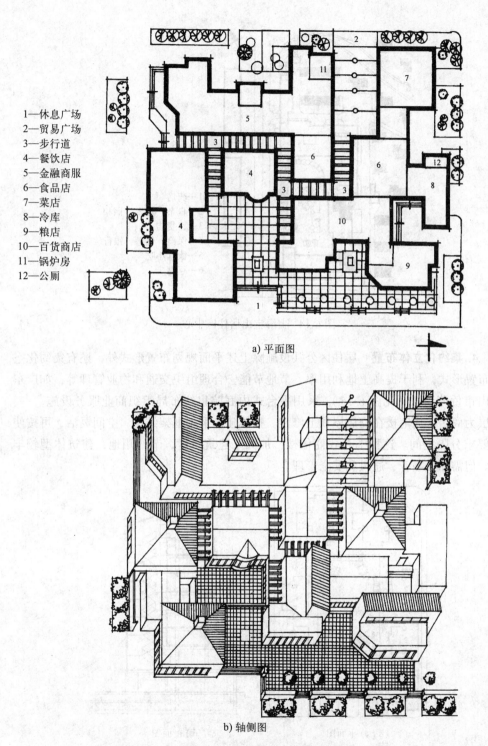

1—休息广场
2—贸易广场
3—步行道
4—餐饮店
5—金融商服
6—食品店
7—菜店
8—冷库
9—粮店
10—百货商店
11—锅炉房
12—公厕

a) 平面图

b) 轴侧图

图 6-13　山东胜利油田孤岛新镇中华社区商业服务中心

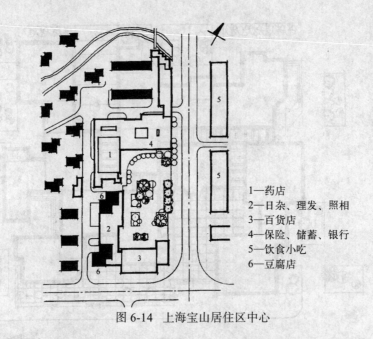

1—药店
2—日杂、理发、照相
3—百货店
4—保险、储蓄、银行
5—饮食小吃
6—豆腐店

图 6-14　上海宝山居住区中心

4. 集约化立体布置　居住区公共设施除上述平面规划布置形式外,还有集约化空间布置形式,利于提高土地利用率、节地节能、合理组织交通和物业管理等,如广东佛山市侨苑新村(见图 6-15),采用平台式内庭院集约布局组织商业服务设施,一、二层为商店,住宅楼在商店屋顶上修建。整体建筑采用框架结构,空间灵活,可按使用要求分隔空间。这种下台式商住楼,加大了建筑密度,节约用地,建筑体型较丰富。但需加强隔音、通风和安全管理。

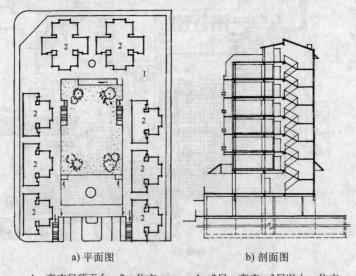

a) 平面图　　　　　　　　　b) 剖面图

1—商店层顶平台;2—住宅　　　1、2层—商店;3层以上—住宅

图 6-15　广东佛山市侨苑新村规划

6.2.4.3　居住区商业服务设施的布置方式

在居住区各类公共服务设施中，商业服务设施占有相当的数量，且内容丰富，项目众多，因此，其布置方式应方便居民使用、节约用地。商业服务设施的基本布置方式有两种：一是设在住宅或其他建筑的底层，二是独立设置。

1. 住宅底层商业服务设施　住宅底层设置商业服务设施是我国比较常见的布置方式，特别在旧城中大都采用这种方式。近年来由于城市用地日益紧张，尤其是在城市旧居住区的改建时更加突出，因此，为了节约城市用地，住宅底层商店得到更为广泛的采用。根据各地的一些调查，住宅底层设置商业服务设施也存在以下一些问题，如公共服务设施的平面布置受住宅开间、进深、楼梯位置、结构形式等方面的限制，而某些公共建筑的噪声、气味、烟尘等与居住产生一定的矛盾。因此，在住宅底层布置商业服务设施时，应根据各类商业服务设施的不同特点，采取必要的措施，加以妥善解决。有些运输比较繁忙，噪声、气味和烟尘等较大的项目，如饭店、浴室等则不宜布置在住宅底层。表 6-4 为住宅底层对商店服务行业的适应性。

表 6-4　住宅底层商店待业适应情况

百货	食品	餐饮	小吃	理发	邮电银行	日用杂品	综合修配	五金交电	照相	中西药	洗衣	成衣	家具	熟食	粮油
○	○	×	△	○	○	○	△	○	○	△	△	○	○	○	○

注：○适应性好；△适应性勉强；×适应性差。

2. 独立设置的商业服务设施　独立设置的商业服务设施可分为综合商场（或超市）和联合商场两类。它们可以布置在同一幢空间较大的建筑内，也可以由几幢建筑结合周围环境加以组合，在用地上都比住宅底层商店多。优点是平面布置灵活，且能统一柱网，简化结构，有利于建筑的定型化、工业化。这种布置方式集中紧凑，便于居民使用（见图 6-16）。

图 6-16　潍坊双羊新城丽景园商业内街效果

6.2.5 小区级公共服务设施的规划布置

小区级公共服务设施是居民日常必需使用的，因此须布置在步行能安全、方便到达的范围内。其服务半径，不应超过500米，其中有些项目的服务范围还应小些。小区级公共服务设施分为商业服务设施和儿童教育设施两类。为了便于居民的使用，往往将居住小区级公共服务设施的商业服务设施相对集中布置，以形成居住小区的生活服务中心。

6.2.5.1 小区中心的规划布置

小区中心规划布置应根据居住区总的公共服务设施分布系统来确定，一般可结合公共绿地布置在小区的中心地段或小区的主要出入口，既要考虑方便居民使用，又要适当注意商店的营业额。其建筑的规划布置，可设在住宅底层或在独立地段联合设置。

根据环境条件，小区可分为两种。一种是独立式小区，即小区周围是非居住用地，人流活动很少，形成比较封闭的边界，规划布局有"内向性"的特点，小区中心一般布置在用地中心；另一种是毗连式小区，即小区周围是城市干道，人流活动比较多，形成比较开敞的边界，规划布局有"多向性"的特点，小区中心一般安排在用地外围靠近干道的小区入口附近。还可将小区中心布置在小区外围沿城市干道一侧，除为本区使用外，还可为附近地区服务，有利于商业服务设施营业额的增加和丰富街景（见图6-17）。

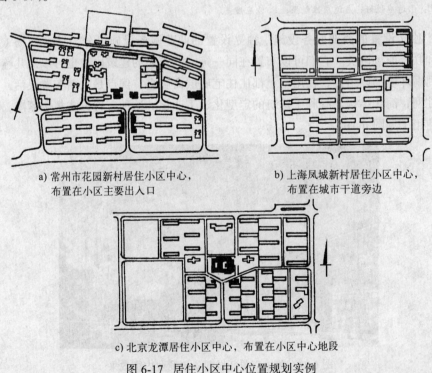

a) 常州市花园新村居住小区中心，
   布置在小区主要出入口

b) 上海凤城新村居住小区中心，
   布置在城市干道旁边

c) 北京龙潭居住小区中心，布置在小区中心地段

图6-17 居住小区中心位置规划实例

6.2.5.2 中小学的规划布置

中小学是居住小区级公共服务设施中占地面积和建筑面积最大的项目，其直接影响居住小区和居住区的规划布局，它们的规划布置一般在居住区和居住小区的规划结构中就应加以考虑。中小学由于占地大、建筑密度低，常作为住宅组团之间空间分隔的主要手段。

1. **服务半径** 中小学的规划布置应保证学生（特别是小学生）能就近上学，一般小学的服务半径应不超过 500 米，中学不超过 1 000 米为宜。

2. **学校布点与校址选择** 中小学校应根据居住区内的现状及规划人口均匀布点，便于学生就近上学；有方便的道路连接，出入口明显。

应有与新建学校相应的用地面积，基地地形及地势条件应利于校舍、校园及运动场地的布置。应特别保证小学生上学的安全，学生上学（特别是小学生）不应穿越铁路干线、厂矿生产区、城市交通干道、市中心等人多车杂的地段。中小学的布置一般应设在居住区或小区的边缘，沿次要道路比较僻静的地段，不宜在交通频繁的城市干道或铁路干线附近布置，以免噪声干扰；但同时也应注意学校本身对居民的干扰，应与住宅保持一定的距离，可与其他一些不怕吵闹的公共服务设施相邻布置。此外，中小学都有较大的体育活动场地和室内健身用房，如能在双休日和夜间向本区居民开放，则在规划设计时要考虑方便使用与管理。

学校的总平面布置应尽可能使教学楼接近出入口，并保证教室和操场均有良好的朝向，操场符合用地规则。

学校建筑的层数，应以室内外活动的要求、用地的条件和建筑技术经济而定。大城市由于用地紧张可适当高一些，中小城市可低一些。一般情况下，小学为二三层，中学为三五层。

学校在居住区、小区的位置（见图 6-18）。

6.2.6 组团级公共服务设施的规划布置

组团相当于一个居民委员会的规模。居委会的规模一般以 300 ～ 800 户为宜，人口为 1 000 ～ 3 000 人。组团级公建往往从属居委会管理，这一级的公共服务设施一般包括居委会、老年活动室、青少年活动室（包括图书馆）、车辆存放处、服务站、卫生站、小商店等。这些设施宜相对集中布置，有些可设在住宅底层，也可将它们独立设置，最好与组团绿地结合布置。

6.2.6.1 幼儿园、托儿所的规划布置

幼儿园、托儿所是居住组团级公共服务设施中的主要项目，占地面积大，因此也影响居住小区的规划布局。

幼儿园、托儿所可分开设置或联合设置，一般以联合设置为好，有利于节约用

地，便于管理。最好布置在阳光充足、接近公共绿地、便于家长接送的地段，服务半径不宜大于 300 米。

特　点	布置方式	实　例
位于居住区、小区中心，服务半径小，但对居民干扰较大	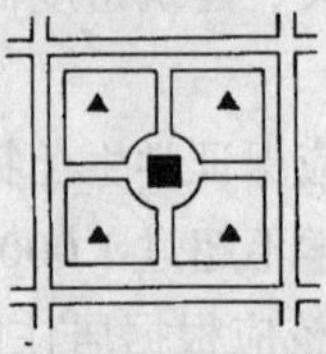	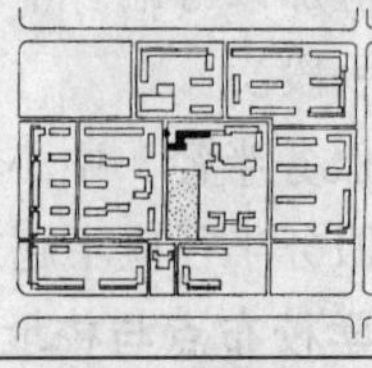
位于居住区、小区一角，服务半径大，但对居民干扰小	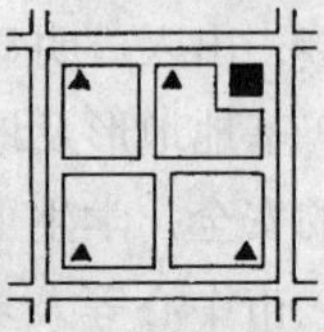	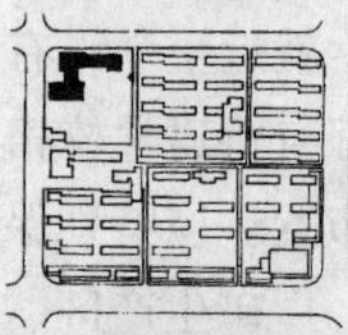
位于居住区、小区一侧，服务半径较小，对居民干扰也较小	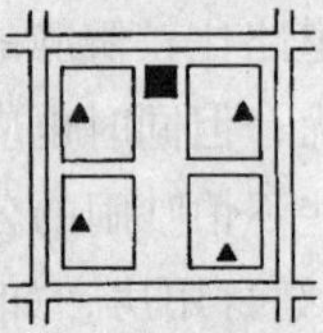	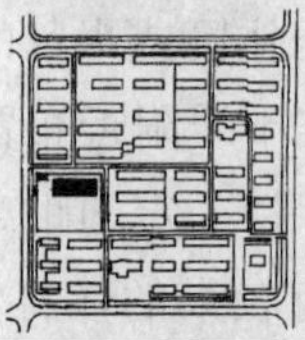
居住区、小区规模较大时，可设置两所或两所以上中学、小学	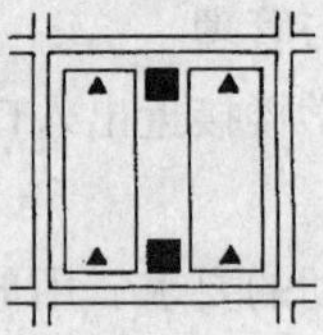	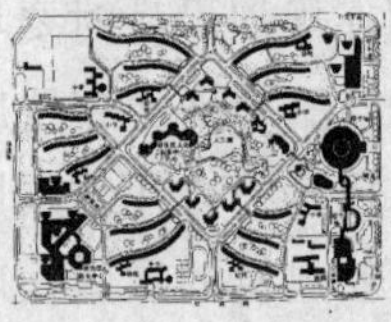

图 6-18　中小学规划布置

　　幼儿园、托儿所宜独立建造（见图 6-19），以保证自身功能及环境需要。如用地特别紧张而必须设置在住宅底层时，应将幼儿园、托儿所入口与住宅入口分开，另外在建筑单体设计上还要采取措施，如隔音、加设雨篷等，尽量减少上层住户和幼儿园、托儿所之间的相互干扰。

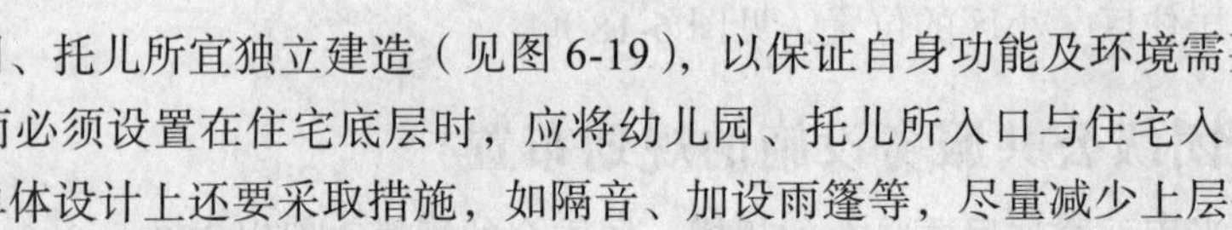

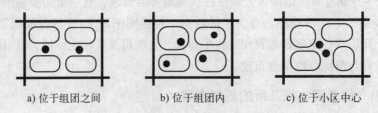

a) 位于组团之间　　　　b) 位于组团内　　　　c) 位于小区中心

图 6-19　幼儿园、托儿所的规划布置方式

　　幼儿园、托儿所的总平面布置应保证活动室和室外活动场地有良好的朝向和日照

条件，室外要有一定面积的硬地和活动器械等，以供儿童室外活动（见图 6-20）。

图 6-20　大连中华园幼儿园设计方案

幼儿园、托儿所建筑层数以一两层为宜，在用地较紧张情况下也可考虑局部为三层。

6.2.6.2　小商店的规划布置

小商店的特点是面积小，品种多，布点灵活，面广，服务时间长，深受群众欢迎。小商店一般可设在路口，也可设在组团内，服务半径短（100～150 米），使用方便。小商店还可和居住组团级其他设施联合布置。

6.2.6.3　居委会的规划布置

1. 居委会的职能　1989 年颁布的《中华人民共和国城市居民委员会组织法》（简称《居委会组织法》）规定："居委会是居民自我管理、自我教育、自我服务的基层群众性自治组织。"其职能是：

（1）宣传宪法、法律、法规和国家的政策，维护居民的合法权益，教育居民依法履行应尽的义务，爱护公共财产，开展多种形式的社会主义精神文明建设活动；

（2）办理本居住区居民的公共事务和公益事业；

（3）调解民间纠纷；

（4）协助维护社会治安；

（5）协助人民政府或它的派出机关做好与居民利益有关的公共卫生、计划生育、优抚救济、青少年教育等项工作；

（6）向人民政府或者它的派出机关反映居民的意见要求和提出建议。

2. 居委会的规模　《居委会组织法》规定："居民委员会根据居民居住状况，按照便于居民自治的原则，一般在 100～700 户的范围内设立。"这主要与城市大小、居住的密集程度、住宅层数的高低有关。一般以 500 户左右为宜。

3. 居委会规划布置的要求　①居委会可单独设置或者与居住组团级公共服务设施相结合布置，如牛奶站、零售小商店、自行车停车库、公用电话站等。②居委会也可设在住宅底层，同时尽量结合小块公共绿地统一布置。

6.2.6.4　自行车、摩托车、小汽车停车场的规划布置

1. 规划布置要求　以居民就近方便使用为原则，可分散或集中布置，也可分散与集中相结合布置，集中布置的自行车库规模一般以 300 ～ 500 辆为宜。私人小汽车的停放问题，我国目前除少数城市外，一般都没有考虑小汽车的存放。从发展情况看，应充分注意居民私人小汽车的问题，至少在居住区内应留有存放小汽车的余地。

2. 规划布置方式　停车场（库）有地下、半地下和地上三种布置方式，可独立设置或与其他公共建筑及住宅结合布置（详见第 7 章）。

6.2.7　居住区级公共服务设施的建设步骤

6.2.7.1　居住区级公共服务设施的建设步骤

居住区级公共服务设施的建设，应与住宅建设的步骤一致。首先配置基层公共服务设施，待到一定的人口规模时，再建造居住区级的公共建筑。

居住区级公共服务设施的建设步骤，应根据居住区的建设速度来定。一般有以下两种方式：

（1）按规划预留用地，分期建造，逐步实现。对于建设期限较长的居住区可采用这种方式。

（2）按规划预留用地，待到一定人口规模时，一次基本建成。这种方式适用于居住区建设期限较短的情况。

6.2.7.2　基层公共服务设施配置的基本要求和步骤

基层公共服务设施是和居民日常生活最密切相关的一些公共服务设施。缺项就会造成居民生活的不方便，因此配置一定要齐全。但由于住宅建设量、建设速度和所处地位的不同，在配置步骤和要求上要有所区别。建设量大而快的，可在住宅建设的同时按规划一次建成。建设量小，而在短期内又不扩建的地区，可采取各项内容暂时合并，借用住宅的办法进行过渡，但公共服务设施的比例则要相应予以提高。

基层公共服务设施的配置，首先要考虑方便居民的生活，另外也要考虑经营管理合理，节约投资和用地等，并适当为今后生活逐步提高留有余地。

如附近原有设施可利用时，基层公共服务设施的面积或项目可相应减少，如地处偏僻且要兼为附近地区和农村服务时，基层公共服务设施的面积应适当增加，内容也可扩大升级。

*6.3 城市商业区与城市中心

6.3.1 城市公共空间

6.3.1.1 城市公共空间的类型

城市公共空间的概念包含狭义和广义两个层面。狭义是指那些供城市居民日常生活和社会生活公共使用的室外空间。它包括街道、广场、居住区户外场地、公园、体育场地等。根据居民的生活需求，在城市公共空间可以进行交通、商业交易、表演、展览、体育竞赛、运动健身、消闲、观光游览、节日集会及人际交往等各类活动。公共空间又分开放空间和专用空间。开放空间有街道、广场、停车场、居住区绿地、街道绿地及公园等，专用公共空间有运动场等。

城市公共空间的广义概念可以扩大到公共设施用地的空间，例如城市中心区、商业区、城市绿地等。

6.3.1.2 城市公共空间的构成要素及规划设计

城市公共空间由建筑物、道路、广场、绿地与地面环境设施等要素构成。城市公共空间一般是在城市经济与社会发展的过程中，根据居民物质与文化生活的需要逐步建设形成。城市公共空间应满足各种使用功能要求。

城市公共空间的数量及规模与城市的性质、人口规模有紧密关系。城市人口越多，城市公共空间的需求量也越大，功能也更复杂。城市人口规模越大，越有条件设置更具丰富内容的公共空间。

城市公共空间规划设计的内容很多，包括总体布局和具体设计。它与城市规划编制的各阶段有密切关系，在城市总体规划、详细规划和修建设计阶段都应当做相应的规划研究。城市公共空间的规划设计在本质上属于城市设计范畴，其目的是创造功能良好、富有特色的城市空间环境。

6.3.2 城市商业区

6.3.2.1 商业区的内容、分布

现代城市商业区是各种商业活动集中的地方，以商品零售为主体以及与它相配套的餐饮、旅宿、文化及娱乐服务，也可有金融、贸易及管理行业。商业区内一般有大量商业和服务业的建筑，如百货大楼、购物中心、专卖商店、银行、保险公司、证券交易所、商业办公楼、旅馆、酒楼、剧院、歌舞厅、娱乐总会等。

商业区的分布与规模取决于居民购物与城市经济活动的需求，人口众多、居住密集的城市，商业区的规模较大。根据商业区服务的人口规模和影响范围，大、中城市可有市级与区级商业区，小城市通常只有市级商业区，在居住区及街坊布置商业网

点，其规模不够形成商业区。

6.3.2.2 商业区的布局形式

商业区一般分布在城市中心和分区中心的地段，靠近城市干道的地方。须有良好的交通连接，使居民可以方便地到达。商业建筑分布形式有两种，一种是沿街发展，另一种是占用整个街坊开发，现代城市商业区的规划设计，多采用这两种形式的组合，成街成坊的发展。商业区是城市居民和外来人口经济活动、文化娱乐活动及社会生活最频繁集中的地方，也是最能反映城市活力、城市文化、城市建筑风貌和城市特色的地方。

1. 沿街线状布置 城市主要公共建筑布置在街道两侧，沿街呈线状发展，是传统的布置方式，有便利的交通条件，易于形成繁华热闹的城市景观。

（1）沿主要街道布置。沿城市主要道路布置公共建筑时，应注意将功能上有联系的建筑，成组布置在道路一侧，或将人流量大的公共建筑集中布置在道路一侧，以减少人流频繁穿越街道。在人流量大、人群集中的地段应适当加宽人行道，或建筑适当后退形成集散场地，减少对道路交通的影响。在过街人流量较大的区域，应结合具体环境设高架或地下人行通道。

（2）步行商业街。城市商业区是人流、车流集中的区域，人车混行，既妨碍车辆行驶，又威胁行人安全。因此，在城市商业区采用封锁，部分封锁，或定时封锁车流的方法开辟步行街，把商业中心从人车混行的交通道路中分离出来，形成步行商业街，目前，有以下几种方式：

1）完全步行街。步行街上禁止任何车辆通行，供应商店货物的车辆只能在专用道路或步行街两侧的交通性道路上行驶。

2）半步行街。以步行交通为主，但允许专为本商业区服务的车辆慢速行驶。如美国纽约的依脱卡公共小区的半步行街，在道路中设置绿地、建筑小品，形成一条曲折的"车行小巷"，从而迫使在其中运行的服务性车辆减速行驶。这些绿地、小品的设置也加强了步行街的吸引力和步行气氛。

3）定时步行街。在交通管理上限定白天步行，夜间通车，或星期天、节假日为步行街，其他时间允许车辆通行。

4）公交步行街。只允许公交车辆通行，其他车辆禁止通行。在街道上布置"街道家具"，如路灯、电话亭、坐椅、花池、垃圾箱等。

2. 在街区内呈组团状布置 在城市干道划分的街区内，根据使用功能呈组团状布置各类公共建筑组团，使步行道路、场地、环境设施、绿地与建筑群有机结合在一起。这种组团式的集中布局，有利于城市交通的组织，同时也避免了城市交通对中心区域公共活动的干扰。

3. 多层立体化布置 在满足城市中心各种功能要求的同时，为综合解决日益发展的交通运输与城市中心的矛盾，国外一些城市中心采取多层立体化的布置形式。把立体化的道路系统引入城市中心，在地下设地下商业街、库房群及停车场等，发展地上大体量的综合性建筑，把办公楼、旅馆、剧院、超级市场等组织在一幢或一组建筑中。如法国巴黎台方斯新区中心、日本东京新宿副中心、英国考文垂城市中心等均为此种布置的实例。

6.3.2.3　中心商务区

中心商务区（central business district，CBD）在概念上与商业区有所区别，中心商务区是指城市中商务活动集中的地区。一般只是在工业与商业经济基础强大，商务和金融活动量大，并且在国际商贸和金融流通中有重要地位的大城市才有以金融、贸易及管理为主的中心商务区。中心商务区是城市经济、金融、商业、文化和娱乐活动的集中地，众多的建筑办公大楼、旅馆、酒楼、文化及娱乐场所都集中于此。它为城市提供了大量的就业岗位和就业场所。

中心商务区一般位于城市历史上形成的城市中心地段，并经过商业贸易与经济高度发展阶段才能够形成。例如上海，自鸦片战争后辟为港口商埠，经过 100 年，发展到 20 世纪 40 年代，黄浦江西侧外滩地区才形成上海市的中心商务区。1949 年以后，由于上海市对国外商贸、金融功能的衰退，中心商务功能也随之消亡。1988 年国务院决定开放、开发浦东新区，并在陆家嘴发展金融中心及浦西黄浦区再开发，这是振兴上海市经济和重建上海中心商务区的重要决策与措施。

6.3.2.4　购物市场

市场是最古老的一种商品交易场所。市场的出现比城市还早，市场是由于集市贸易发展而形成的，现在不论是在我国还是在国外的城镇仍有各种市场存在。从市场的性质分析，有交易农副产品、水产品、果品及食品的专业市场，有专门销售家用杂货、小商品、服装、家用电器、建材等各类商品的专业市场，还有综合性的大型市场和专营批发的市场。由于商品零售要考虑方便居民购买和大宗商品交易的需要，城市各类市场已经成为城市商业活动空间的不可缺少的部分。

在现代城市建设和城市规划中应安排各类市场用地。市场可以露天设置，或布置在一个大空间的建筑物中，也可以采用露天与室内相结合的布局。

6.3.3　城市中心

6.3.3.1　城市中心的类型及构成

城市中心是城市主要公共建筑分布集中的地区，是居民进行各种活动、互相交往的集中场所，是城市社会生活的中心。主要由各类建筑、活动场地、绿地、环境设施和道路等构成。城市居民社会生活多方面的需要和城市具有的多种功能，产生了各种类型和不同规模、等级的城市中心。

1. 城市中心类型 城市中心因服务范围和性质的不同而有不同的类型。

从功能来分，有行政、经济、交通、生活及文化中心。根据公共活动的功能和性质，城市有行政管理、经济、商业、文化、娱乐、游览等活动的要求。有的往往是一个中心兼有多方面的功能，也有的是突出不同功能和性质的中心。

从所服务的地区范围来分，有为全市服务的市中心，有分别为城市各区服务的区中心，有为居住区服务的居住区中心。在不同层次的中心，设置相应层次的公共服务设施。在一般情况下，城市有几个分区时，可设置市中心和区中心。如市中心在某一区内，则该区可不必设置区中心，上一层次的中心可结合考虑下一层次中心的内容和要求。

2. 城市中心的构成 城市中心应有各类建筑物、各类活动场地、道路、绿地等设施。这些内容可组织成一个广场，或组织在一条道路上，也可以在街道、广场上联合布置，形成一片建筑群体。大城市的中心构成甚至可以扩展到若干街坊和一系列的街道、广场，形成中心区。

城市中心的建筑群以及由建筑群为主体形成的空间环境，不仅要满足市场活动功能上的要求，还要能满足精神和心理上的需要。因为城市中心创造了具有强烈城市气氛的活动空间，为市民提供了活跃的社会活动场所，感受城市的性格和生活气息，形成城市的独特的吸引力。同时，城市中心也往往是该城市的标志性地区。

6.3.3.2 城市中心布局

城市中心的布局包括各级中心的分布、性质、内容、规模、用地组织与布置。各级中心的分布、性质和规模，必须根据城市发展总体规划的用地布局，考虑城市发展的现状、交通、自然条件以及市民不同层次与使用频率的要求。

1. 满足居民各种层次活动的需要 居民生活对中心有不同的要求。从使用频繁程度来分，有每天使用、日常需要的按内容组成的中心；有间隔一段时间，如一周、一月左右按需要使用的中心；也有间隔相当长的时间或偶尔一顾的中心。规划布置时，应按使用频率的不同进行分级配置，满足居民在时间和生活上不同层次的需要。

不同级别的中心，其服务范围各不相同。高一级的中心，如全市的中心，服务范围最大，内容也较齐全。居住区的中心，内容则较少，服务的面也仅限于居住区本身。

2. 中心位置选择 中心的位置须根据城市总体规划布局，通盘考虑后确定，在具体工作中应注意以下几点：

（1）利用原有基础。旧城都有历史上形成的中心地段，有的是商业、服务业及文化娱乐设施集中的大街；有的是交通枢纽点，如车站、码头。行政中心都在政府办公机构集中的地段形成。另外，原有城市中心地段需充分利用。例如，北京市天安门广场、东西长安街、从东单到西单一带，是在历史条件下改建成的市中心地区，它能够满足人们的政治、经济、文化娱乐、瞻仰游览等活动的要求。北京市新规划的各个区中心也考虑了依托原有的建筑基础，选择了朝阳门外大街、阜成门外、鼓楼、海淀旧区等地点发展。

许多城市也都在原有中心的基础上扩大，例如上海的南京路、淮海路、徐家汇和人民广场；南京的新街口、鼓楼和夫子庙；天津的和平路、劝业场；成都的春熙路；苏州的观前街等，都是在邻近地段扩大城市中心用地。

在扩建、改建城市中，必须调查研究原有各级中心的实际情况和发展条件，同时分析城市发展对城市中心的建设要求。原有设施应分别情况，合理地组织到规划中来。如果由于城市的发展，认为原有中心的位置不适当，扩大改建的条件不足，也可考虑重选新址。

（2）中心位置的选择。各级、各类中心都是为居民服务的，从交通要求考虑，它们的位置应选在被服务的居民能便捷地到达的地段。但是，中心的位置往往受自然条件、原有道路等条件的制约，并不一定都处在服务范围的几何中心。由于大城市人口众多，为减少人口过分集中于市中心区，应在各个分区选择合适的地点，增设分区中心。各级中心必须具备良好的交通条件。市中心和区中心必须有方便的公共客运交通的连接，并靠近城市交通干道。居住区和居住小区的中心同样要选择位置适中，接近交通干道的地段。要考虑居民上下班时顺路使用的方便和更多的选择性。

3. 适应可持续发展的需要　城市各级中心的位置应与城市用地发展相适应，远近期结合。市中心的位置既要在近期比较适中，又要在远期趋向于合理，在布局上保持一定的灵活性。各级中心、各组成部分的修建时间往往有先后，应注意中心在不同时期都能有比较完整的面貌。

4. 考虑城市设计的要求　城市中心地点的选择不仅要在分布上合理，并形成系统，还要根据城市设计的原则，考虑城市空间景观的构成，使城市中心成为城市空间艺术面貌的集中点。

6.3.3.3　城市中心的交通组织

城市中心是行人密集、交通频繁的地区，既要有良好的交通条件，又要避免交通拥挤、人车干扰。为保证城市中心各项活动的正常进行，必须组织好市及区中心的人、车及客运、货运交通。

各级中心应与主要车站、码头等保持便捷的联系，它们都是公共交通比较集中的地方。在旧城基础上发展的中心，一般都是建筑密集，开敞空间有限，人、车密集的地方，而且往往还有历史上形成的有艺术、文物价值的建筑，吸引大量人流。为了解决交通矛盾，在交通组织上应考虑以下措施：

1. 人车分流　市中心是居民活动大量集中的地方，在这个范围内划定一定范围作为步行区，开辟完整的步行系统，把人流量大的公共建筑组织在步行系统之中，使人流和车流明确分开，各行其道。同时，为了接纳和疏散大量人流，必须有便捷的公共交通联系。

2. 交通分散　在城市中心区设分散道路，避免城镇交通穿越中心人流密集区域。这种分散交通的道路可平行城市主干道，也可环绕中心区。在分散交通的道路与城市中心之间建立若干连接道路，这种连接路对城市中心内部交通起着分散作用，确保中心区交通循环的灵活性。

3. 立体交通　将中心区道路分为两层，下层为车道，上层为人行道。各类公共建筑均布置在上层人行道两侧。公共交通、运输、公共建筑供货车辆等均能畅通直达各点，人们下车后通过垂直交通到达上层空间，进行各种活动。步行活动和城市中心的机动交通运输由两层空间完全分开，既保持一定联系，又相互不干扰。建设步行天桥或隧道，以减少人车冲突。

4. 停车设施　中心区四周布置足够的停车设施。

6.3.3.4　城市中心的空间组织

1. 功能与审美的要求　城市中心空间规划首先应满足各种使用功能的要求，如办事、购物、饮食、住宿、文化娱乐、社交、休息、观光等活动，必须配置相应的建筑物和足够的各种场地。

城市中心空间的规划不仅要处理好土地使用和交通联系，而且还要考虑公共活动中心空间的尺度、建筑形体和市景，也就是中心建筑空间和城市面貌的塑造应考虑审美要求。在小的城市或在大城市的旧城中心，建筑体量一般较小，其他组成部分，如街道、广场等的尺度也较小，其所形成的城市中心、建筑空间往往比较适度，体现了传统的尺度概念和视觉要求。

工业化引起的城市发展，使城市中的活动要求增多，并导致城市建设尺度的扩大。现代城市的规划与建设，加强了城市设计和城市环境的概念。在城市中心的空间规划设计中，必须重视整体性和综合性、可接近性和识别性，以及空间连续与变化的效果。整体性是把建筑、交通、各类场地以及建筑小品等的设计作为一个整体统一考虑。综合性是指不同的功能组合在一个建筑体内，增强服务的效率，也指物质使用、社会、经济、文化各方面的综合。公共活动中心的空间组织既要使居民能方便地到达和使用，使各组成部分间紧密接连以及具有亲切感，同时，也要有一定的特点和个性，反映出地方的风格。现代城市中心往往是一组多种功能的建筑群体，应结合交通和环境进行综合设计。做到统一规划，统一设计，统一建设。

2. 城市中心建筑空间组织的原则　①运用轴线法则。中心建筑空间可以有一条轴线或几条主、次的轴线。轴线可以把中心不同的部分联系起来，成为一个整体，轴线也能把城市中的各个中心联系起来，把街道和广场等串联起来。②统一考虑建筑室内和室外空间，地面、高架和地下空间，专用和公用空间，车行和人行的空间，以及各空间之间的环境协调。要使整个建筑空间和环境丰富多彩，引人入胜。

建筑物的造型和装修，它们和其他组成部分的材料、质感、色彩等都是中心地区空间构图与表现的要素，要重视这些要素的合理搭配与对比作用。建筑小品、雕塑、喷水以及街道、广场、庭园的所有设施，也是中心空间组织的组成部分，并能起到极好的点缀和组景的作用。建筑及绿地艺术照明可美化城市夜景。

6.3.3.5　城市中心区步行商业街

1. 步行商业街的特点　应具备如下三个特点。

（1）多功能。随着经济、社会的发展，生活方式的变化，人与社会之间的交往越来越多，对各种社会生活的要求越来越高。人们在中心区的活动常常是购物、消遣、休息、娱乐、交往等相结合。因此，步行商业街的功能呈现多样化，把商业与游憩结合起来，布置绿地、水面、雕塑、坐椅等环境设施。有的还布置儿童游戏场、小型影剧院等文娱设施。

（2）多空间。现代步行商业街区已不再是简单的平面型布置，而是向多层多空间发展。如瑞典斯德哥尔摩卫星城魏林比中心区，加拿大蒙特利尔"城下城"的步行商业街，前西德汉诺威下沉式商业街等。

（3）有方便、舒适的环境设施。如休息用具——坐椅、凳子；卫生用具——饮水器、废物箱；情报信息设施——电话亭、标志、导游图、布告栏；景观设施——种植容器、雕塑、路灯、喷泉、钟塔等。

2. 步行商业街的形式　一般有如下三种形式。

（1）街道式。在步行街的两端出入口处进行处理，限定车辆出入。布置建筑时应避免街道视线穿透整个商业街，用建筑立面限定视线，形成相对封闭的活动空间。

（2）商业街与广场结合。在商业街的端部或中部设广场。广场上宜布置水面、绿地、坐椅等环境设施，丰富空间内容，满足不同行为要求。空间内可设自动梯和楼梯解决垂直交通。

（3）十字步行商业街。十字街布置的关键是封闭视线，可在中央设广场，使四角的建筑均成为四条道路视线的焦点。布置建筑时应注意让每一条街道都成为人流量较大的步行街，应把公共汽车站、停车场等布置在出入口附近。通向中心广场的街道应尽可能短，减少步行者的疲劳感。

3. 建筑布置　应根据人们的购物行为、心理和活动习惯等考虑商业步行街建筑的布置。

（1）根据各商店的具体性质和内容，将强、弱吸引力的商店结合布置，使人流畅通、均衡。避免因人流密度悬殊使某一时间、某一地段的人流过于拥挤。

（2）同类商业服务设施宜成组布置，以利顾客比较选择，易产生更大吸引力。

（3）日用百货商店、杂货店等宜布置在街区边缘，提供便捷服务。

（4）大型综合商场是商业街区的重要建筑，宜布置在商业街的中部或端部，并应设休息和集散广场。

（5）以妇女为主要顾客的商店，如妇女用品、儿童用品、床上用品、化妆品商店等，宜布置在街道内部，并与综合性商场、服装店等相邻。

（6）家具店、家用电器商店，宜布置于商业街的边缘，应设置相应的场地，以利家具及大件家用电器的停放和搬运，减少对其他商业设施的干扰。

（7）使用频率较高的服务项目如烟、酒、糖果、食品、冷饮等设施应分散间隔布置，可随时提供方便服务。

（8）影剧院和其他文娱场所，应布置在街区边缘，以利疏散，并应设置集散场地。

6.3.3.6　城市中心区广场

1. **广场的分类**　广场是城市中心空间体系中的一个组成部分。根据广场的性质和功能可分为市民集会广场、交通集散广场、商业广场及文化休息广场等。

（1）市民集会广场。这类广场常常是城市的核心，供市民集会、节假日欢庆、休息等活动使用。一般由行政办公、展览性、纪念性建筑结合雕塑、水体、绿地等形成气氛比较庄严、宏伟、完整的空间环境。一般布置在城市中心交通干道附近，便于人流、车流的集散。如北京天安门广场、莫斯科红场等，都与城市干道有良好的联系。

（2）交通集散广场。主要解决人流、车流的集散。如大型影剧院、体育馆、展览馆前的广场，车站前广场及桥头广场等。各类集散广场对人流、车流、客流、货流的组织要求有不同的侧重。影剧院以人流为主，大型体育馆以人流、车流为主，而站前广场则要综合考虑人、车、货三大流线的关系。

（3）商业广场。是布置商业贸易建筑，供市民集中购物或进行市场贸易和游憩活动的广场，常与步行商业街结合设置。设计时应注意处理好广场出入口和活动区域的关系，并且在时间与空间上避免进出广场的车辆与人们步行活动的相互干扰。

（4）文化休息广场。是一种为市民提供历史、文化教育和休息的室外空间。广场的建筑、环境设施等均要求有较高的艺术价值。广场的空间、比例、尺度、视线和视角均应有良好的设计。

2. **广场的空间环境规划**　广场的空间环境包括形体环境和社会环境两方面。形体环境由建筑、道路、场地、植物、环境设施等物质要素构成。社会环境由人们的各种社会活动构成，如欣赏、游览、交往、购买、聚会等。形体环境是社会生活活动的场所，对各种行为活动起容纳、促发或限制、阻碍的作用。因此，形体环境的规划设计应满足人的生理、心理需求，符合行为规律，为人们的各种活动提供环境支持，创造适合时代要求的广场空间。

（1）广场的比例、尺度。广场的大小应与其性质功能相适应，并与周围建筑高度相称。舍特等人从艺术观点考虑的结论是：广场的大小是依照与建筑物的相关因素决定的。设计成功的广场大致有下列的比例关系：

$$1 \leqslant D/H < 2$$

$$L/D < 3$$

广场面积 < 建筑物界面面积 ×3

式中，D 为广场宽度；L 为广场长度；H 为建筑物高度。

广场过大，与周围建筑不发生关系，就难以形成有形的、可感觉的空间。越大给人的印象越模糊，大而空、散、乱的广场是吸引力不足的主要原因，对这种广场应采取一些措施来缩小空间感。如天安门广场，周围建筑高度均在 30 ~ 40 米之间，广场宽度为 500 米，宽高比为 12：1，以致使人感到空旷，但由于广场中布置了人民英雄纪念碑、纪念堂、旗杆、花坛、林带等分隔了空间，避免了过大的感觉。

（2）广场的形态。广场的平面形状可以分为规则和不规则的两种，其空间形状多由方形、圆形、三角形等几何体通过变形、重合、融合、集合、切除、变位等演变而来。可以是对称和外形完整的，也可以是不对称和外形不完整的。广场平面形状不同，给人的感受是不同的。一般地，正方形广场，无明显的纵横方向，可以突出表现广场中央部位。如要强调方向上的主次，可借助于建筑群朝向，借助于道路系统关系，亦可借助于建筑的艺术处理（如体量、色彩上的变化）。长方形广场，有纵横方向的区别。纵向、横向都可设计为主要方向，应根据实际需要和环境条件而定。其纵横向长短边之比以 3：4，1：2 为宜。当越过 1：3 时，便难以处理，易失去广场的理想空间效果。梯形广场有明显的方向性，主轴线只有一条，易于突出主题。主要建筑布置在短边上，可显雄伟庄重，布置在长边上则亲切宜人，可利用透视效果增加空间的纵深感。圆形广场，可突出中央圆心部位。不规则形广场，适宜于特殊的环境条件，可以打破严谨的对称的平面构图，比较活泼。

广场的空间形态有平面型与空间型两种，平面形的广场其空间形态主要取决于空间平面形状的变化。空间型广场又可分为上升式广场与下沉式广场，其目的主要是为解决交通问题，实行人车分流。上升式广场可以行人，让车辆在低的地面上行驶；也可以相反，让轻轨交通等在高架的平台上行驶，而把地面留给行人。下沉式广场，其下沉部分多供步行者使用，常布置在闹市中以创造闹中取静的空间环境。也可结合地下空间或地铁车站的出入口设置，以方便出入，有利于地上与地下结合，可以把自然光线和空气渗透到地下空间。

（3）广场空间的艺术处理。在《街道美学》一书中，作者芦原仪信指出，作为名副其实的广场应具备下列四个条件：①广场的边界线清楚，能成为"图"。此边界线最好是建筑物的外墙，而不是仅仅遮挡视线的围墙。②具有良好的封闭条件——阴角，容易形成"图"；③铺装面直到边界，空间领域明确，容易形成"图"；④周围的主要建筑具有某种统一和协调，D/H 有良好的比例。

上述是城镇广场处理的基本要求。此外，在处理中尚应重视以下各点：①广场周围的主要建筑物和主要出入口，是空间设计的重点和吸引点，处理得当，可以为广场增添光彩。②应突出广场的视觉中心。特别是较大的广场空间，假如没有一个视觉焦点或心理中心，会使人感觉虚弱空泛，所以一般在公共广场中利用雕塑、水池、大树、钟塔、旗杆、纪念柱等形成视线焦点，使广场产生较强的凝聚力。③广场绿地布置，应适合广场使用性质要求，植物配置力求简洁。公共活动广场集中成片绿地的比重，一般不宜少于广场总面积的25%；站前广场、集散广场的集中成片绿地不宜少于10%，一般为15%～25%。

拓展学习推荐书目

[1]　李德华 . 城市规划原理 [M]. 3 版 . 北京：中国建筑工业出版社，2001.

[2]　邓述平，王仲谷 . 居住区规划设计资料集 [M]. 北京：中国建筑工业出版社，1996.

[3]　李雄飞，等 . 国外城市中心商业区与步行街 [M]. 天津：天津大学出版社，1990.

[4]　中国城市规划学会 . 住区规划 [M]. 北京：中国建筑工业出版社，2003.

[5]　全国注册执业资格考试指定用书配套辅导系列教材编写组 . 城市规划实务100 题（全国注册城市规划师执业资格考试）[M]. 北京：中国建材工业出版社，2006.

[6]　居住区详细规划课题研究组 . 居住区规划设计 [M]. 北京：中国建筑工业出版社，1985.

[7]　中国城市规划学会 . 城市环境绿化与广场规划 [M]. 北京：中国建筑工业出版社，2003.

复习思考题

1. 居住区公共服务设施包含哪些内容？
2. 居住区公共服务设施指标的制定原则与计算方法是什么？
3. 公共服务设施分级布置的方式有几种？各级包含的主要内容有哪些？
4. 试述居住区文化商业服务中心的位置选择及布置方式。
5. 步行商业街按交通组织方法有几种形式？
6. 城市中心商务区（CBD）的含义是什么？

第 7 章

居住区道路与交通规划

学习目标

本章主要介绍了居住区道路的功能、分级与规划设计要求，居住区道路的基本形式及居住区道路规划设计的技术要求。通过本章的学习，要求读者了解城市道路交通规划的基本知识；掌握居住区道路的功能与分级；清楚居住区道路规划设计的基本要求；了解居住区道路设计的技术要求。

交通就是"人与物的运送与流通来往通达"，它包括各种现代的与传统的交通运输方式，从广义来说，信息的传递也可归入交通的范畴。城市交通主要指城市内部的交通，主要通过城市道路系统来组织。城市的形成发展与城市交通的形成发展之间有非常密切的关系，城市交通自始至终贯穿于城市的形成与发展过程之中。城市交通是与城市同步形成的，城市的形成必然包含城市交通的因素，一般先有过境交通，再沿交通线形成城市。在城市逐步现代化的同时，拥有现代交通也成为现代化城市必不可少的条件之一。

城市内部交通分布与城市道路系统的关系犹如人体血液的流动与循环系统关系。道路系统联系着城市各功能用地，城市各组成部分对交通运输各有不同的需求，如工业企业、住宅区、公共场所、车站、码头、仓库等都成为城市交通客、货流的吸引点，由此引起城市交通的发生、流向与流量，并形成了在城市内全局分布，这便是城市道路系统所承担的任务。

居住区道路是城市道路的延续，是居住空间和环境的一部分，它既是交通空间，又是生活空间，居住区道路是居住区环境设计的重要组成部分。居住区道路包括居住区内各种级别的道路，它在居住区中的作用极为重要，是居住区规划结构的空间形态骨架，也是居住区功能布局的基础；在居民的居住心理方面，它是住宅区家居归属的基本脉络，起着"家"与"非家"的连接作用；同时它又是居民进行日常生活活动的通道，有着最基本的交通功能。

7.1　城市道路交通规划

7.1.1　城市交通构成与现代交通特征

现代城市交通是一个组织庞大、复杂、严密而又精细的体系。就其空间分布来说，有城市对外的市际与城乡间的交通；城市范围内的市区与市郊间的交通。就其运输方式来说，有轨道交通、道路交通（机动车与非机动车及步行）、水上交通、空中交通、管道运输与电梯传送带等；就其运行组织形式来说，有公共交通与个体交通；就其输送对象来说，有客运交通与货运交通。

现代城市的特征是高效益和高效率。效益包括：经济效益、社会效益、环境效益，效率则主要是指城市的运转，其重要组成之一就是城市交通。现代城市交通的发展也是围绕着达到现代城市特征这一目标而努力的。

现代交通发展趋向的特征：

（1）交通工具的高速、大型、远程化。

（2）不同交通运输方式的结合。

（3）城市内外交通的延续与相互渗透。

（4）高速干道系统、城市街道系统以及步行系统的分离。

（5）城市交通组织的立体化。

（6）城市综合交通枢纽的组织，即为了加强运输效能，采取相关功能的联合。

7.1.2　城市内部交通的主要特征

（1）城市内的车辆行人交通虽错综交织，但从其运输对象来说可以分为客流与货流两类，各有其特点；

（2）各类交通的流动路线、流动数量随时间而变化，而且具有一定规律性；

（3）城市道路交通由于交通工具（方式）的不同，而对道路系统提出不同要求；

（4）城市道路交通（车流、人流）的交叉组织是城市道路系统规划的重点，对于提高道路通过能力至关重要；

（5）静态交通（包括公共交通停靠站、停车场等）是城市道路交通的组成部分，必须在城市道路系统规划中统一考虑。

城市道路系统的结构形式应该与城市内部交通的分布相配合，使主要交通流向有直接的道路联系，并使其流量大小与道路的等级相一致。应以城市用地规划布局为基础，按短捷、分散、均匀组织交通的要求，形成城市不同级别的道路交通系统。

7.1.3　城市道路系统布置的基本要求

7.1.3.1　在合理的城市用地功能布局基础上，组织完整的道路系统

城市各个组成部分是通过城市道路构成一个相互协调、有机联系的整体。城市道路系统规划应该以合理的城市用地功能布局为前提，在进行城市用地功能组织的过程中，应该充分考虑城市交通的要求，两者紧密结合，才能得到较为完善的方案。

现代城市的道路必须满足交通方便、安全、快速及城市环境整洁、宁静、美观的要求，在城市道路系统规划中，首先要做到道路功能清楚、系统分明。城市用地按功能布局时，要使各分区内既有生产及工作用地，又有居住用地，并配置完善的商业、医疗、文化娱乐等日常生活公共设施，使居民上下班及日常生活活动在较小的范围内即可解决，这样就形成了各分区内部安全、便利的交通系统。而居住区、工业区、仓库码头区、铁路车站、机场、市中心区、风景游览区、郊区等分区之间的交通，形成了全市性交通系统，主要解决各分区之间客、货运的流通。

7.1.3.2　按交通性质区分不同功能的道路

随着城市工农业生产和各项事业的发展，城市客货运交通和汽车与自行车的迅速增长，很多城市的交通问题日趋严重。大量客货运机动车交通、自行车上下班交通、日常生活的行人交通等，在城市干道和交叉口经常发生矛盾，形成交通拥挤、阻塞，引起交通事故。因此，按客货流不同特性、交通工具不同性能、交通速度差异进行分流，将道路区分不同功能已为世界各国所广泛采用。我国公安部门对城市道路交通组织提出"各从其类、各行其道"的原则，也是符合客观实际的。

我国城市道路交通正处于发展的阶段，在规划中，除大城市设有快速道外，大部分城市的道路都按三级划分，采取下述的规划指标：

（1）主干道（全市性干道），主要联系城市中的主要工矿企业、主要交通枢纽和全市性公共场所等，为城市主要客货运输路线，一般红线宽度为 30～45 米；

（2）次干道（区干道），为联系主要道路之间的辅助交通路线，一般红线宽度为25～40 米；

（3）支路（街坊道路），是各街坊之间的联系道路，一般红线宽度为 12～15 米。

除上述分级外，为了明确道路的性质、区分不同的功能，道路系统应该分为交通性道路和生活性道路两大类，并结合具体城市的用地情况组成各自道路系统。交通性道路是用来解决城市中各用地分区之间的交通联系以及与城市对外交通枢纽之间的联系。其特点为行车速度快，车辆多，交通性质以货运为主，车道宽，行人少，道路平面线型要符合高速行驶的要求，对道路两旁要求避免布置吸引大量人流的公共建筑。生活性道路主要解决城市各分区内部的生产和生活活动的需要。其特点是车速较低，交通性质以客运为主，行人为主，车道宽度可稍窄一些，两旁可布置为生活服务的人

流较多的公共建筑和停车场地。

7.1.3.3 充分利用地形、减少工程量

在确定道路走向和宽度时，尤其要注意节约用地和投资费用。自然地形对规划道路系统有很大影响。在地形起伏较大的丘陵地区和山区，道路选线常受地形、地貌、工程技术和经济等条件的限制，有时候不得不在地面上作较大的改变，纵坡也要做适当的调整。如果片面强调平、直，就会增加土方工程量而造成浪费。因此，在规划道路系统时，要善于结合地形，尽量减少土方工程量，节约道路的基建费用，便于车辆行驶和地面水的排除。道路选线还要注意所经地段的工程地质条件，线路应选在土质稳定、地下水位较深的地段，尽量绕过地质和水文地质不良的地段。

7.1.3.4 要考虑城市环境和城市面貌的要求

道路走向应有利于城市通风，一般应平行于夏季主导风向。南方海滨、江滨的道路要临水敞开，并布置一定数量的垂直于岸线的道路。北方城市冬季严寒，且多风沙、大雪，道路布置应与大风的主导风向成直角和一定的偏斜角度，以避免大风直接侵袭城市。山地城市道路走向要有利于山谷风通畅。

在交通运输日益增长的情况下，对车辆噪声的防止应引起足够的重视。一般在道路规划时可采取的措施如：过境车辆不穿越市区；控制货运车辆和有轨车辆穿越居住区；在道路宽度上考虑必要的防护绿地来吸收部分噪声。沿街布置建筑物时，在建筑设计中应作特殊处理：一般可采取建筑物后退红线；房屋山墙对道路；临街布置有专用绿地的公共建筑，根据具体情况调整道路和横断面，避免在交通频繁的交叉路口布置人流集中的公共建筑等。

城市道路特别是干道反映着城市面貌。因此，沿街建筑和道路宽度之间的比例要协调，并配置恰当的树丛和绿带，同时还应根据城市的具体情况，把自然景色（山峰、湖泊、公共绿地），历史文物（宝塔、桥梁、古建筑），重要现代建筑（电视塔、展览馆）贯通起来，在不妨碍道路的主要功能前提下，使之形成一个整体，使城市面貌更加丰富多彩。

7.1.3.5 要满足敷设各种管线及与人防工程相结合的要求

城市中各种管线一般都沿着道路敷设，各种管线工程的用途不同，性能和要求也不一样。如电信管道，本身占地不大，但它要很大的检修人孔；排水管道埋设较深，施工开槽用地就较多；煤气管道要防爆，须远离建筑物；有些管道如采用架空敷设，尚需考虑管道净空高度，以便车辆通行。当几种管道平行敷设时，它们相互之间要求一定的水平距离，以便在施工养护时不致影响相邻管线的工作和安全。因此，规划道路时要考虑有足够的用地。一般管线不多时，应根据交通运输等要求来确定道路的宽度。

在规划道路中的纵断面和确定路面标高时，对于给水管、煤气管等有压力的管道

影响不大，因为它们可以随着道路纵坡度的起伏而变化。雨水管、污水管是重力自流管，排水管道要有纵坡度，道路纵坡设计最好要予以配合。

道路规划也应和人防工程规划相结合，以利战备、防灾疏散。城市要有足够数量的对外交通出口，有一个完善的道路系统，以保证平时、战时、受灾时交通通畅无阻。

7.1.4　城市道路系统组织

7.1.4.1　城市道路的形式与功能

城市道路系统一般可以归纳为方格棋盘式、环形放射式等几种形式（见图 7-1）。这些形式是在一定的社会条件、自然条件、现状条件以及当地的建设条件下，适应城市交通以及其他要求而逐步形成的。不能生搬硬套某种形式，而应该根据各地的具体情况，按照道路系统规划的基本要求进行合理地组织，形成适合自己城市特点的道路系统形式。

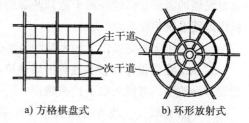

a) 方格棋盘式　　b) 环形放射式

图 7-1　城镇干道网形式示意图

城市道路系统可分为主要道路系统和辅助道路系统。前者由城市干道和交通性的道路组成，主要解决城市中各部分之间的交通联系和对外交通枢纽之间的联系。辅助道路系统基本上是城市生活性的道路系统，主要解决城市中各分区的生产和生活联系。这两种不同性质道路应根据城市总体布局的要求加以区分，不应把两种类型重叠在一条干道上，以免影响行车速度和行人安全。交通性道路系统的主要任务是把城市的大部分车流，包括货运交通及必须进入市区的市际交通，尽最大可能组织和吸引到交通干道上来，给生活性道路更加安全、宁静，而使交通性干道上的车流通畅、快速。交通性道路的选线，在小城市，一般可以从城市边缘呈切线而过；在大城市则可在居住区之外、各片用地之间通过，同时，沿线要尽可能减少交叉口（最好两交叉口间距不小于一公里），交叉口应考虑将来有改建为立体交叉的可能，以便提高交通效率。

为完善道路系统，通常采取交通分流的办法，即快、慢的分流，客、货的分流，过境与市内的分流，机动车与非机动车的分流。并采取开辟步行区、自行车道、快速公共交通专用道等辅助措施，以利于城市道路系统进一步完善提高。

7.1.4.2　旧城道路系统的改善

旧城道路系统是在一定的历史条件和当地具体情况下形成的，由于缺乏统一规划与有序建设，以致道路系统混乱，功能不清，曲折狭窄。随着生产和交通事业的发展，许多城市原来的道路迫切需要改善，以满足交通的要求。

1. 改善旧城道路系统要和城市用地布局同时考虑　由于用地布局的不合理，带来不必要的往返交通量，因此对吸引大量货流和人流的单位在用地上做适当的调整，可以减少一部分城市道路交通量。对于工业运输和客运交通中存在的薄弱环节，要妥善解决。此外，可采取下述措施：

（1）对原有道路作必要的分工，重新分配车流和人流，尽可能减少各种车流之间以及车流与行人之间的干扰。

（2）利用平行的、路面宽度不足的街道，组织单向行车，提高行车的安全性和道路的通行能力。

（3）为了疏散闹市地区和车流量大的街道的交通量，或者为了适应市区外围地区建设发展的需要，修建环形干道和开辟绕行干道，对减轻旧有道路的交通负担、改善城市道路系统很有成效。

（4）封闭次要交叉口，加大某些主要交叉口之间的距离。

2. 从工程建设方面着手改善旧城道路系统　改善旧城道路系统时，还可以从工程建设方面着手，考虑采取下述措施：

（1）拓宽取直、改善道路线型。在原有道路的基础上，按照道路系统规划的要求，对曲折狭窄的道路和局部道路卡口，有重点地拓宽和拉直，以提高道路的通行能力。根据道路两旁建筑情况，采取一侧或两侧拆除旧有建筑来进行。道路宽度要远近结合一次确定，但可以分期逐步实现规划的目标。

（2）提高交叉口的通行能力。城市道路的通行能力在很大程度上取决于交叉口的间距以及在交叉口上的交通组织方式。道路交叉口是交通咽喉，一般在交叉口附近容易引起交通阻塞，降低道路的通行能力。通常可以采取控制车辆行驶，即限制某种车辆行驶、限制左转行驶、限制车速等措施；也可采取改变交通路线的办法，把部分车辆引到平行干道的支路上去，简化交叉口复杂的交通组织；还可以拓宽交叉口，提高通行能力。

7.2　居住区道路的功能、分级与规划设计要求

7.2.1　居住区道路的类型

居住区内一般有车行道和步行道两类。车行道担负着居住区与外界及居住区内部机动车与非机动车的交通联系，是居住区道路系统的主体。步行道往往与居住区各级绿地系统结合，起着联系各类绿地、户外活动场地和公共建筑的作用。在人车分行的居住区（或居住小区）交通组织体系中，车行交通与步行交通互不干扰，车行道与步行道在居住区中各自独立形成完整的道路系统，此时的步行道往往具有交通和休闲双重功能。在人车混行的居住区（或居住小区）交通组织体系中，车行道几乎负担了居住区（或居住小区）内外联系的所有交通功能，步行道则多作为各类绿地和户外活动

场地的内部道路和局部联系道路，更多地具有休闲功能。

7.2.2　居住区道路的功能

居住区内部道路的功能要求大致可分为以下几方面：

（1）居住区内部道路主要是满足居住区日常生活方面的大量交通活动。我国目前以步行、自行车交通为主，在一些规模较大的居住区内，还会通行公共汽车，还要考虑通行出租车、私人摩托车和小汽车的问题；

（2）通行清除垃圾、递送邮件等市政公用车辆；

（3）居住区内公共服务设施和工厂的货运车辆通行；

（4）满足铺设各种工程管线的需要；

（5）道路的走向和线型是组织居住区建筑群体景观的重要手段，也是居民相互交往的重要场所（特别是一些以步行为主的道路）；

（6）居住区内部道路还要考虑一些特殊情况，如供救护、消防和搬运家具等车辆的通行。

7.2.3　居住区道路的分级

居住区道路通常可分 4 级，即居住区级道路、居住小区级道路、住宅组团级道路和宅前宅后小路（见图 7-2 和图 7-3）。规划中各级道路宜分级衔接，以形成良好的交通组织系统，并构成层次分明的空间领域感。

图 7-2　上海曹阳新村居住区道路系统四级配置示意图

1. **居住区级道路**　居住区内外联系的主要道路，红线宽度一般为 20～30 米，山地城市不小于 15 米，车行道宽度一般需 9 米，如通行公共交通时，应增至 10～14 米。道路断面多采用一块板形式，在规模较大的居住区中的部分道路亦可采用三块板形式。人行道宽 2 ~ 4 米不等。

2. 居住小区级道路　是居住区的次要道路，用以解决居住区内部的交通联系。道路红线宽度一般不小于 14 米（采暖区），或 10 米（非采暖区），车行道宽度 5 ~ 8 米，多采用一块板的断面形式。人行道宽 1.5 ~ 2 米。

3. 住宅组团级道路　既是居住区内的支路又是居住小区内的主要道路，道路红线之间的宽度不小 10 米（采暖区）或 8 米（非采暖区），车行道宽度 5 ~ 7 米。

4. 宅间小路　通向各户或各住宅单元入口的道路，宽度不宜小于 2.6 米。

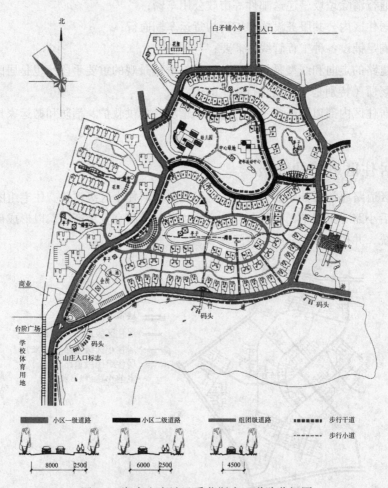

图 7-3　湖南金鹰城圣爵菲斯小区道路分级图

7.2.4　居住区道路规划设计的原则

居住区要为居民提供方便、安全、舒适和优美的居住环境，而道路规划设计却影响着居民出行的方便和安全。

（1）根据居住区（小区）地形、气候、用地规模、人口规划、规划组织结构类型、规划布局、用地周围的交通条件、居民出行方式与行动轨迹以及交通设施发展水平等因素，规划设计经济、便捷的道路系统和道路断面形式。

（2）居住区（小区）的内外联系道路应通而不畅、安全便捷，既要避免往返迂回和外部车辆及行人的穿行，也要避免对穿的路网布局形式。

（3）道路的布置应分级设置，以满足住区内不同的交通功能要求。形成安全、安静的交通系统和居住环境。

（4）应满足居民日常出行以及区内商店货车、消防车、救护车、搬家车、垃圾车和市政工程车辆通行要求，并考虑居民小汽车通行需要。

（5）区内道路布置应满足创造良好的居住卫生环境的要求，区内道路走向应有利于住宅的通风和日照。

（6）应满足地下工程管线的埋设要求。

（7）在地震烈度不低于六度的地区，应考虑防灾救灾要求，保证有通畅的疏散通道，保证消防、救护和工程救险等车辆的出入。

（8）在旧城改建地区，道路网规划应综合考虑原有地上地下建筑及市政条件和原有道路特点，保留利用有历史文化价值的街道。

（9）区内道路网的规划设计应有利于区内各种设施的合理安排，并为建筑物、公共绿地等的布置及创造有特色的环境空间提供有利的条件。

（10）区内道路布置应有利于寻访、识别、街道命名编号及编排楼门号码。

7.2.5　居住区道路规划设计的基本要求

（1）在居住区级道路以上还有城市级的生活性和交通性主干道以及城市级生活性和交通性次干道，这些道路起着联系城市各主要功能区以及联系居住区与城市其他功能区的作用，而且常常位于居住区和居住小区周围。区内道路与外围道路至少应有两个出入口，以保证有良好的内外联系。当居住区级或居住小区级道路在城市交通性干道上开出口时，其出口间距在 150 米以上，当居住区（小区）道路与城市道路相交接时其交角不宜小于 75°，以避免对城市交通的干扰，保证安全。

（2）在居住区的公共活动中心内，应设置为残疾人通行服务的无障碍通道，通行轮椅的坡道宽度不应小于 2.5 米，纵坡不应大于 5%。

（3）区内尽端式车道长度不宜超过 120 米，在尽端应设 12m×12m 的回车场地。如车道宽度为单车道时，则每隔 150 米左右应设置车辆互让处。

（4）当区内用地坡度大于 8% 时，应辅以梯步解决竖向交通，并且在梯步旁附设自行车推行车道。

（5）在多雪地区，考虑堆积、清扫道路积雪的用地面积，区内道路可酌情加宽。

（6）区内需考虑私人小汽车和单位通勤车的停放场地。道路走向要便于职工上下班，尽量减少反向交通。住宅与最近的公共交通站之间的距离不宜大于 500 米。

（7）区内道路的纵坡应符合居住区（小区）内道路纵坡控制标准。对机动车与非机动车混行的道路纵坡，宜按非机动车道纵坡控制指标或分段按非机动车道纵坡控制指标要求控制；对山区和丘陵地区的道路系统规划设计，人行与车行宜自成系统，分开设置，路网布局形式应因地制宜，主要道路宜平缓，路面可酌情缩窄，但同时应安排必要的排水沟和会车位置。

（8）在多雪严寒的山坡地区，区内道路路面应考虑防滑措施；在地震设防地区，区内主要道路宜采用柔性路面。

（9）区内道路边缘至建筑物、构筑物的最小距离，应符合有关规定，以满足建筑底层开门开窗、行人出入不影响道路通行以及安排地下工程管线、地面绿化、减少对底层住户视线干扰等要求。

（10）沿街建筑物长度超过 160 米时，应设宽度与高度均不小于 4 米的消防车通道。

（11）人行出口间距不宜超过 80 米，当建筑物长度超过 80 米时，应在建筑物底层设人行通道，以满足消防规范的有关规定。

（12）应充分利用和结合地形，如尽可能结合自然分水线和汇水线，以利雨水排除。在南方多河地区，道路宜与河流平行或垂直布置，以减少桥梁和涵洞的投资。在丘陵地区则应注意减少土石方工程量，以节约投资。

7.3　居住区道路系统的基本形式与规划

居住区道路系统规划通常是在居住区交通组织规划下进行的，其规划设计与居住区内外动、静态交通的组织密切相关，也即与居民的出行方式和拥有的私人交通工具密切相关，同时应根据地形、现状条件、住宅特征和规划结构及景观要求等因素综合考虑。

居住区内动态交通组织可分为"人车分行"的道路系统、"人车混行"的道路系统和"人车共存"的道路系统三种基本形式。居住区（或居住小区）的道路系统在联系形式上有互通式、尽端式和综合式三种，在布局上可有三叉型、环型、半环型、树枝型、风车型、自由型等多种形式。

7.3.1　人车交通分行的道路系统

这种形式是由车行和步行两套独立的道路系统所组成。这里我们提到的步行道路，不是指车行道路旁边的步行道，而是专指独立的步行者专用道路。它的宽度一般为 2m 左右，可以保证两人并行，轮椅车也可以交错通过。如果空间允许，可以将步行道路设计为 4 ~ 6m，在其中部分空间种植草木，或者形成局部放大空间，供人们在此交流、休息，或布置简单的儿童玩具、绿荫长廊等。同时，在大面积的绿地当中适当地设置人行散步道，让人们可以走在绿色当中，充分享受自然资源。在机动车日益普及和增多的现代都市中，确保安全舒适的步行道路已成为判定住区环境品质、人居舒适程度的重要尺度之一。

　　为了创造安全、安心的交通环境，我们在规划设计中尽可能地将人与机动车分离，尽量减少步行道路与机动车流的交叉或共存。其基本的手法有以下三种（见图 7-4）。

　　（1）线式分离。步行道路与机动车道路只进行点或垂直交叉，呈线式分离状态。

　　（2）面式分离。将住区的社区单位组团进行细小分割，让居住小区道路围绕在组团周围，组团内部没有机动车通过，成为完全的自由步行空间。

　　（3）立体分离。在地下或二层高度设置步行道路，地面为车行交通；或者是地下为车行交通，地面为步行空间，形成两者在空间上的立体分离，从根本上杜绝人行与车行的交叉或共存。

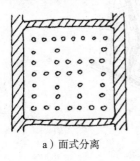 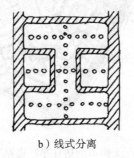 

a）面式分离　　　　　　b）线式分离　　　　　　c）立体分离

图 7-4　人车分行系统

7.3.2　人车混行的道路系统

　　"人车混行"是居住区内最常见的居住区交通组织方式，这种方式在私人小汽车数量不多的国家和地区比较适合，特别对一些居民以自行车和公共交通出行为主的城市更为适用，我国目前大多数城市基本都采用这种方式，其特点是既经济又方便。居住区内车行道明确分级并贯穿于居住区或小区内部，道路系统多采用互通式、环状尽端式或两者结合使用。

　　北京大兴县富强西里小区为环型尽端式人车混行道路布局，环型尽端式道路布局的优点在于能保证组团安静与安全，形成强烈的领域感（见图 7-5）。

　　天津川府小区为环型互通式人车混行的道路系统，小区人车交通均通过同一个路网进行。此类路网规划应在道路的线型和衔接上

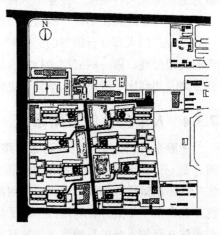

图 7-5　北京大兴富强西里居住小区
道路系统

特别注意分级处理（见图 7-6）。

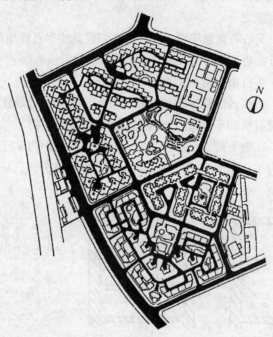

图 7-6　天津川府居住小区道路系统

7.3.3　人车部分分行的道路系统

　　人车部分分行的道路系统是介于"人车分行"和"人车混行"之间的道路组织形式。

　　武汉保利花园小区实行人车分行，沿外环设车行道。人行线以林荫步道与水榭步道为主，形成人行系统。商业街人流与住区人流分开互不干扰。

　　居住区（或居住小区）的道路交通组织除平面上的处理之外，还可以通过立体空间的处理达到人车分行的目的。一般的人车混行的交通组织通过将步行系统整体或局部的高架处理，做一些二层步行平台或步行天桥，可以使人行和车行在立体空间上得到分离，达到比一般平面人车分行更好的效果。

7.3.4　人车共存的道路系统

　　一般来讲，人车完全分流的道路形态既能保证行人的安全，又能保证车辆的畅通，是一个两全其美的道路设计。但是，在当今的住宅小区规划中，由于地价高涨、住宅的需求量增大等社会原因，如何高效利用土地成为重要的规划条件。再加上家庭汽车拥有率年年上升，利用汽车成了生活方式的一部分，因此，在住宅小区的规划中要求建立新的人车关系的要求越来越高。在生活道路的规划中，如何规划作为生活空间的"路"是非常重要的。因为这关系到创造良好的室外环境与汽车的利用是否可以两全的问题。在日常的生活中，我们最为常见的交通系统模式为人车共存的通常模式（见图 7-7），在平等道路的旁边设置步行道，人与机动车的动线并列存在。

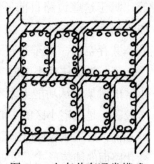

1970 年在荷兰的德尔沃特最先采用了被称为 Woonerf 的"人车共存"的道路系统，以后在德国、日本等其他一些国家被广泛采用。这种道路系统更加强调人性化的环境设计，认为人车不应是对立的，而应是共存的，将交通空间与生活空间作为一个整体，使街道重新恢复勃勃生机。早在 1963 年，在规划设计荷兰新城埃门（Emmen）时，就开始探讨在城市街道上，小汽车使用和儿童游戏之间冲突的解决办法，其手段不是交通分流，而是重新设计街道，使两种行为得以共存，认为使各种

图 7-7　人车共存通常模式

类型的道路使用者都能公平地使用道路进行活动是改善城市环境的关键因素。研究表明，通过将汽车速度降低到步行者的速度时，汽车产生的危害，如交通事故、噪声和振动等也大为减轻。实践证明，只要城市过境交通和与居住区无关车辆不进入居住区内部，并对街道的设施采用多弯线型、缩小车行宽度、不同的路面铺砌、路障、驼峰以及各种交通管制手段等技术措施，人行和车行是完全可以合道共存的。

7.3.4.1　采用人车共存道路的意义

1. **安全性和方便性的两全**　住宅小区内的道路（生活空间）在保证行人安全的同时，也是垃圾车、送货车及急救车等通行的空间。而且为确保机动车使用的方便，可以将小区停车场布置在住宅附近。规划人车共存道路的目的就是为了保证行人的安全、方便居民的生活。

2. **创造舒适的生活道路空间**　住户门前的生活道路（共用空间、宅前路等）原则上不具备过境交通的功能，并应控制交通量。对于居民来说，这种道路是身边的户外活动场所。住户前的道路具有明确的领域性，属于半公共空间。正是这种道路空间的设计手法培育了居民的社区意识，使居民意识到人与车之间需要一定的秩序。

3. **提高土地利用率**　小区采用人车共存的道路规划方式可以降低道路的土地占有率。例如：采用雷德朋规划体系，完全实行人车分流的住宅小区道路的占地比例为 21.9%，而采用人车共存设计方式的组团多层住宅小区，道路占有率为 17.7%。很明显，人车共存有利于提高土地的利用效率，可将节省下来的土地用到其他地方（住宅、广场、停车场）。

特别是最近，我国的家庭汽车拥有率越来越高，因此，确保停车空间成为小区规划上的重要课题。精心设计而成的停车场，既可保证汽车进出生活道路的通畅，还应发挥其作为住户门前的共用空间的功能。即白天没有停车的空间可作为儿童的游戏场，使土地可以重复利用。

7.3.4.2　人车共存道路的分类

住宅小区的人车共存道路具有生活化的特点，可设计成庭院式道路、社交式道路等，对于这些道路目前还难以做出明确的定义。在实际规划中，应该根据开发规模、住宅密度、设施布置、住宅形态等，采取具体事例具体对待的方式，摸索、创造新的人车共存空间。人车共存道路大致分为四大类。

第一类是住宅小区的主要社区道路。主要社区道路是该小区居民交流的核心，是该小区的骨架。从功能上来看，主要社区道路连接着周围行人专用道及公园、商业设施、学校等，是住宅小区的中心生活道路。该道路限制过境交通，对于因特殊原因进入小区的车辆，可采取各种措施限制其速度，以保障行人的安全。同时，也应通过种树、栽花、变化路面的铺装形式、设置照明灯、长椅等公共设施等，营造出舒适的社区环境。

第二类是根据改变道路形状的概念而设计的道路。这种道路就是通过不断改变通往住宅、住户的宅前路的形状来谋求人车共存。因为这种道路是最接近日常生活的道路，所以必须采取措施（设置标识物、写明小区的性质），有意识地阻止过境交通，或降低车辆的行驶速度以保证行人的安全。从有效利用空间的观点出发，可在共存空间内确保停车空间和游戏空间等。

第三类是为了扩大行人的活动空间，把共用空间与宅前路一体化，使其具有广场特性。为阻止过境交通，可采用尽端式道路（死胡同）。采用这种道路形式可以限定道路周围的住户数量，有利于促进社区社会的形成。而已在与道路相同的平面上设有居民专用的停车场，不停车的时间可以作为儿童的游戏场。

第四类是独立住宅小区的街区道路，是直接为住户服务的道路。虽然可以设想到会有若干个过境交通，但是这些现象都可通过环路、尽端式道路加以限制，也可采用使人感到行人优先的道路设计形式。

7.3.4.3　人车共存道路的设计

1. 人车共存道路的基本要素　人车共存道路以采用能控制机动车速度的道路结构为原则，并采取各种措施强制车辆低速行驶，提高行人的安全舒适性。因此，车辆通道的宽度不必固定不变，但是，在决定路宽之际，必须考虑到要便于消防车等紧急车辆的救急行动。

2. 人车共存道路宽度构成　人车共存道路宽度包括步行（含绿化）、自行车及机动车的通行宽度。表 7-1 为日本集合住宅小区步行空间及车辆通道的宽度数值标准。如果道路的形式不影响救急活动，且道路区间很短的情况下，可以按括号内的数值放宽。

表 7-1 日本集合住宅小区道路宽度构成

道 路 形 式		断 面 图	规划设计上的注意事项
共存型步行干路	分流型	 3m　4m(3m)　3m 步行、自行车　机动车　步行、自行车	• 景观要素，需要栽树、种花 • 宽度尽量设宽，使道路与公园、广场形成一体 • 减少人行道与车道的高差，使行人便于横穿道路
共存型步行干路	融合型	 3～3.5m　4m(3m)　3～3.5m 步行、自行车　机动车　步行、自行车	• 要易于辨认车行区，车行区不可设计过宽 • 可以作为人车共存的林荫道 • 与沿路设施连成一体的规划设计 • 种植花草树木，设置长椅等公共设施
共存型支路	分流型	 3～3.5m　4.5m(3m)　3～3.5m 步行、自行车　机动车　步行、自行车	• 机动车道按支路规格设计 • 人行道是供人散步及通往目的地的流线，最重要的是要便于行走 • 减少人行道与机动车道的高差，便于行人横穿马路
共存型支路	分流型	 3m　4m 步行、自行车　机动车	• 是街道景观的重要因素 • 机动车进入车库的路穿过人行道 • 道路的总宽度过窄时不适合
共存型街区道路	融合型	 4m　2m 机动车、自行车　步行	• 是街道景观的重要因素 • 通过在交通路口设置隆起条或收缩道路宽度来限制车速 • 设置隆起条应注意不要影响行人及母子车等的通行
共存型街区道路	分流型	 5m　5m　1.5m 机动车、自行车　步行	• 因为是采用两用型停车场，所以道路宽度不同 • 在入口处设隆起条或收缩道路宽度 • 与庭院相连
共存型宅前路	融合型	 5m　5m 机动车、自行车、步行	• 因为是两用型停车场，所以道路宽度不同 • 在入口处设隆起条或收缩道路宽度时要注意不影响行人及母子车等的通行 • 与庭院相连
共存型宅前路	共用空间 融合型		• 设计时，无需交通工程学方面的技术 • 应注意两用停车场的布置形式、共用空间的形式与住户布置的关系 • 重点是规模和设计质量 • 与庭院相连

3. **道路主体的平面线形有以下几种**（见图 7-8）①蛇行型；②曲折、移位矩形型；③路宽变化型；④路宽收缩型；⑤道路封闭型。

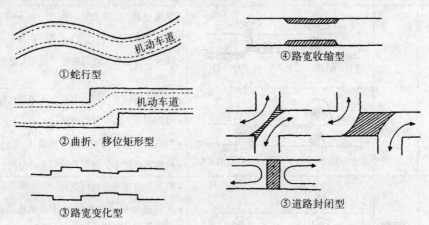

①蛇行型

②曲折、移位矩形型

③路宽变化型

④路宽收缩型

⑤道路封闭型

图 7-8　道路主体的平面线形

4. **立体要素中有隆起条**　只要选择合适的断面形状和隆起间隔就能起到限制行车速度的作用。隆起条的种类如图 7-9 所示。

除此以外，虽然不在道路上设置物理性障碍，但是，通过路面铺设的变化，即运用设置印象障碍的手法，刺激司机的视觉，以达到心理效果。

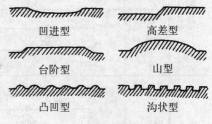

凹进型　　高差型

台阶型　　山型

凸凹型　　沟状型

图 7-9　道路隆起条断面形状

7.3.5　居住区道路系统的布置形式

居住区道路系统的形式应根据地形、现状条件、周围交通情况以及规划组织结构等因素综合考虑，不应只追求形式与构图。

居住区内主要道路的布置形式常见的有丁字形、十字形、山字形等。

小区内部道路的布置形式常见的有环通式、半环式、尽端式、混合式等（见图 7-10）。在地形起伏较大的地区，为使道路与地形紧密结合，还有树枝状、环形、蛇形等形式。

1. **环通式道路系统的特点**　小区内车行和人行通畅，组团划分明确，便于设置环状工程管网，但如果布置不当，则会导致过境交通穿越小区，居民易受过境交通的干扰，不利于安静和安全。

2. **尽端式道路系统的特点**　可减少汽车穿越干扰。宜将机动车辆交通集中在几条尽端式道路上，步行系统连续，人行、车行分开，小区内部居住环境较为安静、安全，同时可以减少道路面积，节省投资，但机动性差，对自行车交通不够方便。

3. **混合式道路系统的特点**　综合以上两种形式的优点，既发挥环通式的优点，以弥补自行车交通的不便，又保持尽端式安静、安全的优点。

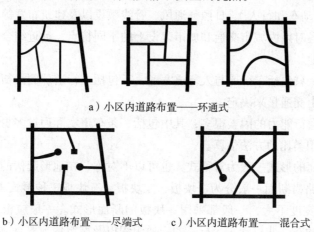

a）小区内道路布置——环通式

b）小区内道路布置——尽端式　　c）小区内道路布置——混合式

图 7-10　小区内道路布置

7.4　居住区道路规划设计的技术要求

7.4.1　道路宽度及横断面的确定

道路横断面一般由车行道、人行道和绿带等组成（见图 7-11）。城市（居住区）道路宽度有路幅宽度与道路宽度两种含义。

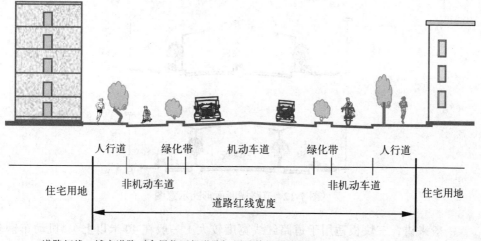

道路红线：城市道路（含居住区级道路）用地的规划控制线
建筑线：一般称建筑控制线，是建筑物基底位置的控制线

图 7-11　道路横断面组成示意图

路幅宽度，即道路红线之间的宽度，是道路横断面中各种用地宽度的总和。城市道路宽度的确定应根据城市的性质、规模和道路系统规划的要求，并综合考虑交通量（机动车、非机动车和行人）、日照、通风、管线敷设以及建筑布置等因素，同时要综合不同城市在各时期内城市交通和城市建设上的不同特点，远近结合，统筹安排，适当留有发展余地。

道路宽度，只包括车行道与人行道宽度，不包括人行道外侧沿街的城市绿化等用地宽度，主要由交通量来决定。

影响道路通行能力的因素很多，其中包括一条车道实际通过多少车数，一般是从实际观测中和用类比的方法估算。

道路横断面的形式一般为对称式，也可以不对称，在地形起伏的地段甚至可不在同一高度。道路横断面一般分为一块板、二块板、三块板三种形式（见图7-12）。居住区道路由于宽度不大，一般都采用一块板的断面形式。一般应根据道路性质、等级，并考虑机动车、非机动车、行人的交通组织以及城市用地等具体条件，因地制宜确定之，不应受这三种基本形式的限制。一块板是所有车辆都在同一条车行道上双向行驶；二块板是由中间一条分隔带将车行道分为单向行驶的两条车行道，机动车与非机动车仍为混合行驶；三块板有两条分隔带，把车行道分成三部分，中间为机动车道，两旁为非机动车道。除了这三种以外，横断面的组成还可有其他形式。

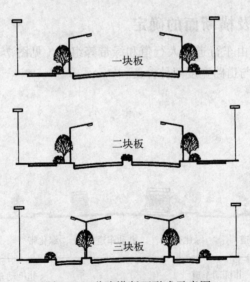

图 7-12 道路横断面形式示意图

一般来讲，三块板适用于道路红线宽度较大（一般在40米以上）、机动车辆多（需要≥4条机动车道）、行车速度快以及非机动车多的主干道。一块板适用于道路红线较窄（一般在40米以下）、非机动车不多、设四条车道已能满足交通量需要的情况。在用地困难、拆迁量较大的地段以及出入口、人流较多的商业性街道，单方向交通量集中、交通量大的道路可先考虑。有时虽然红线宽度在 40 米以上，但有一定功能要求时也可采用一块板形式。两块板可以减少双向机动车相互之间的干扰，适用于双向交通量比较均匀而且车速较快的情况。

道路横断面设计要考虑远近期结合的要求，为了适应城市交通运输不断发展的需要，道路横断面的设计既要满足近期建设要求，又能为远期发展提供过渡条件，近期不需要的路面不应铺筑。新建道路要为远期扩建留有余地，备用地在近期可加以绿化。对路基、路面的设计，应考虑远期仍能充分利用为原则。

道路横断面各组成部分的宽度应根据道路等级、性质、红线宽度和有关交通情况来确定。道路横断面的设计要满足交通、路面排水、地下、地上管线的布置和城市面貌等要求。

7.4.2　道路平曲线、路口转弯半径及交叉口的视距

7.4.2.1　道路平曲线和路口转弯半径

当道路中线按走向和地形要求，折角大于 3 度时应设平曲线（见图 7-13），居住区内道路的平曲线半径一般为 125 ~ 200 米，在地形复杂地段或受现状条件限制时可采用最小半径 25 ~ 50 米。

道路转弯半径（见图 7-14）的大小应根据机动车的最小转弯半径和道路的等级来确定，一般分以下几种：

（1）居住区级道路和居住区级以上道路相交，转弯半径 $R = 10 ~ 15$ 米。

（2）居住区级道路和小区级道路相交，$R = 9 ~ 10$ 米。

（3）小区级道路与小区级以下道路相交，$R = 6$ 米。

（4）小区级道路与城市干道相交，$R = 10 ~ 15$ 米。

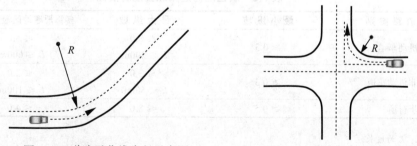

图 7-13　道路平曲线半径示意图　　　　图 7-14　道路转弯半径示意图

7.4.2.2　道路交叉口的视距

为保证交叉口上的行车安全，驾驶员在进入交叉口之前的一段距离内，能看见相交道路驶来的车辆，以便安全通过或及时停车避免发生意外，这段必要的距离（称最

小安全停车视距）应不小于车辆行驶时的停车视距离。

　　由两相交道路的停车视距在交叉口所组成的三角形，称为视距三角形（见图 7-15）。在视距三角形以内不得有任何阻挡驾驶人员视线的物体存在。此范围内如有绿化，应控制其高度不大于 0.7 米。

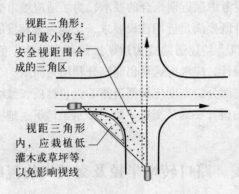

图 7-15　道路视距三角形示意图

　　视距三角形是设计道路交叉口的必要条件。应从最不利的情况考虑视距三角形的组成，一般为最靠右的第一条直线车道与相交道路最靠中间的一条车道所构成的三角形。

7.4.3　道路的纵横坡度

　　1. **道路纵坡**　道路的纵坡与路面材料、气候特点和行车性能密切相关。道路设置最小坡度的目的是满足路面排水要求，设置最大坡度是为了考虑行车安全要求。居住区内道路纵坡应符合控制指标的规定（见表 7-2）。当机动车与非机动车混行时，其纵坡宜按非机动车道要求，或分段按非机动车道要求控制。

表 7-2　居住区内道路纵坡控制指标　　　　　　　　　　（%）

道路类别	最 小 纵 坡	最 大 纵 坡	多雪严寒地区最大纵坡
机动车道	≥ 0.3	≤ 8.0 L ≤ 200m	≤ 5.0 L ≤ 600m
非机动车道	≥ 0.3	≤ 3.0 L ≤ 50m0	≤ 2.0 L ≤ 100m
步行道	≥ 0.5	≤ 8.0	≤ 4.0

注：L 为坡长。

　　居住区内道路最大纵坡控制指标是为了保证车辆安全行驶的极限值，在一般情况下最好尽量少出现，尤其是在多冰雪地区、地形起伏大及海拔高于 3 000 米等地区要严格控制，并要尽量避免出现孤立的道路陡坡。

　　机动车道的最大纵坡及相应的坡长限制，是为了防止刹车失效并保障司机的正常驾驶状态而不至产生心理紧张，防止事故发生。

对于非机动车道的纵坡限制，主要是根据自行车交通要求确定的，它对于我国大部分城市是极为重要的，因为在现阶段，自行车对一般居民来说不仅是出行代步的交通工具，而且也是运载日常物品的运输工具。据普查数据显示，往往城市越小和公共交通不发达的地区，自行车出行量在全部出行量中所占的比重也越高（山区城市除外）。

至于道路最小纵坡值，从驾驶车辆角度出发，道路越直越好，但纵坡的最低限还必须保证顺利地排除地面雨水。不同的路面材料所适宜的最小纵坡也是不同的：水泥及沥青混凝土路面不小于 0.3%，整齐块石路面不小于 0.4%，其他低级路面不小于 0.5%。

2. **道路横坡** 道路横断面设置坡度是为了满足路面排水要求。道路横坡的大小随路面情况而异，水泥与沥青混凝土路面为 1.5% ～ 2.5%，整齐块石路面为 2.5% ～ 3%，其他低级路面为 3% ～ 4%。当道路宽度大于 6 米时一般采用双坡面，小于 4 米时，可采用单坡面。当车行道路面纵坡小于 1% 时，才可采用最大横坡。人行道横坡为 1% ～ 2%，坡向车行道。

7.4.4 居住区内静态交通的组织

居住区内静态交通组织是指各类交通工具的存放方式，一般应以方便、经济、安全为原则，采用集中与分散相结合的布置方式，并根据居住区的不同情况可采用室外、室内、半地下或地下等多种存车方式。

7.4.4.1 自行车存车设施的规划布置

根据《城市居住区规划设计规范》（GB 50180—93）的规定，自行车应存放在室内。

（1）自行车停车设施的规划布置形式与原则。居住区自行车停车设施有独立停车库、停车棚、住宅底层、地下或半地下停车房和住宅出入口露天停放等几种常见形式（见图 7-16 ～ 图 7-18）。停车方式有集中停放和分散停放两大类。大中型集中式独立停车库和停车棚通常设于居住小区或若干住宅组团中部或主要出入口处，并具有合适的服务半径为整个小区或组团的居民服务；中小型集中式停车棚或露天停车场常设于公共建筑前后或住宅组团内，为组团中和使用公共建筑的居民服务；小型分散式停车棚、住宅底层（地下、半地下层）停车房和露天停车场常为一栋或几栋住宅内的居民服务。

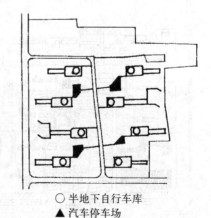

○ 半地下自行车库
▲ 汽车停车场

图 7-16 北京市富强西里居住小区每个住宅组设一半地下自行车库，每两个住宅组设一汽车停车场

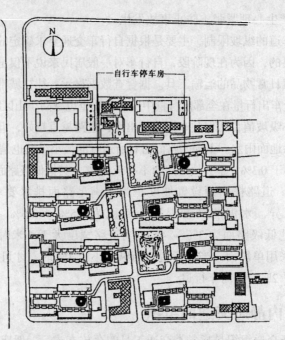

图 7-17 北京大兴县富强西里小区自行车停车设施布置采用
分散式停车房的方法，在每组团的人口处设一小型
自行车停车房供组团里的居民使用

上述各类停车形式各有利弊，并常常结合使用，规划应以方便、经济、安全为原则。

（2）常见车棚形式及其尺寸（见图 7-19）。

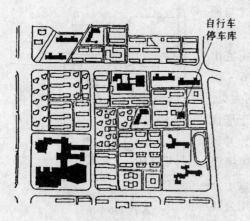

图 7-18 上海曲阳新村的北小区自行车停
车设施采用在独立地段设相对集
中的中型双层自行车停车库

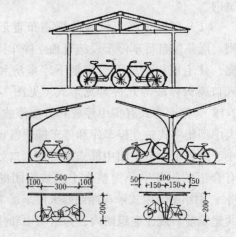

图 7-19 常见车棚形式示意图
（单位：厘米）

7.4.4.2　机动车停车设施的规划布置

私人小汽车进入普通家庭在我国还刚刚起步，此外，在居住区内单位公车的存放数量也相当可观，对居住区的外部环境质量带来极大的影响。

1. 停车指标　国家对机动车的存车指标没有统一的规定，但各省市根据本地的具体情况已制定相应的停车指标（见表 7-3）。

表 7-3　各省（市）住宅建筑停车位控制指标举例

省（市）	住区分类	机动车（辆/户）	自行车（辆/户）	备注
陕西省	一类	1.0	0.5	高档住宅、别墅，以低层为主
	二类	0.8	2.0	普通住宅，以多、高层住宅为主
	三类	0.5	2.0	经济实用房
	四类	0.3	2.0	廉租房
江苏省 （2004）	一类	1.0	1.0	以低层住宅为主
	二类	0.4	2	以多、中、高层住宅为主
杭州市 （2005）	一类	≥ 1		户型建筑面积在 150 平方米
	二类	≥ 0.7		户型建筑面积在 100 ~ 149 平方米
	三类	≥ 0.5		户型建筑面积在 80 ~ 100 平方米
	四类	≥ 0.15		户型建筑面积在 79 平方米以下的

2. 机动车停车设施的基本形式　居住区机动车停车设施一般有集中或分散式停车库、集中或分散式停车场、路边分散式停车位和分散式私人停车房几种形式（见图 7-20 ~ 图 7-22）。在低层花园式居住区中，较多采用分散式的私人停车房或路边停车位；在多层居住区中多采用分散式的停车场或停车库；在高层居住区中或大型公建周围，较多采用集中式停车场或停车库。

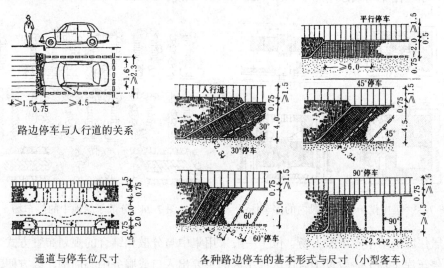

路边停车与人行道的关系　　通道与停车位尺寸　　各种路边停车的基本形式与尺寸（小型客车）

图 7-20　路边停车位的基本形式与尺寸（单位：米）

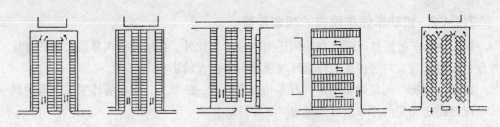

图 7-21 停车场的基本形式

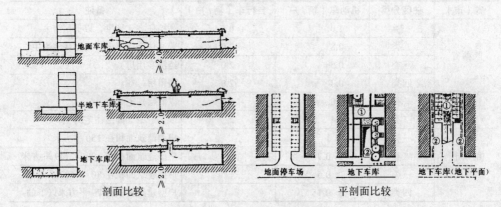

剖面比较   平剖面比较

图 7-22 停车库的基本形式

3. 机动车停车设施的规划布置形式和原则 居住区机动车停车库（位）的规划布置应根据整个居住区或小区的整体道路交通组织规划来安排，以方便、经济、安全为规划原则。有分散于住宅组团中或绿地中的停车库或露天停车位，也有集中于独立地段的大中型停车场或停车库（见图 7-23 和图 7-24）。

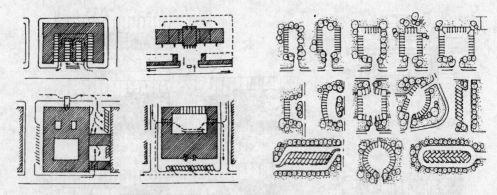

图 7-23 集中设于独立地段内的停车场   图 7-24 分散于绿地中的停车场

居住区机动车停车库（场、位）一般采用集中与分散相结合的规划布置方式。集中的停车库（场）一般设于居住区或小区的主要出入口或服务中心周围，以方便购物并限制外来车辆进入居住区或小区，分散的停车库（位）一般设于住宅组团内或组团外围,靠近组团出入口以方便使用,同时应注意设置步行路与住宅出入口及区内步行系统相联系,以创造良好的居住环境(见图 7-25 ~ 图 7-28)。

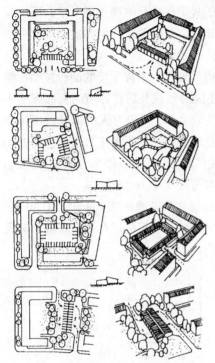

图 7-25 分散于住宅组团内的停车场

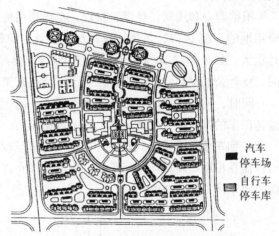

汽车
停车场

自行车
停车库

图 7-26 上海三林苑小区采用分散的布置,将汽车分散布置在院落和高 2.2 米的架空层,远期还考虑在小区公园下面留有 200 辆车的地下车库,自行车、机动车、摩托车也分散停在高 2.2 米架空层内

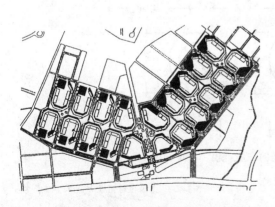

图 7-27 德国汉堡斯台尔斯荷普居住区由 20 个住宅组团组成,在每个组团的入口处布置了汽车停车场,保证了住宅院落的安宁

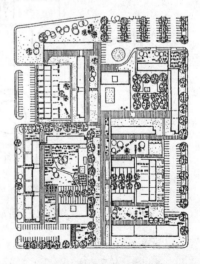

图 7-28 加拿大温哥华马可林公园住宅群将停车场分散布置在组团四周,并设步行路将停车场和每栋住宅联系起来,创造了良好的居住环境

随着汽车社会的到来，机动车在各个方面与人类争夺着空间资源。在住区内，停车场规划成为住区规划设计中备受关注的重要问题。

在我们当前的规划设计条件中，关于停车场的规定往往只明确了停车率，而没有进一步划分地表停车、半地下停车、地下停车的比例。这就要求我们在实际规划中要具体问题具体分析。

根据调查和规划设计经验发现，在规划用地内，如果地表停车场的面积控制在整个用地的 10% 以内，再加以遮挡绿化设计，对住区的景观及居住环境的负面影响不是很大。如果超过 10% 以上，往往让人们觉得汽车太多了，没有人的休息、娱乐空间，室外公共空间受到损害，人们宁可待在家里也不愿到户外不属于自己的空间去。

同时，我国规定的城市停车率约为 0.9（即住区户数 × 0.9 ＝停车台数），而根据发达国家的都市住宅实践证明，这个数据偏高，参考停车率为 0.5 左右。

4. 回车场的基本形式与尺寸　当车行道呈较长的枝状尽端布局（通常大于 30 米）时，需在尽端增设机动车回车场。用地条件允许时最好按不同的回车方式安排相应规模的回车场（见图 7-29）。

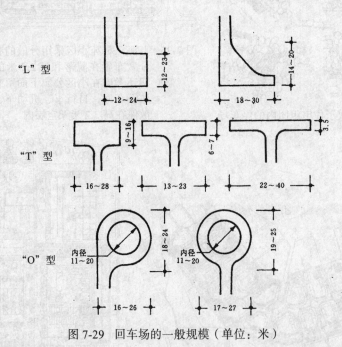

图 7-29　回车场的一般规模（单位：米）

注：图中下限值适用于小汽车（车长 5 米，最小转弯半径 5.5 米）；上限值适用于大汽车（车长 8 ~ 9 米，最小转弯半径 10 米）。

7.4.5 居住区道路规划设计的经济性

道路的造价占居住区室外工程造价的比重较大。因此在规划设计中，在满足使用要求的前提下，应考虑如何缩短单位面积的道路长度和道路面积。道路的经济性一般用道路线密度（道路长度 / 万平方米）和道路面积密度（道路面积 / 万平方米）（%）来表示。

居住小区或街坊面积增大时，单位面积的坊外道路长度及面积造价均有显著下降；小区和街坊形状的影响也很大，正方形的较长方形的经济。

居住小区和街坊面积的大小对单位面积的坊内道路长度、面积和造价影响不大，而道路网形式和布置手法对指标影响较大，如采用尽端式道路均匀布置，则指标显著下降。

拓展学习推荐书目

[1] 李德华 . 城市规划原理 [M]. 3 版 . 北京：中国建筑工业出版社，2001.

[2] 邓述平，王仲谷 . 居住区规划设计资料集 [M]. 北京：中国建筑工业出版社，1996.

[3] 小泉信一 . 集合住宅小区 [M]. 王宝刚，等译 . 北京：中国建筑工业出版社，2001.

[4] 中国城市规划学会 . 住区规划 [M]. 北京：中国建筑工业出版社，2003.

[5] 居住区详细规划课题研究组 . 居住区规划设计 [M]. 北京：中国建筑工业出版社，1985.

复习思考题

1. 城市道路按交通性质分为几级？其各自的交通特性是什么？
2. 通过现场考察，结合实际说明城市旧道路系统完善的措施。
3. 试述居住区各级道路的含义和分级衔接的意义。
4. 居住区道路系统规划的基本要求有哪些？
5. 居住区道路系统的基本形式有哪几种？其各自的含义是什么？
6. 绘图说明小区内主要道路的常见布置形式有哪几种？

第 8 章

居住区绿地与外部环境设施规划

学习目标

本章主要介绍了居住区绿地的功能和规划要求；居住区公共绿地规划布置；居住区外部环境设施内容与设计。通过本章的学习，要求读者了解居住区绿地指标与设计要求；掌握各级公共绿地规划设计的内容与要点；掌握各类外部环境设施规划设计的内容与方法。

8.1 居住区绿地的功能与规划要求

居住区绿化就是在居住区用地上按一定的规则和要求栽植树木、花草，以改善地区小气候并创造自然优美、舒适、安静和卫生的多样化居住环境。居住区绿地是城市绿地系统的重要组成部分，其分布面积广、用地量大，与居民的居住生活密切相关。

8.1.1 居住区绿地的功能

8.1.1.1 保护环境，防治污染

1. **净化空气、水体和土壤** 绿色植物能通过光合作用，吸收空气中的二氧化碳，释放出氧气，并且能吸附烟灰和粉尘，保持空气清新，同时还具有净化水体，改善地下土壤卫生的作用。

2. **改善城市小气候** 绿色植物通过蒸腾作用，降低气温，调节湿度，吸收太阳辐射热。一般情况下，夏季树荫下的空气温度比露天的空气温度低 3 ~ 4°C，在草地上的空气温度比沥青地面的空气温度要低 2 ~ 3°C。同时它还具有通风和防风的作用。

3. **降低城市噪声** 在一般情况下，绿化可起到一定的防噪声功能，林带效果尤为突出。如 9 米宽的乔、灌木混合绿带可减少 9 分贝。

4. **防风、防尘** 绿化能阻挡风沙，吸附尘埃。据测定，绿化的街道上距地面 1.5 米处空气的含尘量比没有绿化的低 56.7%。

8.1.1.2 美化环境，提供游憩空间

1. **绿化美化居住环境** 运用各种环境因素如树木、花草、山水地形、建筑小品等提高环境质量与品位，为城市建筑艺术效果增添了美丽的自然景色。

2. **构建居住室外自然生活空间，满足居民各种休憩活动的需要**　提供包括儿童游戏、健身运动、文化娱乐、休息、散步、观赏等户外活动空间。

8.1.1.3　安全防护

1. **杀菌、防病**　许多植物的分泌物有杀菌的作用，如树脂、香胶等能杀死空气中的葡萄杆菌，一般情况下，城市马路空气中含菌量比公园要多 5 倍。

2. **防震防火**　一定数量的绿地面积，特别是分布在居住区内的绿地，地震时可供安全疏散用，火灾时可阻止火势蔓延和临时避难用。

3. **蓄水保土**　园林绿地可以固定沙土石砾，防止水土流失，对水土保持有显著的功能。

4. **防御放射性污染和备战防空**　园林绿化植物能过滤、吸收和阻隔放射性物质，减低光辐射的传播和冲击波的杀伤力，对重要建筑或军事设施起隐蔽防护作用。

8.1.2　居住区绿地的组成

居住区内绿地，包括公共绿地、宅旁绿地、配套公建所属绿地和道路绿地，其中包括了满足当地植树绿化覆土要求、方便居民出入的地下或半地下建筑的屋顶绿地。

1. **公共绿地**　是指居住区内居民公共使用的绿化用地。如居住区公园、游园、林荫道、住宅组团的小块绿地等。

2. **公共建筑和公用设施附属绿地**　指居住区内的学校、幼托机构、医院、门诊所、锅炉房等用地内的绿化。

3. **宅旁和庭院绿地**　指住宅四旁绿地。

4. **街道绿地**　指居住区内各种道路的行道树等绿地。

8.1.3　居住区绿地的规划原则

（1）根据居住区的功能组织和居民对绿地的使用要求采取四个"结合"，即点（公园、花园、游园）、线（街道绿化、江畔滨湖绿带、游憩林荫带）、面（分布面广的小块绿地）相结合，大中小相结合，集中与分散，重点与一般相结合的原则，以形成完整统一的居住区绿地系统。

（2）公共绿地的位置和规模（见表 8-1），应根据规划用地周围的城市级公共绿地的布局综合确定，与城市总的绿地系统相协调。各级公共绿地至少应有一个边与相应级别的道路相邻；绿化面积（含水面）不宜小于 70%；便于居民休憩、散步和交往之用，宜采用开敞式，以绿篱或其他通透式院墙栏杆作分隔。

（3）一切可绿化的用地均应绿化，并宜发展垂直绿化。尽可能利用劣地、坡地、洼地进行绿化，以节约用地。对建设用地中原有的绿化、湖河水面等自然条件要充分利用。

表 8-1 居住区各级中心绿地设置规定

分　　级	居 住 区 级	小 区 级	组 团 级
类型	居住区公园	小游园	组团绿地
使用对象	居住区居民	小区居民	儿童和老人为主
设施内容	儿童游戏设施、运动场地、老年、成人活动休息场地、花木草坪、花坛水面、凉亭雕塑、小卖茶座、停车场地和铺装地面等	儿童游戏设施、老年、成人活动休息场地、运动场地，花木草坪、花坛水面、雕塑和铺装地面等	简易儿童与老年人活动设施、座凳椅、树木花卉、草地等
用地面积	≥ 10 000m²	≥ 4 000m²	≥ 400m²
服务半径	8～15 分钟步行距离	5～8 分钟步行距离	3～4 分钟步行距离
园内布置	园内布局应有明确的功能划分	园内布局应有一定的功能划分	灵活布局

（4）既要注意居住环境的美化要求，又要经济实用。居住区绿化是面广量大的绿化工程，不应追求名贵的花木树种，应以价廉、易管、易长为原则，绿化可以草地为主，树径不宜过小，宜在 10 厘米以上，在居住区的重要地段可少量种植一些形态优美、具有色、香和地方特色的花木或大树，使整个居住区的绿化环境能保持四季常青的景色。

（5）居住区内的绿地规划，应根据居住区的规划布局形式，设置相应的中心绿地，以及老年人、儿童活动场地和其他的块状带状公共绿地等。

8.1.4　居住区绿地的指标

居住区的绿地指标由绿地率和平均每人公共绿地面积所组成。

1. **绿地率**　居住区用地范围内各类绿地面积的总和占居住区用地面积的比率（%）。新区建设不应低于 30%；旧区改建不宜低于 25%。

2. **人均公共绿地面积**　根据现行我国城市居住区规划设计规范的规定，居住区内公共绿地的总指标根据人口规模分别达到：

住宅组团不少于 0.5 平方米 / 人，居住小区（含组团）不少于 1 平方米 / 人，居住区（含小区与组团）不少于 1.5 平方米 / 人，并应根据居住区规划布局形式统一安排、灵活使用。

旧区改建可酌情降低，但不得低于相应指标的 70%。

公共绿地指标的具体使用，应根据所采用的居住区规划组织结构类型统一安排，灵活使用。如采用居住区—组团两级组织结构的居住区，可在总指标的控制下设置居住区公园和组团绿地两级，也可在两级的基础上增设若干中型（相当于小区级）公共绿地；组团绿地的设置也应按组团布局形式灵活安排。

8.2 居住区公共绿地的规划布置

8.2.1 居住区公共绿地的功能组织

居住区公共绿地的功能可按小型综合性公园的功能来组织考虑，一般有安静游憩区、文化娱乐区、儿童活动区、服务管理设施等（见图 8-1），对小区级公共绿地可适当分区布置，简化与合并功能，组团级公共绿地宜灵活组织布局。

1—主入口
2—老年人活动区
3—儿童活动区
4—植物观赏区
5—园林建筑
6—休闲娱乐区
7—科普展示区
8—文化活动区
9—服务管理区
10—水面游乐区
11—次入口

图 8-1 某公园总平面图

1. **安静游憩区** 作为游览、观赏、休息、陈列用，要求游人密度较小，需有较大面积的用地，是园内重要组成部分。安静活动设施应与喧闹活动隔离，宜选择地形富于变化且环境最优的部位。区内宜设置休息场地、散步小径、桌凳、廊亭、台、楼、老人活动室、展览室以及各种园林种植，如草坪、花架、花坛、树木、水面等。

2. **文化娱乐区** 是人流集中热闹的动区，其设施可有俱乐部、陈列室、电影院、表演场地、溜冰场、游戏场、科技活动馆等，可和居住区的文体公建结合起来设置。这是园内建筑和场地较集中的地方，也是全园的重点，常位于园内中心部位。布置时要注意排除区内各项活动之间的相互干扰，可利用绿化、工程设施等加以隔离。此外应根据人流集散情况妥善组织交通，如运用平地、广场等组织与缓解人流。建筑用地选址要注意工程地质条件，合理利用水域、山坡等自然地形，节省土石方工程量。

3. **儿童与老年人活动区** 在居住区少年儿童人数的比重较大，不同年龄的少年儿童，如学龄前和学龄儿童要分开活动；各种设施都要考虑少年儿童的身心特点，可设置儿童游戏场、戏水池、障碍游戏、运动场、少年之家科技活动园地等。各种小品形式要适合少年儿童的兴趣、寓教于乐，增长知识，丰富想象。老年人的室外活动主要是打拳、练功养神、聊天、社交、下棋、晒太阳、乘凉等。老年人休息、健身活动场地宜布置在环境比较安静、景色较为优美的地段，一般可单独设置，也可与儿童游戏场地结合布置。植物品种注意不要选择有毒、有刺、有臭味的植物。区内道路布置要简捷明确易识别。

4. 服务管理设施 应设有管理、小卖、租借、休息以及废物箱、厕所等服务与管理设施。园内主要道路及通往主要活动设施的道路宜作无障碍设计，照顾残疾人和老年人等行动不便的特殊人群。

8.2.2 居住区绿地的平面布置形式

居住区绿地布置可灵活多变，形式较多，一般可概括为三种基本形式，即规则式、自由式以及混合式（见图 8-2）。

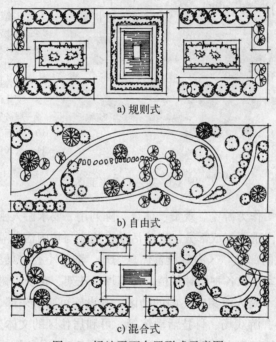

a) 规则式

b) 自由式

c) 混合式

图 8-2　绿地平面布置形式示意图

1. 规则式 采用几何图形、图案布置方式，较规则严整，多以轴线组织景物，布局对称均衡，园路多用直线或几何规则线型。如树丛绿篱修剪整齐，水池、花坛均用几何形，花坛内种植也常用几何图案，重点大型花坛布置成毛毯式富丽图案，在道路交叉点或构图中心布置雕塑、喷泉、叠水等观赏性较强的点缀小品。这种规则式布局整齐庄重，但形式较呆板，适用于地形平坦用地。

2. 自由式 模拟自然景观，结合自然条件灵活布置，道路、绿化等构成因素多采用曲折自然形式。自由式布局适用于地形变化较大的用地，在山丘、溪流、池沼之上配以树木草坪，种植有疏有密，空间有开有合，道路曲折自然，亭台、廊桥、河湖作间或点缀，自然惬意。规划设计上如灵活运用我国传统造园手法，自由式布局能取得自然而别致的艺术效果。

3. 混合式 是规则式与自由式相结合的形式，运用规则式和自由式布局手法，既能和四周环境相协调，又能兼顾其空间艺术效果，可在整体上产生韵律和节奏感，对地形和位置的适应灵活。

8.2.3 居住区公共绿地的布置

居住区的公共绿地规划，应按不同的人口规模和组织结构设置相应的中心公共绿地，包括居住区级中心绿地——"居住区公园"、居住小区级中心绿地——"小游园"、居住组团中心绿地——"组团绿地"。根据居民的使用要求、居住区的用地条件以及所处的自然环境等因素，居住区公共绿地可采用二级或三级的布置方式。另外，还可结合文化商业服务中心在人流过往比较集中的地段设置小花园或街头小游园。

8.2.3.1 居住区公园规划设计要点

1. 满足功能要求 居住区公园主要供本区居民就近使用，其用地规模不小于 1 公顷，一般为 1～2 公顷。要求园内有明确的功能分区，并根据居民各种活动的要求设置较完善的游憩活动设施及文体活动方面的场所。居住区公园应由专人管理。

2. 位置适中 居民步行到达距离不宜超过 800～1 000 米，最好与居住区文化商业中心结合布置。居住区公园也可与体育场地和设施相邻布置。在一些独立的工矿企业的居住区，居住区公园及体育场地和设施应考虑单身青年职工的使用方便。

3. 满足风景审美的要求 以景取胜，注意意境的创造，充分利用地形、水体、植物及人工建筑物塑造景观，组成具有魅力的景色。

4. 满足游览的需要 公园空间的构建与园路规划应结合组景，园路既是交通的需要，又是游览观赏的线路。

5. 满足净化环境的需要 多种植树木、花卉、草地，改善居住区的自然环境和小气候。

图 8-3 是北京古城公园，占地 2.35 公顷，是自由式和规则式相结合的混合式布局，主入口由轴线导入规则的中心雕塑广场，以水池为背景，使小小园子给人开阔的第一印象。三条直线园路从中心广场辐射全园以分割园区，有供游赏的山水园、幽静的花卉盆景区、雀跃的儿童游戏区等。不多的小建筑大多隐退园区边缘，使园区内有更多的绿地种植。

8.2.3.2 小游园规划设计要点

1. 功能合理，布局紧凑 小游园应有一定的功能划分，综合设置中型儿童活动设施、老年人活动设施和一般游憩散步区等基本功能。设置内容可有花木草坪、花坛水面、雕塑、儿童设施、文体设施和铺装地面等。场地之间既要分隔，又紧凑，将功能相近的活动区布置在一起。

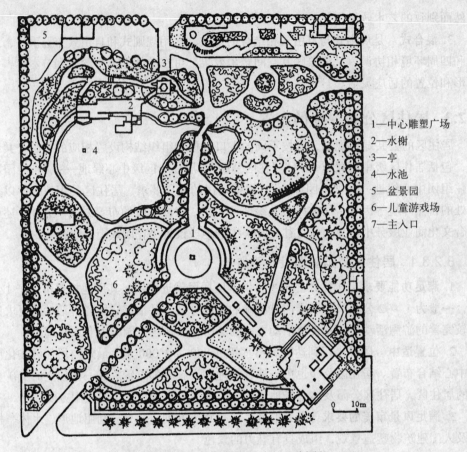

1—中心雕塑广场
2—水榭
3—亭
4—水池
5—盆景园
6—儿童游戏场
7—主入口

图 8-3 北京古城公园（2.35 公顷）

2. 配合总体规划　小游园应与小区总体规划密切配合，综合考虑，全面安排，并使小游园能妥善地与周围城市园林绿地衔接，尤其要注意小游园与道路绿化衔接。

3. 位置适当　应尽量方便附近地区的居民使用，并注意充分利用原有的绿化基础，尽可能与小区公共活动中心结合起来布置，形成一个完整的居民生活中心。

4. 规模合理　小游园的用地规模根据其功能要求来确定，在国家规定的定额指标上，采用集中与分散相结合的方式，使小游园面积占小区全部绿地面积的一半左右为宜。居住小区中心绿地用地规模不小于 0.4 公顷，一般为 0.4 ~ 0.6 公顷，步行距离10 分钟左右（约 500 米）。

5. 利用地形　尽量利用和保留原有的自然地形及原有植物。

图 8-4 为无锡市沁园新村中心小游园，位于新村中部，面积约 0.9 公顷，为新村居民共享空间。小游园与小区文化娱乐公共设施结合，将青老年活动室、文化站设计成一组园林小品建筑，并与园地山水结合，辅以各种园林小品、蘑菇亭、方亭假山、雕塑、石灯、曲桥、汀步、景墙、花架等，景观丰富；绿地广铺草坪形成底色基调，

四周围以绿篱强化绿地的整体性，使园内主题更为明显，形象更为突出。全园为自由式布局。

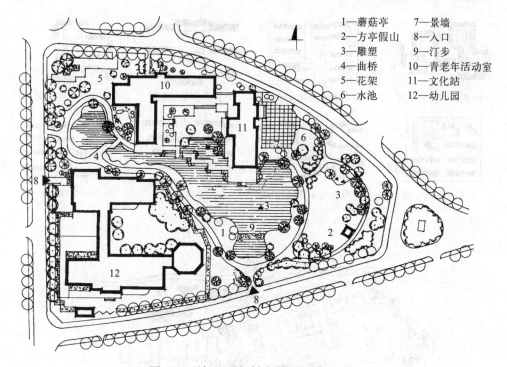

1—蘑菇亭　　7—景墙
2—方亭假山　8—入口
3—雕塑　　　9—汀步
4—曲桥　　　10—青老年活动室
5—花架　　　11—文化站
6—水池　　　12—幼儿园

图 8-4　无锡沁园新村小游园规划平面图

8.2.3.3　居住组团绿地设计要点

（1）组团绿地应满足邻里居民交往和户外活动的需要，布置幼儿游戏场和老年人休息场地，设置小沙地、游戏器具、座椅及凉亭等。

（2）利用植物种植围合空间，树种包括灌木、常绿和落叶乔木，地面除硬地外铺草种花，以美化环境。避免靠近住宅种树过密，会造成底层房间阴暗及通风不良等。

（3）用地规模不小于 0.04 公顷，其中院落式组团绿地（住宅日照间距内用地）不小于 0.05 ~ 0.2 公顷。服务半径步行 3 分钟左右（约 200 米）。

（4）结合住宅组团布置，位置与形式如图 8-5 所示。小块公共绿地是居民最接近的休息和活动场所，它主要供住宅组团内的居民（特别是老年人和儿童）使用。小块公共绿地的内容设置可根据具体情况灵活布置（见图 8-6），有的以休息为主，有的以儿童活动为主，有的则以装饰观赏为主。

小块公共绿地结合成年人休息和儿童活动场、青少年活动场布置时，应注意不同的使用要求，避免相互干扰。

（5）组团绿地的设置应满足有不少于 1/3 的绿地面积在标准的建筑日照阴影线范

围之外的要求，并便于设置儿童游戏设施和适于成人健身活动。其中院落式组团绿地的设置还应同时满足表 8-2 中的各项要求。

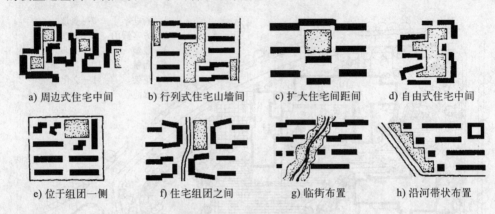

a) 周边式住宅中间　　b) 行列式住宅山墙间　　c) 扩大住宅间距间　　d) 自由式住宅中间

e) 位于组团一侧　　f) 住宅组团之间　　g) 临街布置　　h) 沿河带状布置

图 8-5　组团绿地布置图式

1—篮球场
2—垒球场
3—网球场
4—野餐区
5—汽车停车场
6—儿童游戏场

图 8-6　国外某住宅组团绿地总平面

表 8-2　院落式组团绿地设置规定

封闭型绿地		开敞型绿地	
南侧多层楼	南侧高层楼	南侧多层楼	南侧高层楼
$L \geqslant 1.5L_2$	$L \geqslant 1.5L_2$	$L \geqslant 1.5L_2$	$L \geqslant 1.5L_2$
$L \geqslant 30\text{m}$	$L \geqslant 50\text{m}$	$L \geqslant 30\text{m}$	$L \geqslant 50\text{m}$

（续）

封闭型绿地		开敞型绿地	
南侧多层楼	南侧高层楼	南侧多层楼	南侧高层楼
$S_1 \geqslant 800m^2$	$S_1 \geqslant 1\,800m^2$	$S_1 \geqslant 500m^2$	$S_1 \geqslant 1\,200m^2$
$S_2 \geqslant 1\,000m^2$	$S_2 \geqslant 2\,000m^2$	$S_2 \geqslant 600m^2$	$S_2 \geqslant 1\,400m^2$

注：L——南北两楼正面间距（m）。

　　L_2——当地住宅的标准日照间距（m）。

　　S_1——北侧为多层楼的组团绿地面积（m²）。

　　S_2——北侧为高层楼的组团绿地面积（m²）。

8.2.4　宅旁和庭院绿地布置

（1）宅旁绿地主要满足居民休息、幼儿活动及安排杂务等需要，绿化面积总量大。

（2）应结合住宅的类型及平面特点、建筑组合形式、宅前道路等因素进行布置，创造宅旁的庭院绿地景观，区分公共与私人空间领域（见图 8-7，图 8-8，图 8-9）。在住宅四旁还由于向阳、背阳和住宅平面组成的情况不同应有不同的布置。如低层联立式住宅，宅前用地可以划分成院落，由住户自行布置，院落可围以绿篱、栅栏或矮墙；多层住宅的前后绿地可以组成公共活动的绿化空间，也可将部分绿地用围墙分隔，作为底层住户的独用院落；高层住宅的前后绿地，由于住宅间距较大，空间比较开敞，一般作为公共活动的场地。

图 8-7　多层住宅院落绿化　　　　　图 8-8　利用宅旁地形、碎地绿化

（3）应体现住宅标准化与环境多样化的统一，依据不同的建筑布局作出宅旁及庭院的绿地模范设计，植物的配植应依据地区的土壤及气候条件、居民的爱好以及景观变化的要求。同时也应尽力创造特色，使居民有一种认同感及归属感。

图 8-10 是天津市西康路碧云里高层住宅区，绿地布置采用分散与集中相结合的形式；在每幢高层的周围设置草坪，树木围成相对独立的空间；在公建背后，高层住宅之间设置公共的绿化空间，并配有相应的娱乐游憩设施。

图 8-9　院落绿化配置儿童、成人活动、休息设施

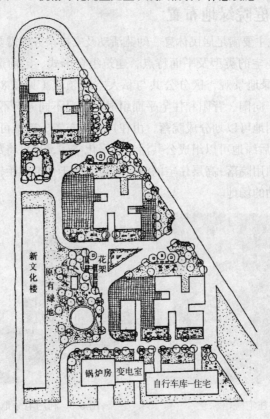

图 8-10　天津市西康路碧云里高层住宅区宅旁绿地

8.2.5　公共建筑或公用设施附属绿地

附属绿地的规划布置首先应满足本身的功能需要，同时应结合周围环境的要求。此外，还可利用专用绿地作为分隔住宅组团空间的重要手段，并与居住区公共绿地有机地组成居住区绿地系统。

图 8-11 为学校绿地景观设计，特点是形成轻松、活泼、宁静的校园氛围。

图 8-12 为某火车站广场绿化设计方案，其特点是：绿化点、线、面结合，空间开敞，识别性强。

图 8-11　某小学校园绿化景观设计　　　图 8-12　某火车站广场绿化设计方案

8.2.6　街道绿化

街道绿化是普遍绿化的一种方式，其功能主要是遮阳、通风、防噪声和尘土，以及美化街景等，占地较少，遮阳效果好，管理方便。居住区道路绿化的布置要根据道路的断面组成、走向和地上地下管线敷设的情况而定。居住区主要道路和职工上下班必经之路的两侧应绿树成荫，这对南方炎热地区尤为重要（见图 8-13 ~ 图 8-16）。

图 8-13　以美化为主的街道绿化　　　图 8-14　商业街道绿化（以衬托主题，美化为主）

对于一些次要道路和组团道路的绿化可断续灵活地栽种。行道树带宽一般不应小于 1.5 米，在旧区当人行道较窄，而人流又较大时可采用树池的方式，树池的最小尺寸为 1.2m × 1.2m。在道路交叉口的视距三角形内，不应栽植高大乔灌木，以免妨碍驾驶员的视线。绿地的分段长度一般为 30 ~ 50 米。行道树的株距为 6 ~ 8 米，树干中心距侧石外缘应大于 0.75 米，树木分叉高度应控制在 3.0 ~ 3.5 米，以免影响车道的有效宽度。

图 8-15　街道绿化采用高大灌木种植，以遮阳为主，　　　图 8-16　道路绿化结合道路分隔带
　　　　　同时考虑环保与美观（以树穴方式栽植）　　　　　　　　　创造绿化效果

　　绿化种植一般所需的宽度为：低灌木丛 0.8 米，中灌木丛 1.0 米，高灌木丛 1.2 米；草坪与花丛 1.0 ~ 1.5 米；单行乔木 1.25 ~ 2.0 米，双行乔木平列为 2.5 ~ 5.0 米，错列为 2.0 ~ 4.0 米。

8.3　居住区绿化树种选择与植物配植

　　为能充分发挥绿化的功能、经济和美化环境等各方面作用，有效地体现出绿化规划设计意图，绿化树种的合理选择和配植十分重要。

8.3.1　居住区绿化树种选择

　　在选择树种和配置植物时，原则上应考虑以下几点：

　　1. **确定骨干树种**　对于大量而普遍的绿化，宜选择对当地自然环境条件适应性强的易管、易长、少修剪、少虫害、具有地方特色的优良树种为骨干树种。一般以乔木为主，也可考虑一些有经济价值的植物。为了避免单调，可适当引进适合当地气候条件的外地优良树种作骨干树种。

　　2. **速生树与慢长树相结合**　为了迅速形成居住区的绿化面貌，特别在新建居住区，树种可采用速生与慢生相结合，以速生为主。

　　3. **常绿树与落叶树相结合**　使居住区一年四季都能保持良好的绿化效果。

　　4. **骨干树与其他树种相结合**　居住区绿化树种配置应考虑四季景色的变化，可采用乔木与灌木、常绿与落叶以及不同树姿和色彩变化的树种，搭配组合，以丰富居住环境。特别是在一些重点绿化地段，如居住区入口处或公共活动中心，则应选种一些观赏性强的乔灌木或少量花卉。

　　5. **美观与绿化功能相结合**　行道树宜选用遮阳力强的落叶乔木，儿童游戏场和青少年活动场地忌用有毒或带刺植物，而体育运动场地则避免采用大量扬花、落果、落花的树木等。

　　6. **植物种类选择应考虑其生态习性**　植物栽植应具有环境适应性、土壤条件适应性、阴阳适应性、日照条件适应性等。

　　绿化树种的选择与配置是绿化专业一项细致的设计工作，也是居住区规划设计中应予配合和考虑的问题。绿化的规划布置与植物配置在目的与内容上一致，方可达到预期的绿化效果。

8.3.2　居住区各类绿化种植与建筑物、管线和构筑物的间距

　　树种的栽植，常会遇到与建筑物、构筑物及地上、地下管线位置发生矛盾，如果不妥善处理，不但树木无法生长，对建筑物、构筑物的使用、安全也将产生不利影响。树木根系可能会破坏路面、管线等工程设施。因此，应根据树种的根系、高度、树冠大小、生长速度等确定适宜的相互间的距离（见表 8-3）。

表 8-3　树木与建筑物、构筑物、管线的水平距离　　（单位：米）

名　　称	最　小　间　距		名　　称	最　小　间　距	
	至乔木中心	至灌木中心		至乔木中心	至灌木中心
有窗建筑物外墙	3.0	1.5	给水管、闸	1.5	不限
无窗建筑物外墙	2.0	1.5	污水管、雨水管	1.0	不限
道路侧面，挡土墙脚、陡坡	1.0	0.5	电力电缆	1.5	
人行道边	0.75	0.5	热力管	2.0	1.0
			弱电电缆沟、电力电信电杆	2.0	
高 2 米以下围墙	1.0	0.75			
体育场地	3.0	3.0	消防龙头	1.2	1.2
排水明沟边缘	1.0	0.5	煤气管	1.5	1.5
测量水准点	2.0	2.0			

8.3.3　园林植物的配植

　　园林植物的配植关系到绿地功能的发挥和居住区艺术面貌效果的好坏。其类型可分为自然式和规则式两种。自然式配植，以模仿自然，强调变化为主，如孤植、丛植、群植等方法，具有活泼、愉快、优雅的自然情调。规则式配植，多以某一轴线为对称或成行排列。以强调整齐、对称为主，如对植、行列植等方法，给人以强烈、雄伟、肃穆之感。

8.3.3.1　植物配植要点

　　（1）种植设计程序是以总体构思到具体配植，要同时改善植物的组织空间和观赏

功能。然后选择植物种类进行配植。

（2）群体中的单株植物应根据其成熟外观来配置，其成熟程度应按 75%～100% 来考虑。

（3）多种植物配植时，相互之间应有重叠交错，以增加布局的整体性和群体性。

（4）乔木与灌木、常绿植物与落叶植物的配合要考虑植物生长习性和观赏价值，木本植物和草本花卉配置主要考虑景观效果和四季的变化。

（5）植物配植中的色彩组合，应考虑季节特征和人的观赏心理。植物的色彩能起到突出植物审美特征的作用，色彩设计应重视大面积成片的色彩构图与变化。

8.3.3.2　园林植物的配植

1. **孤植**　即单一树木的栽植，以表现单株树美，构成观赏焦点。位置一般选择在空旷的平地、山坡、草坪或院落空间上，配置一株乔木或灌木。孤植一般作为主景来配植，要求树形整齐而高大，树冠开阔舒展，花、果、叶观赏价值高，同时，其尺度、色彩等要与周围空间相协调（见图 8-17）。

2. **对植**　用两株或两丛树分别按一定轴线对应栽植称为对植。对植多用于主要建筑物出入口两旁或纪念物登道石级、桥头两旁起着烘托主景或形成配景、夹景，以增强透视的纵深态。设计对植时，必须采用树形大小相同、树种统一，与周围环境协调的树种（见图 8-18）。

图 8-17　孤植

图 8-18　对植

3. **丛植**　把一定数量（3～9株）的乔灌木自然地组合栽植在一起称为丛植。树丛组合主要供观赏，应体现群体美。丛植周围应留有 3～4 倍树高的观赏视距，在主要观赏面甚至可留 10 倍的观赏视距。植株相互配植的原则是：以草木花卉配灌木；以灌木配乔木；以浅色配深色等。总体上应有主有从，相互呼应（见图 8-19）。

4. **林植**　大量树木的聚合栽植形成一定面积的林地。林植应具有一定的密度和群落外貌。树林可分为密林（郁闭度为 0.7～1.0）和疏林（郁闭度为 0.4～0.6）。密林可选用异龄树种，配植大小耐阴灌木或草本花木，疏林树种应树冠展开，树荫疏朗，花叶色彩丰富（见图 8-20）。

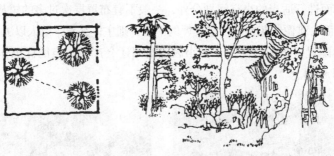

图 8-19　丛植

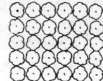

图 8-20　林植

　　5. 列植　沿直线或曲线以等距离或在一定变化规律下栽植树木的方式。树种可以单一，但考虑冬夏的变化，也可用两种以上间栽，可选用常绿树与落叶树（见图 8-21）。

　　6. 篱植　灌木以行列式密植的一种栽植形式。按高度和树种的不同可分为矮篱、中篱和高篱，又有长绿、半长绿和落叶之别。树种对环境应具有较强的适应性，叶形小，枝叶密集，萌发力强，耐修剪（见图 8-22）。

图 8-21　列植　　　　　　　　图 8-22　篱植

　　7. 草坪　是多年生、宿根性、一种或几种草种的均匀密植、成片生长的绿地。草坪除供人们观赏外，主要用来满足人们的休息运动和文化教育活动等，同时在防沙固土保护和美化环境等方面都有很大的作用（见图 8-23）。

　　草坪在园林绿地中的规划形式可分为自然式和规则式两种。自然式草坪能充分利用自然地形或模拟自然地形的起伏，草坪的外缘与树林过渡，创造山的余脉形象、增强山林野趣；规则式草坪在外形上具有整齐的几何轮廓，一般多用作花坛、道路的边饰物，布置在雕塑、纪念碑或建筑物周围，可形成各式花纹图案，起衬托作用。在草坪中间，除了特殊需要而进行适当的小空间划分外，一般不宜布置层次过多的树丛或树群。如将造型优雅的湖面、雕像或花台等设在草坪的中心，则主体突出，给人以美的享受。

　　园林植物配置得当的情况下，对小区或组团还会产生一定的标识作用，进而带来归属感（见图8-24）。

图 8-23　草坪　　　　　　　　图 8-24　居住区内的园林植物具有标识性

8.4　居住区外部环境规划设计

　　居住区外部环境的质量直接影响居民居住生活的质量，越来越受到人们的重视，居民在选购住房时，小区外部环境已成为一个十分重要的参考因素（见图8-25）。

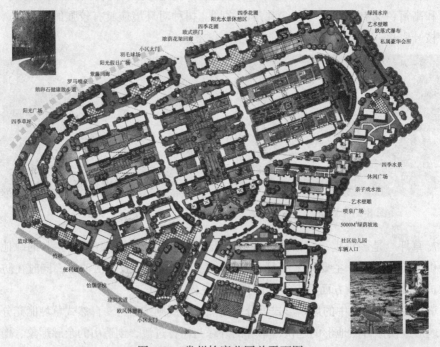

图 8-25　常州怡康花园总平面图

8.4.1　居住区外部环境设计的内容

居住区外部环境设计的主要内容（见图 8-26）包括以下几方面：

（1）居住区整体环境的色彩（包括建筑的外部色彩）。

（2）绿地的设计。

（3）道路与广场的铺设材料和方式。

（4）各类场地和设施的设计（儿童游戏场、老年活动休息健身场地、青少年体育活动场地、小汽车存车场等）。

（5）竖向设计。

（6）室外照明设计。

图 8-26　居住区外部环境内容

（环境色彩、绿地、广场、活动场地、设施小品等）

（7）环境设施小品的布置和造型设计（或选用）。

环境设施小品包括以下一些内容：

（1）建筑小品有休息亭、廊、书报亭、售货亭、钟塔、门卫等。

（2）装饰性小品有雕塑、喷水池、叠石、壁画、花台、花盆等。

（3）公用设施小品有电话亭、自行车或小汽车存车棚、垃圾箱、废物箱、公共厕所、各类指示标牌等。

（4）市政设施小品有水泵房、煤气调压站、变电站、电话交换站、消防栓、灯柱、灯具等。

（5）工程设施小品有斜坡和护坡、堤岸、台阶、挡土墙、道路缘石、雨水口、路障、驼峰、窨井盖、管线支架等。

（6）铺地有车行道、步行道、存车场、休息广场等。

（7）游憩健身设施小品（见图 8-27）有戏水池、儿童游戏器械、沙坑、座椅、座凳、桌子、体育场地、健身器械等。

图 8-27　游憩健身设施小品——水池

（静扬之水成泳池，可观可用，美不胜收）

8.4.2　居住区外部环境设计的基本要求

1. **整体性**　即符合居住区外部环境整体设计要求以及总的设计构思。
2. **生态性**　生态效益。
3. **实用性**　满足使用要求。
4. **艺术性**　美观的要求。
5. **趣味性**　是指要有生活情趣，特别是一些儿童游戏器械对此要求更强烈，以适应儿童的心理要求。
6. **地方性**　如绿化的树种要适合当地的气候条件，小品的造型、色彩和图案等的设计能体现地方和民族的特色。
7. **大量性**　符合工业化生产的要求，如儿童游戏器械、彩色混凝土地砖等。
8. **经济性**　要控制与住宅综合造价的适当比例。

8.4.3　居住区户外场地的规划设计

8.4.3.1　儿童游戏场地

儿童在居住区总人口中占有相当的比例，他们的成长与居住区环境，特别是室外活动环境关系十分密切，因此，在居住区为儿童们创造良好的室外游戏场所，对促进儿童智力和身心的健康发展有着十分重要的作用。儿童游戏场地的建设作为国家的一项政策，成为居住区规划建设中不可分割的一部分，如德国在 1960 ~ 1975 年共建了 26 000 个儿童游戏场，日本大阪市在 1968 ~ 1973 年内修建了带有设施的儿童游戏场地 1 000 个。修建儿童游戏场地的另外目的是为了吸引住户，提高房产的等级。我国近年来在有些城市也开始重视并修建了一些儿童游戏场地，但从数量上和质量上还远不能满足需要。

1. **儿童游戏场地的规划布置**　儿童游戏场地是居住区绿化系统中的一个组成内容，因此，它的规划布置应与居住区内居民公共使用的各类绿地相结合。

（1）分级布置。由于儿童年龄和性别的不同，其体力、活动量、甚至兴趣爱好等也随之而异，故在规划布置时，应考虑不同年龄儿童的特点和需要，一般可分为幼儿（2 岁以下）、学龄前儿童（3 ~ 6 岁）、学龄儿童（6 ~ 12 岁）三个年龄组。

（2）位置选择。

1）幼儿一般不能独立活动，需由人带领，活动量也较小，可与成年、老年人休息活动场地结合布置。

2）学龄前儿童的活动量、能力、胆量都不大，有强烈的依恋家长的心理，所以场地宜在住宅近旁，最好在家长从户内通过窗口视线能及的范围内，或与成年、老年人休息活动场地结合布置（见图 8-28）。

3）学龄儿童随着年龄、体力和知识的增长，活动范围也随之扩大，对住户的噪声干扰也较大，因此在规划布置时最好与住宅有一定的距离，以减少对住户的干扰。

4）场地不宜太大，以免儿童过于集中。

5）儿童游戏场地的规划布置必须考虑使用方便（合理的服务半径）与安全（无穿越交通），以及场地本身的日照、通风、防风、防晒和防尘等要求。

2. 儿童活动场地面积指标　儿童游戏场地的面积指标目前我国尚无统一的规定，世界各国也不同。参考国内外有关资料，建议各类儿童游戏场地的用地指标控制在 $0.1m^2$/ 每居民（见表 8-4）。

图 8-28　活动设施在住宅近旁布置便于照看

表 8-4　各类儿童游戏场地的定额指标与布置要求

名　　称	年龄（岁）	位　置	场地规模（m^2）	内　容	服务户数	距住宅入口（m）	平均每人面积（m^2）
幼儿、学龄前儿童游戏场	＜3 3~6	住户能照顾到的范围、住宅入口附近	100~150	硬地、坐凳、沙坑沙地等	60~120	≯50	0.03~0.04
学龄儿童游戏场	6~12	结合公共绿地布置	400~500	多功能游戏器械、游戏雕塑、戏水池、沙地	400~600	200~250	0.20~0.25
青少年活动场地	12~16	结合小区公共绿地布置	600~1200	运动器械、多功能球场	800~1000	400~500	0.20~0.25

图 8-29 为瑞士苏黎世斯特图布鲁克住宅区游戏场。该游戏场位于两组公寓之间。设计中巧妙地运用公寓之间的开敞空间，将之分为三个区：供儿童游戏的圆形场地，四周由混凝土墩柱、座椅和灌木所围护，其中设有沙坑、戏水池、爬行管道、秋千和攀爬设施；毗邻的草地供球类活动、夏季游戏和冬季滑雪橇游戏；场地西北角是一人工堆砌的小山包，冬季儿童可由山包上滑雪橇至草地，山包上设计了供天气不好时使用的木屋，直径 1.5 米的混凝土游戏地道从半山腰穿过。

8.4.3.2　成年和老年人休息、健身活动场地

在居住区内，为成年和老年人创造良好的室外休息、健身活动场地也是十分重要的，特别是随着居民平均年龄的不断增加以及老年退休职工人数的日益增多，这一需求显得更为突出。

1. 布置内容　成年和老年人的室外活动主要是打拳、练功养神、聊天、社交、下

棋、晒太阳、乘凉等。

2. 位置选择　成年和老年人休息、健身活动场地宜布置在环境比较安静、景色较为优美的地段，一般可结合居民公共使用的绿地单独设置，也可与儿童游戏场地结合布置。

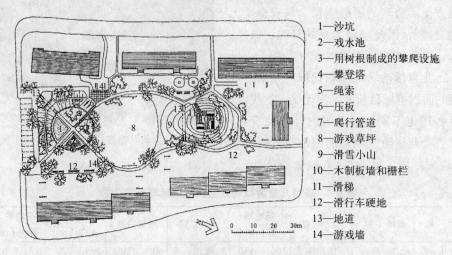

1—沙坑
2—戏水池
3—用树根制成的攀爬设施
4—攀登塔
5—绳索
6—压板
7—爬行管道
8—游戏草坪
9—滑雪小山
10—木制板墙和栅栏
11—滑梯
12—滑行车硬地
13—地道
14—游戏墙

图 8-29　瑞士苏黎世斯特图布鲁克住宅区游戏场

8.4.3.3　晒衣场地

居民晾晒衣物是日常生活之必需，特别是湿度较大的地区或季节尤为重要。目前居住区内居民的晒衣问题主要通过住宅设计来解决，如利用阳台或在窗台装置晒衣架，还有的利用屋顶作为晒衣场等。但当有大件或多件衣物需要暴晒时，往往会感到地方不够，需利用室外场地来解决。

室外晒衣场地的布置应考虑以下几方面：

（1）就近、方便、能随时看管。

（2）阳光充分、曝晒时间长。

（3）防风、防灰尘、避免污染。

（4）有条件时，可在场地四周围以栅栏，以便管理。

8.4.3.4　垃圾贮运场地

近十几年来，垃圾已成为日益严重的城市环境问题。据统计，我国的上海现平均每人每天为 0.4 千克。居住区内的垃圾主要是生活垃圾。

垃圾的集收和运送一般有以下几种方式：

（1）居民将垃圾送至垃圾站或集收点，然后由垃圾集收车定时运走。

（2）居民将垃圾装入塑料袋内送至垃圾集收站，然后由垃圾集收车送至转运站。

（3）采用自动化的风动垃圾清理系统来清除垃圾，即将垃圾沿地下管道直接送至垃圾处理厂或垃圾集中站。

（4）为保护环境、废物充分利用，垃圾还应推广分类收集。

8.4.4　居住区环境设施小品的规划设计

居住区环境设施小品是居民室外活动必不可少的内容，它们对美化居住区环境和满足居民的精神生活起着十分重要的作用。

8.4.4.1　建筑小品

休息亭、廊大多结合居住区和居住小区的公共绿地布置，也可布置在儿童游戏场地内，用以遮阳和休息；钟塔可结合建筑物设置，也可单独设置在公共绿地或人行休息广场；出入口指居住区、小区和住宅组团的主要入口，可结合围墙做成各种形式的门洞（见图 8-30、图 8-31、图 8-32）。

图 8-30　小区出入口、塔楼建筑——具有环境标志、美化景观的作用

图 8-31　传统图腾——小区的标志

图 8-32　休息亭与绿地结合——突出景观效果

8.4.4.2　装饰小品

装饰小品是美化居住区环境的重要内容，它们主要结合各级公共绿地和公共活动中心布置。水池和喷水池还可调节小气候。装饰性小品除了能活泼和丰富居住区面貌外又可成为居住区、居住小区和住宅组团的主要标志（见图 8-33）。

图 8-33　水池喷泉——创造生态美

8.4.4.3　公用设施小品

公用设施小品名目和数量繁多，它们的规划和设计在主要满足使用要求的前提下，其造型和色彩等都应精心地考虑。特别如垃圾箱、废物筒等，它们与居民的生活密切相关，既要方便群众，但又不能设置过多；照明灯具根据不同的功能要求有街道、广场和庭园等照明灯具之分，其造型、高度和规划布置应视不同的功能和艺术等要求而异；公用设施是现代城市生活中不可缺少的内容，它给人们带来方便的同时，又给城市增添美的装饰（见图 8-34）。

图 8-34　为遮挡洗手间而设计的砖墙，经过"化物为景"的雕琢，即可化为一堵色彩典雅的景墙

8.4.4.4　游憩设施小品

游憩设施小品主要结合公共绿地、人行步道、广场等布置，其中供儿童游戏的器械，则布置在儿童游戏场地。为成人、老年人则应设置健身器械。

桌、椅、凳等游憩小品又称室外家具，一般结合儿童、成年或老年人休息活动场地布置，也可布置在林荫步道或人行休息广场内（见图 8-35、图 8-36）。

图 8-35 椅、凳等游憩小品——化物为景   图 8-36 儿童游戏的器械——造景、组景

8.4.4.5 工程设施小品

工程设施小品的布置应首先符合工程技术方面的要求。在地形起伏的地区常常需要设置挡墙、护坡、坡道和踏步等工程设施，这些设施如能巧妙地利用和结合地形，并适当加以艺术处理，往往也能给居住区面貌增添特色（见图 8-37 ~ 图 8-39）。

图 8-37 灯及灯柱为照明之物，顺河岸路边   图 8-38 利用地形设计跌水与踏步
之势，整齐化为沿江沿路之景

图 8-39 结合地形利用挡墙形成绿化景观层次

8.4.4.6　铺地

道路和广场所占的用地在居住区内占有相当的比例，因此它们的铺装材料和铺砌方式将在很大程度上影响居住区的面貌。铺地设计是现代城市环境设计的重要组成部分。铺地的材料、色彩的铺砌方式应根据不同的功能要求与环境的整体艺术效果进行处理（见图 8-40）。

图 8-40　别具特色的铺地材料及铺地方式的休闲步道

拓展学习推荐书目

[1]　邓述平，王仲谷. 居住区规划设计资料集 [M]. 北京：中国建筑工业出版社，1996.

[2]　中国城市规划学会. 住区规划 [M]. 北京：中国建筑工业出版社，2003.

[3]　钟小青. 广东样板小区园林 [M]. 广州：广东科技出版社，2004.

[4]　中国城市规划学会. 城市环境绿化与广场规划 [M]. 北京：中国建筑工业出版社，2003.

[5]　黄晓鸾. 园林绿地与建筑小品 [M]. 北京：中国建筑工业出版社，1996.

[6]　白德懋. 居住区规划与环境设计 [M]. 北京：中国建筑工业出版社，1993.

复习思考题

1. 居住区绿地的组成内容有哪些?

2. 居住区绿地的指标有几项? 具体要求是什么?

3. 举例说明居住区公共绿地的功能组织。

4. 试设计并说明小游园规划设计的要点。

5. 居住区绿化树种选择与配植的要求有哪些?

6. 居住区外部环境设计的内容与基本要求有哪些?

7. 试举例说明环境设施小品的作用与效果。

第 9 章

居住区规划的技术经济分析与实施管理

学习目标

本章主要介绍了衡量用地经济性的要素；居住区综合技术经济指标的内容及确定方法；住宅小区规划审批的程序及城市旧居住区再开发的方式。通过本章的学习，要求读者掌握衡量用地经济性的几个方面；了解居住区综合技术经济指标的内容及确定方法；掌握住宅小区规划审批程序；了解城市旧居住区的再开发的方式。

居住区是城市的重要组成部分，在用地和建设量上都占有绝对高的比重，因此研究和分析居住区规划和建设的经济性对充分发挥投资效果、提高城市土地的利用效益都具有十分重要的意义。居住区规划的技术经济分析，一般包括用地分析、技术经济指标的比较及造价的估算等几个方面。

9.1　衡量用地经济性的几个方面

9.1.1　居住区用地平衡表的作用和内容

9.1.1.1　基本概念

（1）用地平衡表。用地平衡表是反映城市规划与建设不同阶段、不同层次各项用地的数量、比例与均值的表格。

（2）建设用地。建设用地是指城市市区范围内实际建设发展起来的非农业生产建设用地，含城市附近与市政设施有关的其他建设用地（机场、车站、污水处理厂等）。

9.1.1.2　居住区用地平衡表的作用

（1）反映居住区土地使用的水平和比例，作为调整用地和制定规划的依据之一。

（2）进行方案比较，检验设计方案用地分配的经济性和合理性。

（3）审批居住区建设用地和规划设计方案的依据之一。

9.1.1.3　用地平衡表的内容（见表 9-1）

表 9-1　居住区用地平衡表

项　目	现　状			规　划		
	面积 （hm²）	所占比 例（%）	人均 （m²/人）	面积 （hm²）	所占比 例（%）	人均 （m²/人）
一、居住区用地						
1　住宅用地						
2　公共服务设施用地						
3　道路用地						
4　公共绿地						
二、其他用地						
居住区总用地						

注：其他用地是指在居住区范围内不属于居住区的用地，如市级公建、工厂及不适宜建设用地和不
适用于建筑的用地。

9.1.1.4　计算要求

用地面积按各项用地界限的平面投影面积计算，不得重复计算。先组团，后小
区，再居住区，由低到高逐级汇总。

9.1.2　合理确定居住区各项用地指标

9.1.2.1　居住区用地平衡控制指标

居住区用地平衡控制指标，即居住区中住宅用地、公建用地、道路用地和公共绿
地分别占居住用地的百分比的控制数。影响该指标的因素很多，它与居住区的居住人
口规模、所在城市的城市规模，城市经济发展水平以及城市用地紧张状况等都有密切
关系。居住区人口规模因直接关系到公共服务设施的配套等级、道路等级和公共绿地
等级，且具有规律性，是决定各项用地指标的关键因素。故作为"居住区用地平衡控
制指标"的分类依据将其列于表中，即以居住区、小区、组团不同规模表示。居住区
用地所占比例的平衡控制指标，应符合表 9-2 的规定。

表 9-2　居住区用地平衡控制指标　　　　　　　　　（%）

用地构成	居　住　区	小　区	组　团
1.住宅用地	50 ~ 56	55 ~ 65	70 ~ 80
2.公建用地	15 ~ 25	12 ~ 22	6 ~ 12
3.道路用地	10 ~ 18	9 ~ 17	7 ~ 15
4.公共绿地	7.5 ~ 18	5 ~ 15	3 ~ 6
居住区用地	100	100	100

注：各项指标的确定与城市性质、规模及现有城市用地情况有关。

确定居住区用地平衡控制指标时应注意以下几方面问题：

（1）由于各城市的规模、经济发展水平和用地紧张状况不同，致使居住区各项用地指标也不一样。如大城市和一些经济发展水平较高的中小城市要求居住区公共服务设施的标准较高，该项占地的比例相应就高一些；某些中小城市用地条件较好，居住区公共绿地的指标也相应高一些等。此外，同一城市中也因各个区所处区位和内、外环境条件、居住建设标准的不同，各项用地比例也有一定差距。各地城市在规划工作中应根据具体情况选用、确定指标。

（2）用地平衡指标在确定时只考虑了一般情况下影响控制指标的因素，对某些既无规律性也非由本区自身所决定的特殊因素未予以考虑。如因相邻地段缺中小学，需由本区增设，或相邻地段的学校有富余，本小区可不另设学校等。这对本小区（或居住区，或组团）的用地平衡指标影响很大。在使用居住区用地平衡控制指标时，应根据实际情况对某项或某几项指标做酌情增减。

9.1.2.2　人均居住区用地控制指标

人均居住区用地控制指标，即每人平均占有居住区用地面积的控制指标，其应符合表 9-3 的规定。该指标由建筑气候分区、居住区分级规模（居住区、小区、组团三级）和住宅层数等三项主要因素综合控制。居住区所处建筑气候分区及地理纬度所决定的日照间距要求的大小不同，对居住密度和相应的人均占地面积有明显影响；因涉及公共服务设施、道路和公共绿地的配套设置等级不同，一般人均占地，居住区高于小区，小区高于组团；一般若住宅层数较高，所能达到的居住密度相应较高，人均所需居住区用地相应就低些。以上三个因素一般具有明显的规律性，是决定人均居住区用地控制指标的基本因素。

表 9-3　人均居住区用地控制指标　　　　　　（单位：平方米／人）

居 住 规 模	层　数	建筑气候区划		
		I、II、VI、VII	III、V	IV
居住区	低层	33 ~ 47	30 ~ 43	28 ~ 40
	多层	20 ~ 28	19 ~ 27	18 ~ 25
	多层、高层	17 ~ 26	17 ~ 26	17 ~ 26
小区	低层	30 ~ 43	28 ~ 40	26 ~ 37
	多层	20 ~ 28	19 ~ 26	18 ~ 25
	中高层	17 ~ 24	15 ~ 22	14 ~ 20
	高层	10 ~ 15	10 ~ 15	10 ~ 15
组团	低层	25 ~ 35	23 ~ 32	21 ~ 30
	多层	16 ~ 23	15 ~ 22	14 ~ 20
	中高层	14 ~ 20	13 ~ 18	12 ~ 16
	高层	8 ~ 11	8 ~ 11	8 ~ 11

注：本表各项指标按每户 3.2 人计算。

9.1.3　强化城市用地功能，提高土地利用率

城市用地既有经济价值，又有使用价值，因此，应想方设法提高城市用地的利用率，这也是反映城市用地经济性的重要方面。一般情况下，土地作为城市建设用地或将旧城市改造更新，还需要付出不少代价，其中包括：征地费用、安排被征用土地上农民的就业费用，将农民转化为工业人口等所需的投资费用、城市旧有房屋的拆迁费用，以及市政工程及公用设施的投资等，这样得来的每平方米建设用地所花费的开发费用，为数就十分可观了。因此，应区分城市空间中不同位置土地的功能与价值，做到"地尽其用"。合理规划，统一管理，提高土地利用率，最大限度发挥效益。

9.2　居住区综合技术经济指标

居住区综合技术经济指标是从量的方面衡量和评价规划质量和综合效益，反映规划设计水平及其经济合理性。

目前居住区的技术经济指标一般由两部分组成，即土地平衡及主要技术经济指标（见表 9-4）。但各地现行的技术经济指标的表格不统一，项目有多有少，有的基本数据不全，有的计算依据没有注明，环境质量方面的指标也不多。因此按照国家标准《城市居住区规划设计规范》（GB 50180—93）的规定，指标计算时采用国家统一的列表格式、内容和标准。表 9-4 中 1～7 项指居住区用地所包括的住宅用地、公建用地、道路用地和公共绿地，这四项用地之间存在一定的比例关系是用地平衡指标，表 9-4 是现行规范控制指标，主要反映土地使用的合理性与经济性；8～14 项是规模指标，主要反映人口住宅和配套公共服务设施之间的相互关系；15～28 项是层数密度指标，主要反映土地利用效率和技术经济效益；29～31 项是环境质量指标，反映环境质量的优劣情况；32 项是经济类指标，用于居住区开发可行性研究。

表 9-4　综合技术经济指标系列一览表

序号	项　目	计量单位	数　值	所占比重（%）	人均面积（m²/人）
1	居住区规划总用地	hm²			
2	1. 居住区用地	hm²			
3	①住宅用地	hm²			
4	②公建用地	hm²			
5	③道路用地	hm²			
6	④公共绿地	hm²			
7	2. 其他用地	hm²			
8	居住户（套）数	户（套）			
9	户均人口	人			
10	总建筑面积	人/户			
11	1. 居住区内建筑总面积	万 m²			

（续）

序号	项 目	计量单位	数 值	所占比重（%）	人均面积（m²/人）
12	①住宅建筑面积	万 m²			
13	②公建面积	万 m²			
14	2. 其他建筑面积	万 m²			
15	住宅平均层数	层			
16	高层住宅比例	%			
17	中高层住宅比例	%			
18	人口毛密度	人/hm²			
19	人口净密度	人/hm²			
20	住宅建筑套密度（毛）	套/hm²			
21	住宅建筑套密度（净）	套/hm²			
22	住宅建筑面积毛密度	万 m²/hm²			
23	住宅建筑面积净密度	万 m²/hm²			
24	居住区建筑面积毛密度（容积率）	万 m²/hm²			
25	停车率	%			
26	停车位	辆			
27	地面停车率	%			
28	地面停车位	辆			
29	住宅建筑净密度	%			
30	总建筑密度	%			
31	绿地率	%			
32	拆建比	—			

9.2.1 各项指标计算的规定

9.2.1.1 规划总用地范围的确定

（1）当规划总用地周界为城市道路、居住区（级）道路、小区路或自然分界线时，用地范围划至道路中心线或自然分界线。

（2）当规划总用地与其他用地相邻，用地范围划至双方用地的交界处。

9.2.1.2 底层公建住宅或住宅公建综合楼用地面积的确定

（1）按住宅和公建各占该幢建筑总面积的比例分摊用地，并分别计入住宅用地和公建用地。

（2）底层公建突出于上部住宅或占有专用场院或因公建需要后退红线的用地，均应计入公建用地。

9.2.1.3 底层架空建筑用地面积的确定

按底层及上部建筑的使用性质及其各占该幢建筑总面积的比例分摊用地面积，并分别计入有关用地内。

9.2.1.4　绿地面积的确定

（1）宅旁（宅间）绿地范围的确定，绿地边界对宅间路、组团路和小区路算到路边，当小区路设有人行便道时算到便道边，沿居住区路、城市道路则算到红线；距房屋墙脚 1.5 米；对其他围墙、院墙算到墙脚。

（2）道路绿地面积计算，以道路红线内规划的绿地面积为准进行计算。

（3）院落式组团绿地范围的确定，绿地边界距宅间路、组团路和小区路路边 1.0 米；当小区路有人行便道时，算到人行便道边；临城市道路、居住区（级）道路时算到道路红线；距房屋墙脚 1.5 米。

（4）开敞型院落组团绿地范围的确定，至少有一个面面向小区路，或向建筑控制线宽度不小于 10 米的组团级主路敞开，并向其开设绿地的主要出入口。

（5）其他块状、带状公共绿地面积计算的起止界同院落式组团绿地。沿居住区（级）道路、城市道路的公共绿地算到红线。

9.2.1.5　居住区内道路用地面积的确定

（1）按与居住人口规模相对应的同级道路及其以下各级道路计算用地面积，外围道路不计入。

（2）居住区（级）道路，按红线宽度计算。

（3）小区路、组团路，按路面宽度计算。当小区路设有人行便道时，人行便道计入道路用地面积。

（4）居民汽车停放场地，按实际占地面积计算。

（5）宅间小路不计入道路用地面积。

9.2.1.6　其他用地面积的确定

（1）规划用地外围的道路算至外围道路的中心线；

（2）规划用地范围内的其他用地，按实际占地面积计算。

9.2.1.7　停车场车位数的确定

停车场车位数的确定以小型汽车为标准当量表示，其他各型车辆的停车位，按表 9-5 中相应的换算系数折算。

表 9-5　各型车辆停车位换算系数

车　　　型	换 算 系 数
微型客、货汽车及机动三轮车	0.7
卧车、两吨以下货运汽车	1.0
中型客车、面包车、2～4t 货运汽车	2.0
铰接车	3.5

9.2.2　主要技术经济指标

1. 住宅平均层数　是指各种住宅层数的平均值。是住宅建筑面积与住宅基底总面积的比值，其算式为：

住宅平均层数 = 住宅总建筑面积 / 住宅基底总面积（层）

2. 高（中高）层住宅比例（高：≥ 10 层，中高：7 ~ 9 层） 是指高（中高）层住宅总建筑面积与住宅总建筑面积的比率，其算式为：

高（中高）层住宅比例 = 高（中高）层住宅

总建筑面积 / 住宅总建筑面积 ×100%

3. 人口净密度　是指每公顷住宅用地上容纳的规划人口数量，其算式为：

人口净密度 = 规划总人口 / 住宅用地总面积（人 / 公顷）

4. 人口毛密度　是指每公顷居住区用地上容纳的规划人口数量，其算式为：

人口毛密度 = 规划总人口 / 居住用地总面积（人 / 公顷）

5. 住宅建筑套毛（净）密度　是指每公顷居住区用地上（住宅用地上）拥有的住宅建筑套数，其算式为：

住宅建筑套毛（净）密度 = 住宅总套数 /（住宅用地面积）（套 / 公顷）

6. 住宅建筑面积毛（净）密度　是指每公顷居住区用地（住宅用地）上拥有的住宅建筑面积，其算式为：

住宅建筑面积毛（净）密度 = 住宅总建筑面积 / 居住区用地面积

（住宅用地总面积）（万平方米 / 公顷）

住宅建筑面积净密度是反映居住区的环境质量（住宅建筑量和居住人口量）的重要指标。在一定的住宅用地上，住宅建筑面积净密度高，该居住区的居住容量相应也高，反之，居住容量就低。决定住宅建筑面积净密度的主要因素是住宅的层数、居住面积标准和日照间距。根据我国居住区规划建设中存在的问题和倾向，主要表现为提高密度以最大可能地提高经济效益，而忽视居住环境质量。因此规范做出住宅建筑面积净密度最大值的控制指标（见表 9-6）。

表 9-6　住宅建筑面积净密度控制指标　　（单位：万 m^2/hm^2）

住宅层数	建筑气候区划		
	I、II、VI、VII	III、V	IV
低层	1.10	1.20	1.30
多层	1.70	1.80	1.90
中高层	2.00	2.20	2.40
高层	3.50	3.50	3.50

注：混合层取两者的指标值为控制指标的上、下限值；本表不计入地下层面积。

7. **建筑面积毛密度**　也叫做容积率，是每公顷居住区用地上拥有的总建筑面积（万平方米 / 公顷）或以居住区总建筑面积（万平方米）与居住区用地（万公顷）的比值表示。其算式为：

$$建筑面积毛密度（容积率）= 居住区总建筑面积 /$$
$$居住区用地面积（万平方米 / 公顷）$$

8. **停车率**　指居住区内居民汽车的停车位数量与居住户数的比率（%）。

9. **地面停车率**　指居民汽车的地面停车位数量与居住户数的比率（%）。

10. **住宅建筑净密度**　是指住宅建筑基底总面积与住宅用地面积的比率，也就是住宅覆盖率。其算式为：

$$住宅建筑净密度 = 住宅建筑基底总面积 / 住宅用地面积（%）$$

住宅建筑净密度主要取决于房屋布置对气候、防灾要求。因此住宅建筑净密度与房屋间距、建筑层数、层高、排列方式等有关，一般住宅层数越高，住宅建筑净密度越低。鉴于我国居住区规划建设中存在建筑密度日趋增高的倾向（几乎不存在建筑密度过低的现象），为使居住区有合理的空间，确保居住生活环境质量，对不同地区、不同层数的住宅建筑净密度最大值作出了控制，见表 9-7。

表 9-7　住宅建筑净密度控制指标　　　　　　　（%）

住 宅 层 数	建筑气候区划		
	Ⅰ、Ⅱ、Ⅵ、Ⅶ	Ⅲ、Ⅴ	Ⅳ
低层	35	40	43
多层	28	30	32
中高层	25	28	30
高层	20	20	22

注：混合层取两者的指标值为控制指标的上、下限值。

11. **住宅用地指标**　住宅用地指标决定于四个因素：

（1）住宅居住面积定额（平方米 / 人）；

（2）住宅居住面积密度（平方米 / 人）；

（3）住宅建筑密度（%）；

（4）平均层数。

$$人均住宅用地 = \frac{人均居住面积定额}{层数 \times 住宅建筑密度 \times 平面系数}（平方米 / 人）$$

或　　　$$人均住宅用地 = \frac{每人居住面积定额 \times 住宅用地面积}{住宅总居住面积}（平方米 / 人）$$

12. **绿地率**　居住区用地范围内各类绿地面积的总和占居住区用地面积的比率（%）。各类绿地包括公共绿地和非公共绿地，但不包括立体人工化绿地。其算式为：

$$绿地率＝绿地总面积（万平方米）/居住区用地面积（万平方米）×100\%$$

13. **总建筑密度**　指居住区用地内各类建筑的基底总面积与居住区用地的比率。其算式为：

$$总建筑密度＝总建筑基底总面积（万平方米）/居住区用地面积（万平方米）×100\%$$

14. **拆建比**　拆除的原有建筑面积与新建的建筑面积的比值。

9.2.3　居住区综合造价

居住区的造价主要包括地价、建筑造价、室外市政设施、绿地工程和外部环境设施造价等。此外，勘察、设计、监理、营销策划、广告、利息以及各种相关的税费也都属于成本之内。

1. **地价**　我国实行土地的有偿使用，地价对居住区建设的总成本，特别是对每平方米居住建筑面积的综合成本起着决定性作用。

2. **建筑造价**　包括住宅与配套公共服务设施的造价，住宅造价一般与住宅层数密切相关。高层住宅造价高于多层住宅，但高层住宅能节约用地，提高土地的利用效益，减少室外市政工程设施投资及征地拆迁等费用。

3. **室外市政设施工程和外部环境设施费用**　是指居住区内的各种管线和设施，如给排水、供电、供暖、煤气、电信（电话、电视、电脑等）等管线与设施以及绿化种植、道路铺砌、环境设施小品等的费用。

居住区总造价的综合指标一般以每平方米居住建筑面积的综合造价为主要指标（含开发费、后期建设费）。

9.2.4　居住区的定额指标与综合效益指标

9.2.4.1　居住区定额指标

由于居住区的建设量大、投资多、占地广，且与居民的生活密切相关，因此，为了合理地使用资金和城市用地，我国和其他一些国家都对居住区的规划和建设制定了一系列控制性的定额指标。

居住区定额指标是城市规划和建设的定额指标的重要组成内容，这些定额指标的制定也是国家一项重要的技术经济政策。

居住区规划的定额指标一般包括用地、建筑面积、造价等内容。

1. **用地的定额指标**　居住区用地的指标是指居住区的总用地和各类用地的分项指标，按平均每居民多少平方米来计算，1993年建设部颁布居住区用地平衡控制指标（见表9-2）和人均居住用地控制指标（见表9-3）。此外，还规定了各项配套的公共服务设施控制指标（见表6-2）。

2. **建筑面积的定额指标**　建筑面积主要是指住宅和居住区内各类配套的公共服务

设施的建筑面积。居住区内的各类配套公共服务设施的建筑面积的定额指标包括总的公共服务设施建筑面积定额指标和各分项的定额指标（见表 6-2）。

3. **造价指标**　由于土地的有偿使用，因此大大影响居住区的综合造价，而建设费用各地标准水平不一，参差甚大，且受市场影响，国家无统一的规定。

9.2.4.2　居住区的综合效益指标

综合效益是衡量居住区质量的主要标准。综合效益包括社会效益、经济效益和环境效益，三项效益的统一是居住区规划的目标要求，在综合技术经济指标体系中要求指标间保持合理平衡（见表 9-8）。

表 9-8　居住区综合效益指标分析

综合效益	指　　标	含　　义
社会效益	密度、建筑量、人口量、绿化、道路、综合造价	表述：安置居民数量、解决住房情况、提供文化和商业服务、交通服务及居住生活环境状况、居民经济承受能力
经济效益	密度、建筑量、人口量、拆建比、综合造价	表述：出房率、公建设施配套率、拆建房屋情况、进住户数、总造价
环境效益	密度、绿化、场地	表述：建筑和人口疏密程度、空地率、绿化面积、活动及休闲场地面积

注：1. 密度包括建筑密度、面积密度、套密度、人口密度等指标。
　　2. 建筑量包括住宅面积、公建面积等指标。
　　3. 人口量包括人口数、户（套）数等指标。
　　4. 绿化包括公共绿地面积、绿地率（含绿地内场地）等指标。
　　5. 道路包括道路及广场、停车场、回车场等交通设施指标。

由表 9-8 指标间的关系可以看出：

（1）三项效益之间是相互联系、相互制约的；社会效益是经济效益和环境效益的综合体现；经济效益和环境效益中任一效益都会影响到社会效益。

（2）建筑密度、环境容量和绿化空间是反映居住区环境质量的三个基本因素，也是规划设计需密切关注的重要问题。

（3）提高居住区综合效益，从居住区规划设计来讲，基本环节在于经济合理有效的使用和利用空间。

9.3　住宅小区规划审批

9.3.1　住宅小区用地选择

住宅小区选址应符合城市总体规划控制和有关管理部门的要求，在城市规划指导下，选择符合居住功能要求，环境良好，有利于开发建设的新建地区或适宜的旧区改建地段。小区用地的选择，应具有良好的地质条件，避免地质复杂，土壤承载力差，地势低洼又不易排涝等不良的工程地质条件。住宅小区应避免布置在沼泽地区、不稳定的填土堆石地段、地质构造复杂地区如断层、风化岩层、裂缝、滑坡等，也应避开风口，洪水侵袭的地区，以及地震时有崩塌陷落危险的地区。住宅小区应尽量选择具有良好植被和小气候环境以及有利地形、地貌的地区，必须避免严重的交通、噪声干扰和工农业有害排放物的污染和侵害。

9.3.2　住宅小区规划选址的管理

9.3.2.1　住宅小区选址定点依据与原则

《中华人民共和国城市规划法》《建设项目选址规划管理办法》及各地方城市规划条例是小区规划选址的重要依据和应该遵循的原则。

9.3.2.2　住宅小区选址定点应具备的主要条件

住宅小区选址定点应具备三个方面的主要条件：①住宅小区选址定点的书面申请报告；②计划部门的批件，反映建设项目的内容、规模、投资额等；③有证测绘单位的实测、能反映拟建设位置及周围相互关系的一定比例的现状地形图。

9.3.2.3　住宅小区选址定点工作程序

（1）城市住宅小区选址往往须先作出可行性研究论证，然后再下达计划。在可行性研究阶段，可以委托规划设计单位完成选址研究报告，作为项目可行性研究报告审批的前提。在完成可行性研究的基础上，规划行政部门再提出选址定点意见书，作为审批任务书的前提和作为工程征地的动迁、安置、补偿方案的前提。项目的可行性研究和规划设计任务书的编制，应由建设单位负责，由规划部门分管，主持其中选址定点的审查工作。小区选址定点勘察及审查工作中，应会同土地部门共同参加。

（2）经过小区定点选址工作的审查后，由规划管理部门发出选址意见书以及附图。选址意见主要包括选址定点，与定点位置有关的道路红线，标出限制范围和其他与定点位置有关的用地规划设计条件，以及核定规模。开发建设单位领取选址意见书后，即可开展前期准备工作，包括向拟建所在地人民政府房产、土地管理部门联系开展动迁、征地、划拨用地等基本情况的摸底工作，对拟建地块所涉及的城市各专业管理部门进行基本情况的摸底工作；开展规划设计组织工作等。

根据《城市规划法》的规定，城市土地利用和建设工程的规划管理实行法定的许可证制度。建设部制定了全国统一的"一书两证"，即建设项目选址意见书、建设用地规划许可证和建设工程规划许可证。

建设项目选址意见书，是为了把建设项目的计划管理与规划管理有机地结合起来，保证城市的各项建设项目能够符合城市规划要求，使可行性研究报告编制得科学、合理，有利于促进城市健康发展，取得良好的经济效益、社会效益和环境效益的法律凭证。建设项目可行性研究报告报批时，必须附有城市规划主管部门核发的建设项目选址意见书，否则就应当依法视为是不合法的。

建设项目选址意见书，主要有三部分内容：一是建设项目的基本情况；二是建设项目选址的主要依据；三是城市规划行政主管部门对建设项目选址提出的具体地址、用地范围和在此地进行建设时的具体规划要求，以及必要的调整意见等。

9.3.3　住宅小区规划设计条件

住宅小区规划设计条件是进行小区规划设计的依据之一。根据《中华人民共和国城市规划法》第31条的规定，建设用地单位向城市规划行政主管部门申请定点后，城市规划主管部门应核定其用地位置和界线，提供规划设计条件。规划设计条件主要包括以下几个方面：

（1）小区建设用地的现状地形图，该地形图要由城市规划行政主管部门认可。

（2）根据住宅小区的性质和所处地段条件提出的拟征用地范围，即划出用地红线。

（3）综合向各有关部门征询意见后提出的综合性意见。

（4）该建设用地的外部限制条件，包括山、水、地形和四邻的建设情况及空间环境要求等。

（5）提出城市规划确定的道路红线位置，路幅及其规划要求。

（6）提出规划设计要点，包括建筑密度、容积率、建筑层数、高度、体量、红线退让要求和地下管线走向，绿化要求以及其他控制事项。

（7）其他有关的特别要求，如人防、净空限制等。

城市规划行政主管部门应向建设用地单位发出规划设计条件通知书，以便以此为依据进行住宅小区规划设计。

9.3.4　住宅小区规划审批办理程序

对住宅小区规划应依照国家和地方规划管理的法规实施统一管理，并依次办理各种手续。坚持小区规划审批办理程序能够更好地实施住宅小区规划，推动住宅产业的发展，为社会经济事业发展服务。

住宅小区规划管理程序的繁简取决于城市的大小及城市专业管理部门设置的多少，建设项目的大小难易等。各城市规划管理体制虽有相同的原则性要求，但具体规划审批程序的复杂程度也有所不同。目前，较典型的住宅小区规划审批办理程序为：

（1）建设单位提出申请报告。

（2）规划管理部门立项并核发建设项目选址意见书。

（3）规划管理部门审定小区规划设计并发建设用地规划许可证。

（4）经各有关部门审核小区内建设工程图纸，发放建设工程规划许可证。

（5）各有关部门核准全部税费和施工许可证。

（6）施工放线验线。

（7）施工监督。

（8）工程验收。

（9）竣工图归档。

9.3.5　住宅小区规划审批管理

住宅小区规划审批管理主要包括两部分内容：住宅小区建设用地规划审批管理和建筑工程规划管理（包括建筑管理和市政公用设施管理）。

9.3.5.1　住宅小区建设用地的规划审批管理

建设用地的规划审批管理是小区规划实施管理的重要环节之一。其任务是使小区规划范围内一切建设项目用地，必须符合城市规划和规划实施管理的要求。

建设用地单位向城市规划主管部门申请选址。经过城市规划管理部门核发建设用地规划许可证后，方可向土地管理部门申请办理土地征用、划拨和发放土地使用手续。小区建设需要使用国有土地或征用集体所有制土地进行综合开发时，要由城市综合开发主管部门统一向规划部门办理申请，取得规划批件后，向房地产和土地部门申请动迁、划拨和征用。

建设用地规划许可证，是建设单位或个人在向土地管理部门申请征用、划拨土地前，经城市规划行政主管部门确认建设用地位置和范围符合城市规划要求的法律凭证。任何建设用地，如果没有城市规划行政主管部门核发的建设用地规划许可证，就依法视为是违法用地。住宅小区建设或开发单位只有在获得建设用地规划许可证后，才表明小区建设用地符合城市规划要求，是受到法律保护的。

建设用地规划许可证还应当包括标有建设用地具体界限的附图和明确具体规划要求的附件。附图和附件是建设用地规划许可证的配套证件，具有同等法律效力。

9.3.5.2　住宅小区规划的编制与审定

1. **住宅小区规划的审定**　由城市规划管理部门提出住宅小区规划图审查意见通知书，作为下阶段设计修改和规划图审批的依据。审批权由当地人民政府规定，一般由城市规划管理部门审批，较重要的小区由市规划管理部门提出审查意见，报市（县）人民政府批准。

2. **住宅小区规划的编制内容**

（1）小区规划图的设计。住宅小区选址定点之后，由建设单位委托有资质的设计单位开展小区规划图的设计。住宅小区规划设计也可以采用方案招标的方法，以提高小区规划设计的质量。

（2）住宅小区规划总图主要内容。①小区建设拟用地范围；②标明道路红线及其他外部限制条件；③标明小区道路的位置、走向、标高、坡度及转弯半径；④标明小区建筑物的位置、形状、层数及室内外地坪设计标高等；⑤明确小区各种市政工程管网的平面位置，管径、控制点坐标及标高、竖向规划等；⑥标明小区内各类型停车场地的布置形式；⑦明确小区绿化及室外环境布置等。

（3）主要经济技术指标。①居住人口；②小区总用地面积；③小区规划用地平衡；④总建筑面积；⑤住宅建筑面积；⑥公共建筑面积；⑦建筑密度；⑧容积率；⑨绿地率等。

（4）住宅小区规划图成果。①小区规划说明书；②小区规划总平面图及各专项规划平面图；③小区竖向规划图；④小区主要技术经济指标；⑤各项市政工程规划；⑥小区整体或局部效果图等。审批通过及修改通过后的住宅小区规划图，应注明时间，并加盖审批机构公章，否则不具备法律效力。

9.3.5.3　住宅小区建筑工程规划管理

1. 住宅小区建筑工程规划管理内容

（1）建筑管理。建筑管理，重点是指城市规划对建筑设计和工程建设审批的管理，不包含房屋的内部维修和装饰、房屋产权等方面的管理。建筑设计管理，包括建筑性质、功能、建筑标准的审查，提出红线与间距要求，体量与层数的控制，设计图纸的审查，建筑造型、风格、色彩和建筑环境的审查等。建筑审批管理，包括建设申请，现场踏勘，征询有关部门的意见，规划审查，上报审批，核发建设工程规划许可证，放线验线，工程验收，竣工资料的报送和归档等项工作。

（2）市政公用设施管理。住宅小区市政公用设施管理主要包括住宅小区内道路管理和各种工程管线的管理。道路管理，主要包括道路规划方案的地面定线，道路设计与施工的红线控制要求，道路标高、走向的核定，设计图纸审查，核发建设工程规划许可证，以及因管线工程需要对道路开挖的审批与管理。管线管理，包括对各种管线工程类别、截面、线型、坐标、标高、水平距离、架设高度、埋置深度及立体交叉关系的审查，避免与地面建筑物、构筑物、行道树以及地下空间、地铁、人防设施等的影响和各种管线之间的相互干扰，同时要符合国家和有关部门颁发的规范、标准、技术、卫生、安全等方面的要求。

2. 建设工程规划许可证

建设工程规划许可证，是《城乡规划法》规定的经过城市规划行政主管部门审查确认的表明该建设工程符合城市规划要求的法律凭证。建设工程规划许可证的作用，一是确认有关建设活动的合法地位，保证有关建设单位或个人的合法权益；二是作为建设活动进行过程中接受监督检查时的法定依据，城市规划行政主管部门应根据建设工程规划许可证规定的建设内容和要求进行监督检查，并将其作为处罚违法建设活动的法律依据；三是作为城市规划行政主管部门有关城市建设活动的重要历史资料和城市建设档案的重要内容。任何建设工程，如果没有城市规划行政主管部门核发的建设工程规划许可证，就依法视为违法建设。

申请建设工程规划许可证应具备下列条件：一是必须具备建设工程计划投资批准文件；二是具有城市规划行政主管部门关于审定设计方案的通知书和主管部门审定初步设计方案文件；三是规定报送的有关施工设计图纸和资料。

建设规划许可证所包括的附图和附件，按照建筑物、构筑物、道路、管线以及个人建房等不同要求，由城市规划行政主管部门根据法律法规和实际情况具体制定。附图和附件是建设工程规划许可证的配套证件，具有同等法律效力。

3. 住宅小区建筑设计方案审定 建设及开发单位向城市规划主管部门报送住宅小区建筑设计方案申请审定时，应符合以下要求：

（1）应具备建设计划的批准文件；

（2）设计方案要符合城市规划主管部门提供的规划设计要求；

（3）报送的各建筑的设计方案应为有资质设计单位设计且方案不应少于两个，并可附上建设单位及其上级主管部门的推荐方案的意见；

（4）设计方案图纸，包括总平面图、建筑各层平面图、立面图、主要剖面图的草图、透视图或模型，设计方案说明书等。

9.3.6 住宅小区规划审批后的管理

住宅小区规划建设在完成审批程序，获得"一书两证"之后，城市规划管理部门应继续对小区建设全过程进行规划实施跟踪管理。

（1）施工放线（验线）。可由规划管理部门的测绘队伍统一坐标放线。

（2）施工监督检查。城市规划行政主管部门有权对小区规划建设工程进行检查，使其符合规划要求，以保证小区建设工程严格按照城市规划和城市规划行政主管部门的要求进行。

（3）竣工验收。住宅小区的竣工，应该包括小区道路，环境绿化，各种建筑及市政公用设施等的全面竣工。城市规划行政主管部门验收的主要内容为各建设项目是否按建设工程规划许可证的要求建设，住宅小区的配套设施建设是否完成等。规划验收合格后，小区建筑及市政公用设施方可交付使用。如发现不符合规划设计要求，就要视情况提出补救和修改措施以及给予必要的行政处罚。

（4）城建档案归档。工程竣工后，开发建设单位应在6个月内向城市规划主管部门报送竣工报告，报送竣工图纸、文件等，同时将一套竣工图纸及文件报送到城建档案馆存档。竣工图纸由开发建设单位负责组织施工单位编制。

9.4 城市旧居住区的再开发

城市发展的全过程是一个不断更新、改造的新陈代谢过程。城市中各组成内容本身或相互之间受城市发展的因素影响，自我调节，需要进行不断的调整、维修、改善、更新或改建，使其恢复正常的效能，这个过程一般统称为城市的再开发，而城市居住区的再开发则是旧城再开发的重要组成内容。我国的城市旧居住区一般是指一些历史上逐渐形成的居住地区，这些地区的住宅质量大都差别悬殊。

过去我国城市旧居住区普遍存在布局混乱、房屋破旧、居住拥挤、交通阻塞、环境污染、市政和公共设施短缺、名胜古迹绿地遭受破坏等问题，改革开放后，这些问题得到了不同程度的改善。但由于城市原有结构总有保持稳定性的趋向和难以改变的惰性，以及问题面广量大，一些历史积累的旧矛盾和旧问题，积重难返，且不断地在新水平上再现和演化。主要反映在土地配置低效率日益突出、住宅拥挤和房屋破旧仍十分严重、基础设施滞后和不足与日俱增、历史风貌和景观特色丧失有所加重等方面。

9.4.1　城市旧居住区再开发的原则、特点和方式

9.4.1.1　城市旧居住区再开发的原则

《城乡规划法》第 31 条明确规定："旧城区的改建，应当保护历史文化遗产和风貌，合理确定拆迁和建设规模，有计划地对危房集中、基础设施落后等地段进行改建。"

9.4.1.2　城市旧居住区再开发的特点

城市旧居住区再开发与一般在空地上新建居住区不同，有其特殊性，主要表现在以下几方面：

1. **复杂性**　旧居住区再开发不仅需要对再开发地区现状的物质环境进行详细深入的调查分析，还需要涉及大量社会的、历史的和政策方面的一些其他问题。

2. **长期性和阶段性**　城市在不断发展，人们生活水平的提高和科学技术的进步也必将对城市建设提出新的要求。由于居住区是大量建造的，它的各项建设标准都要严格受到一定时期国家经济水平的制约，而建设标准又随着经济水平的提高而不断提高，这就决定了旧居住区再开发的阶段性和长期性。

3. **综合性**　旧居住区再开发要处理城市人口、建筑、景观、设施、历史文化和艺术等多方面的综合问题。

9.4.1.3　城市旧居住区再开发的方式

旧居住区再开发方式受到一定时期的经济水平、技术条件和环境现状等的制约，根据不同的再开发要求，可分为维修改善、更新、整理和改建等几种方式。

9.4.2　旧居住区的维修改善、更新、整理和改建

9.4.2.1　维修改善

维修改善是指一些经常性的维修保护和局部的改善措施。具体包括以下主要内容：

1. **维修改善旧住宅和居住区的公共建筑**　房屋的维修改善措施应根据其结构类型、损坏程度、使用年限、建筑与周围环境的关系以及该地区远近期再开发的要求区别对待。日常的维修保养主要是对房屋使用功能的局部改善，如改换门窗，增设卫生设备、煤气等。

2. **旧居住区室外环境的改善**　旧居住区室外环境的改善主要是包括道路和交通的整顿，如整修路面，增辟公交线路等；增设市政公用设施，如增设公共给水站、路灯、垃圾箱等；改善环境卫生，如降低噪声干扰，垃圾适时处理等。

9.4.2.2　更新

所谓更新，是指对旧住宅和建筑在保留其外形基本不变的前提下进行内部现代化更新。这种方式一般适用于房屋结构质量较好或外观造型有较大保留价值的建筑或地段。

9.4.2.3　居住区的整治规划

所谓居住区的整治规划是指对一些质量较好的居住区进行调整、充实和完善。目前亟须整治的居住问题主要有以下几个方面：

（1）土地使用不经济和不合理，需要合理调整和提高土地的使用效益。

（2）公共服务设施不足，居民使用不便，需要充实和提高。

（3）市政工程和公用设施有的潜力还没有充分发挥，有的则相反，水压不足，排水不畅，交通不便，需要进一步改善。

（4）居住区公共绿地不断被占用，各类居民室外活动场地需要进一步完善和充实。

（5）为了加强安全管理，需要加设围墙、门卫、安保等设施。

9.4.2.4　旧居住区的改建规划

旧居住区的改建是指对旧区进行重建。这种方式往往工程量大、投资多、时间长、问题复杂。根据改建地区的具体条件和改建需要可分为局部改建、道路沿线和成片集中改建等几种方式。

1. **局部改建**　是指在大部分建筑质量较好需要保留或保护的居住地区，对部分质量较差的建筑进行拆除重建，或利用旧区的一些空地进行插建。

2. **道路沿线改建**　道路沿线改建一般是为满足城市交通发展（需开辟或拓宽道路）或改造市容的需要，有时两者兼有。

3. **成片集中改建**　成片集中改建的旧居住区，一般房屋质量普遍很差，已无法维修，或再继续维修不经济。

9.4.3　旧居住区的调查研究

调查研究工作对旧居住区的再开发特别重要。调查研究的内容根据具体情况和再开发的要求而有所侧重，一般包括以下几个方面：

1. **土地使用现状**　包括各类用地的使用性质、使用单位、分布、范围和相互关系，可通过图、表表示。

2. **建筑现状**　各类建筑的使用性质、面积、层数、质量、历史价值、产权所属等，也可以图、表表示。

3. **人口构成**　再开发地区的总人口、人口的年龄以及性别构成，总户数和户的组成，出生率和人口发展的预测。

4. **公共服务设施现状**　各类公共服务设施项目、规模、服务半径、服务质量等，存在的问题和发展的要求。

5. **市政公用设施现状**　给排水、供电、供热、供燃气等状况，各种管线的架设、埋置，道路现状的断面、线型和路面构造，规划红线宽度和断面，交通状况等。

6. **工厂的生产情况**　原料和成品的运输方式、运输量、生产过程是否对周围环境产生污染，工厂生产发展的要求以及迁移的条件等。

7. 地区内大气被污染情况、噪声状况、原有保留住宅的日照和通风条件等。

8. **建设资金来源**　政府投资和各单位自筹资金的数量，以及其他可能集资的力量。

9. **行政区划现状**

9.4.4　旧居住区再开发中的几个问题

9.4.4.1　用地的调整

由于城市旧居住区大部分是历史自发形成的，有的还由于管理不善等原因而造成布局混乱、土地使用很不合理等情况，因此在进行旧居住区的再开发时，首先要合理地调整用地。在调整用地时原则上考虑：

（1）居住用地宜相对成片集中，以便组织居民生活和经济合理地布置公共服务设施；

（2）有利于工厂企业等单位的生产与管理；

（3）打破用地单位所有界限，综合利用城市土地，以提高土地的利用效益；

（4）创造并充分利用新的土地开发和融资机制，置换厂区用地开发住宅；以土地入股等方式。

9.4.4.2　住户的动迁安置

这是一项十分繁复和细致的工作，它不仅涉及广大群众的切身利益，而且运行的快慢直接影响改建的速度，因此必须按照有关的政策和法令认真细致地进行，既要满足居民的合理要求，又要对个别不合理的要求作耐心的说服，必要时可通过法律解决。动迁安置的方式一般有以下几种：

（1）一次搬迁，即直接安置到新建住宅，是较理想的方式。

（2）两次搬迁，又称临时过渡的方式，常采用周转用房。

9.4.4.3　具有历史价值的住宅、地段和传统民居的保护和保留

我国历史悠久，拥有丰富的城市建筑遗产，很多具有我国民族和地方特色的民居是文化历史宝库中的重要组成部分，同时在世界城市建设和建筑史上也占有重要的地位。因此，开发这些居住地区不仅是我国城市建设和建筑文化艺术对这些建筑和地区的改建，重要的是衡量其保护和保留的价值。

拓展学习推荐书目

[1]　中华人民共和国建设部 . 城市居住区规划设计规范 GB 50180—93（2002）[S]. 北京：中国建筑工业出版社，2002.

[2]　中国城市规划学会 . 住区规划 [M]. 北京：中国建筑工业出版社，2003.

[3]《中华人民共和国城市规划法》.

[4]　李德华 . 城市规划原理 [M]. 3 版 . 北京：中国建筑工业出版社，2001.

复习思考题

1. 简述城市用地平衡表及建设用地的概念。

2. 确定居住区用地平衡控制指标时应注意哪些问题？

3. 简述城市居住区主要技术经济指标的含义。

4. 居住区规划的定额指标包括哪些内容？

5. 居住区综合造价包含哪些内容及常用表示方法？

6. 简述住宅小区规划审批的基本程序。

第 10 章
居住区竖向规划与管线工程综合概述

学习目标

本章主要介绍了居住区用地竖向规划的内容、原则与地面竖向设计形式；居住区管线工程综合的目的、任务及原则等内容。通过本章的学习，要求读者清楚居住区用地竖向规划设计的原则与要点；管线工程综合的原则。

10.1 居住区竖向规划

居住区竖向规划设计是在居住区平面规划布局的基础上，根据实际地形的起伏变化，进一步作出第三度空间的规划布置，合理决定用地地面标高，以使改造后的地形适于修建各类建、构筑物，满足迅速排除地面水，敷设各种地下管线及交通运输的要求等，使规划中的建筑、道路、场地及排水等设施的标高互相协调并互相衔接，达到功能合理、技术可行、造价经济和环境宜人的要求。这种垂直方向上的规划设计，称为竖向规划（也称垂直设计）。

10.1.1 居住区竖向规划的内容

居住区竖向规划主要包括下列内容：

（1）分析研究并合理利用居住区自然地形，选择用地竖向布置方式，合理确定各项控制标高，力求减少土方量，并满足居民居住生活需要。

（2）确定地面排水方式、坡向与排水构筑物，使地面雨水、污水能够顺利排除。如存在洪水威胁，应确保在城市防洪标准条件下不受洪水的影响和危害。

（3）确定建筑物、构筑物、室外场地、道路排水沟、地下管线等的设计标高，并协调相互间的关系；确定道路交叉口坐标、标高。相邻交叉口间的长度、坡度，道路围合街坊的汇水线、分水线和排水坡向。主次干道的标高，一般应低于小区场地的标高，以方便地面水的排除。

（4）确定计算土石方工程量和场地土方平整方案，选定弃土或取土场地。填、挖方尽量平衡，避免填方无土源，挖方无出路或土石方运距过大。

（5）合理确定由于挖、填方而必需建造的工程构筑物，如护坡、挡土墙、排水沟等。

（6）在旧区改造竖向设计中，应注意尽量利用原有建筑物与构筑物的标高。

（7）结合地形条件，创造良好的环境空间形象。

10.1.2　居住区竖向规划的原则

居住区的竖向规划，包括地形地貌的利用、确定道路控制高程和地面排水规划等内容。居住区竖向规划设计时，应遵循下列原则：

（1）合理利用原地形地貌，减少土方工程量。

（2）各种场地的适用坡度，应符合表 10-1 的规定。

（3）满足排水管线的埋设要求。

（4）避免土壤受冲刷。

（5）有利于建筑布置与空间环境的设计。

（6）对外联系道路的高程应与城市道路标高相衔接。

（7）当自然地形坡度大于 8%，居住区地面连接形式宜选用台地式，台地之间应用挡土墙或护坡连接。

（8）居住区内地面水的排水系统，应根据地形特点设计。在山区和丘陵地区还必须考虑排洪要求。地面水排水方式的选择，应符合以下规定：

1）居住区内应采用暗沟（管）排除地面水；

2）在埋设地下暗沟（管）极不经济的陡坎、岩石地段，或在山坡冲刷严重，管沟易堵塞的地段，可采用明沟排水。

表 10-1　各种场地的适用坡度　　　　　　　　　（%）

场 地 名 称	适 用 坡 度	场 地 名 称	适 用 坡 度
密实性地面和广场	0.3 ~ 3.0	2. 运动场	0.2 ~ 0.5
广场兼停车场	0.2 ~ 0.5	3. 杂物场地	0.3 ~ 2.9
室外场地		绿地	0.5 ~ 1.0
1. 儿童游戏场	0.3 ~ 2.5	湿陷性黄土地面	0.5 ~ 7.0

10.1.3　居住区竖向规划地面形式设计

用地地面形式设计时，主要考虑以下几方面因素：基地自然地形坡度、建筑物的使用要求及建筑间的关系、基地面积大小及土石方工程量的大小。此外还需考虑地质条件（如土质类型等）、施工方法、工程投资等，通过综合技术经济比较合理确定。

10.1.3.1　地面设计形式

在进行竖向规划设计时，常需将自然地形加以适当改造，使其成为能够满足使用要求的地形。这一地形，称之为设计地形或称设计地面。设计地面按其整平连接形式可分为三种：

1. **平坡式**　将地面平整成一个或多个坡度和坡向的连续的整平面，其坡度和标高都较和缓，没有剧烈的变化（见图 10-1）。一般适用于自然地形较平坦的基地，其自然坡度一般小于 3%。对建筑密度较大、地下管线复杂的地段尤为实用。

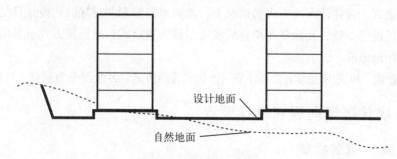

图 10-1　平坡式地面设计

2. **台阶式**　由几个标高高差较大的不同平面相连接而成，在连接处一般设置挡土墙或护坡等构筑物（见图 10-2），相互交通以梯阶和坡道联系。这种台阶式设计地面适用于自然地形坡度较大（＞ 3%）的基地。建筑密度较小，管网线路较简单的地段较为适用。

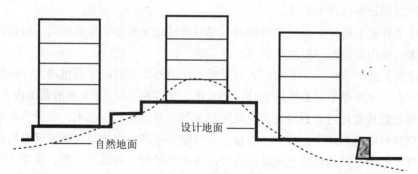

图 10-2　台阶式地面设计

3. **混合式**　即平坡式与台阶式混合使用。根据使用要求与地形特点，把建设用地划分为几个地段，每个地段用平坡式改造地形，而坡面相接处用台阶式连接。

平坡式与台阶式，又可分为单向倾斜和多向倾斜两种形式。在多向倾斜形式中，又可分为向城市边缘倾斜和向城市中央倾斜两种形式。

10.1.3.2　设计地面连接形式

根据设计地面之间的连接方法不同，可分为三种方式：

1. **连续式**　用于建筑密度较大，地下管线较多的地段。连续式又分为平坡式与台阶式两种。

（1）平坡式一般用于≤ 2% 坡度的平原地面，3% ~ 4% 坡度在地段面积不大的情况下，也可采用。

（2）台阶式适用于自然坡度 ≥ 4%，用地宽度较小，建筑物之间的高差在 1.5 米以上的地段。

2. 重点式　在建筑密度不大的情况下，地面水能够顺利排除的地段，只是重点地在建筑附近进行平整，其他都保留自然坡度，称为重点式自然连接方式。多用于规模较小建筑用地地段。

3. 混合式　建筑用地的主要部分采用连续式连接方式，其余部分为重点式自然连接。

10.1.4　居住区竖向规划设计要点

10.1.4.1　建筑标高

建筑物标高，是以建筑物与室外设计地坪标高的差值来决定的。设计上要求避免室外雨水流入建筑物内，并引导室外雨水顺利排除；有良好的空间关系并保证有迅捷的交通。

1. 室内外地坪　建筑室内地坪标高要高于室外地坪，室外地坪要高于周围道路地坪。地面排水坡度最好在 1%～3% 之间，一般允许在 0.5%～6% 的范围内变动，这个坡度同时满足车行技术要求。

当建筑有进车道时：室内地坪标高应尽可能接近室外整平地面标高。根据排水和行车要求，室内外高差一般为 0.15 米。

当建筑无进车道时：主要考虑人行要求，室内外高差的幅度可稍增大，一般要求室内地坪高于室外整平地面标高 0.45～0.6 米，允许在 0.3～0.9 米的范围内变动。

2. 地形起伏变化较大的地段　建筑标高在综合考虑使用、排水、交通等要求的同时，要充分利用地形减少土石方工程量，并要组织建筑空间体现自然和地方特色。如将建筑置于不同标高的台地上或将建筑竖向作错叠处理，分层筑台等，并要注意整体性，避免杂乱无序。

10.1.4.2　道路标高

应满足道路技术要求、排水要求以及管网敷设要求。一般情况下，雨水由各处整平地面排至道路，然后沿着路缘石排水槽排入雨水口。所以，道路不允许有平坡部分，保证最小纵坡 ≥ 0.3%，道路中心标高一般应比建筑的室内地坪低 0.25～0.3 米以上。

1. 机动车道　纵坡一般 ≤ 6%，困难时可达 8%，多雪严寒地区最大纵坡 ≤ 5%，山区局部路段可达 12%。但纵坡超过 4% 时都必须限制其坡长：

当纵坡在：

5%～6% 时，最大坡长 ≤ 600 米；

6%～7% 时，最大坡长 ≤ 400 米；

7%～8% 时，最大坡长 ≤ 200 米。

2. 非机动车道　纵坡一般 ≤ 2%，困难时可达 3%，但其坡长限制在 50 米以内，多雪严寒地区最大纵坡应 ≤ 2%，坡长 ≤ 100 米。

3. **人行道**　纵坡以 ≤ 5% 为宜，> 8% 时宜采用梯级和坡道。多雪严寒地区最大纵坡 ≤ 4%。

4. 交叉口纵坡 ≤ 2%，并保证主要交通平顺。

5. 桥梁引坡 ≤ 4%。

6. 广场、停车场坡度 0.3% ~ 0.5% 为宜。

10.1.4.3　室外场地

地面排水应根据总平面规划布置和地形情况划分排水区域，决定排水坡向以及管沟系统。力求各种场地设计标高适合雨水、污水的排水组织和使用要求，避免出现凹地。

各种场地的适用坡度要求见表 10-1。室外地坪坡度不得小于 0.3%，并不得坡向建筑散水。

场地排水方式一般分为两种：

1. **暗管排水**　用于地势较平坦的地段，道路低于建筑物标高并利用雨水口排水。一般设计上每个雨水口可担负 0.25 ~ 0.5 公顷汇水面积，多雨地区采用低限，少雨地区采用高限。

2. **明沟排水**　用于地形较复杂的地段，如建筑物标高变化较大、道路标高高于建筑物标高的地段、埋设地下管道困难的岩石地基地段、山坡冲刷泥土易堵塞管道的地段等。明沟纵坡一般为 0.3% ~ 0.5%。明沟断面宽 400 ~ 600 毫米，高 500 ~ 1000 毫米。明沟边距离建筑物基础不应小于 3 米，距围墙不小于 1.5 米，距道路边护脚不小于 0.5 米。

10.1.4.4　挡土设施

设计地面在处理不同标高之间的衔接时，需要作挡土设施，一般采用护坡和挡土墙，需要布置通路时则设梯阶和坡道联系。

1. **护坡**　是用以挡土的一种斜坡面，其坡度根据使用要求、用地条件和土质状况而定，一般土坡不大于 1∶1。护坡面应尽量利用绿化美化。护坡坡顶边缘与建筑之间距离应 ≥ 2.5 米以保证排水和安全。

2. **挡土墙**　一般有三种墙体形式，即垂直式、仰斜式和俯斜式。挡土墙由于倾斜小或作成垂直式则比护坡节省用地，但过高的挡土墙处理不当易带来压抑和闭塞感，将挡土墙分层形成台阶式花坛或和护坡结合进行绿化是一种较好的处理手法，挡土墙一般于挡土墙身设置泄水孔，可利用其设计成水幕墙而构成一景。

室外竖向挡土设施不仅是工程构筑物，通过精心设计也可成为很好的建筑小品和环境小品。

10.1.5　居住区竖向规划设计的表现方法

竖向设计图的内容及表现可以因地形复杂程度及设计要求的不同而异。竖向设计图在表达室外设计地形时，一般有以下两种方法：

1. **设计标高法** 在设计基地上标出足够的设计标高点，并辅以箭头表示地面坡向和排水方向。一般用于平地、地形平缓坡度小的地段，或保留自然地形为主和对室外场地要求不高的情况下应用，用设计标高法表达的竖向设计图，地面设计标高清楚明了（见图10-3）。

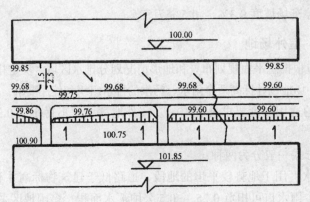

图 10-3　设计标高法

2. **设计等高线法** 用设计标高和等高线分别表示建筑、道路、场地、绿地的设计标高和地形。此法便于土方量计算和选择建筑场地的设计标高；容易表达设计地形和原地形的关系和检查设计标高的正误，适合在地形起伏的丘陵地段应用。但设计等高线法表示的竖向设计图，图上设计等高线密布，施工时应用读图不够方便。为此，设计中可以应用设计等高线法进行设计，在完成地形设计，确定建筑标高后，根据设计等高线确定室外场地道路的主要控制点标高，在图上略去设计等高线而改用设计标高法的表示方法（见图10-4）。

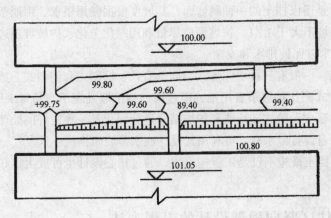

图 10-4　设计等高线法

3. 竖向设计图纸的内容

（1）设计的地形、地物。建筑物、构筑物、场地、道路、台阶、护坡、挡土墙、明沟、雨水井、边坡等。

（2）坐标。每幢建筑物至少有两个屋角坐标；道路交叉点、控制点坐标；公共设施及其他需要标定边界的用地、场地四周角点的坐标。

（3）标高。建筑室内、外地坪标高；绿地、场地标高；道路交叉点、控制点标高。

（4）道路纵坡坡度、坡长。

（5）排水方向。室外场地的坡向。

10.2　居住区管线工程综合

10.2.1　居住区管线工程综合的目的

居住区管线工程种类很多，各有一定的技术要求，因此一般都分别有专业单位设计或施工。如何使这些管线工程在空间安排上、在建造时间上很好地配合而不发生矛盾，不是某一个专业单位所能解决的，需要在规划设计中相互协调，全面地综合解决。

在生活居住区中，一般设置给水、污水、雨水和电力管线，在采用集中供热居住区内还应设置供热管线，同时还应考虑燃气、通信、电视公用天线、闭路电视、智能化等管线的设置或预留埋设位置。今后，随着四个现代化的逐步实现，人民物质生活水平的提高，公用管线的种类和数量还要增加。如果不很好地进行综合，必然会造成各种管线在平面和垂直方向相互矛盾和干扰，或居住区与城市主干管线不能衔接，或现状管线与新埋及预留管线之间的用地产生矛盾，就会影响施工的顺利进行，拖延建设的进度，浪费建设资金，甚至会影响正常生活使用。

管线综合属居住区规划设计中的工程技术规划工作。管线工程综合的任务是分析现状和规划的各类管线工程资料，发现并解决它们相互之间以及与道路、铁路、建筑设施之间在平面、立面位置与相互交叉布置时存在的矛盾，在符合各管线技术规范前提下，统筹安排各管线的合理空间，使它们各得其所，以指导和修正各类工程管线的设计。

10.2.2　工程管线的输送与敷设方式

10.2.2.1　按工程管线输送方式分类

1. 压力管线　指管道内流体介质由外部施加力使其流动的工程管线，通过一定的加压设备，将流体介质由管道系统输送给终端用户。给水、煤气、灰渣管道系为压力输送。

2. **重力自流管线** 指管道内流动着的介质由重力作用沿其设置的方向流动的工程管线。这类管线有时还需要中途提升设备将流体介质引向终端。污水、雨水管道系为重力自流输送。

10.2.2.2 按工程管线敷设方式分类

1. **架空线** 指通过地面支撑设施在空中布线的工程管线。如架空电力线，架空电话线等。

2. **地铺管线** 指在地面铺设明沟或盖板明沟的工程管线，如雨水沟渠，地面各种轨道等。

3. **地埋管线** 指在地面以下有一定覆土深度的工程管线，根据覆土深度不同，地下管线又可分为深埋和浅埋两类。划分深埋和浅埋主要取决于：①有水的管道和含有水分的管道在寒冷的情况下是否怕冰冻；②土壤冰冻的深度。所谓深埋，是指管道的覆土深度大于 1.5 米情况下，如我国北方的土壤冰冻线较深，给水、排水、煤气（煤气有湿煤气和干煤气，这里指的是含有水分的湿煤气）等管道属于深埋一类；热力管道、电信管道、电力电缆等不受冰冻的影响，可埋设较浅，属于浅埋一类。由于土壤冰冻深度随着各地气候的不同而变化（如我国南方冬季土壤不冰冻，或者冰冻深度只有十几厘米，给水管道的最小覆土深度就可小于 1.5 米），所以深埋和浅埋不能作为地下管线的固定的分类方法。

如果按工程管线在施工和使用过程中可弯曲程度又分为可弯曲管线和不易弯曲管线。

（1）可弯曲管线。指通过某些加工措施易将其弯曲的工程管线。如电信电缆、电力电缆、自来水管道等。

（2）不易弯曲管线。指通过加工措施不易将其弯曲的工程管线，或强行弯曲会损坏的工程管线。如电力管道、电信管道、污水管道等。

工程管线的分类方法很多，通常根据工程管线的不同用途和性能来划分。各种分类方法反映了管线的特性，是进行工程管线综合时管线避让的依据之一。

10.2.3 居住区工程管线综合布置的原则

（1）必须与城市管线衔接，采用城市统一的坐标和标高系统。

（2）应根据各类管线的不同特性和设置要求综合布置。各类管线相互间的水平与垂直净距，宜符合表 10-2 和表 10-3 的规定；应考虑不影响建筑物安全和防止管线受腐蚀、沉陷、震动及重压。各种管线与建筑物和构筑物之间的最小水平间距，应符合表 10-4 规定。

表 10-2　各种地下管线之间最小水平净距（m）

管线名称		给水管	排水管	燃　气　管			热力管	电力电缆	电信电缆	电信管道
				低压	中压	高压				
排水管		1.5	1.5							
燃气管	低压	0.5	1.0							
	中压	1.0	1.5							
	高压	1.5	2.0							
热力管		1.5	1.5	1.0	1.5	2.0				
电力电缆		0.5	0.5	0.5	1.0	1.5	2.0			
电信电缆		1.0	1.0	0.5	1.0	1.5	1.0	0.5		
电信管道		1.0	1.0	1.0	1.0	2.0	1.0	1.2	0.2	

注：1. 表中给水管与排水管之间的净距适用于管径小于或等于 200mm，当管径大于 200mm 时应大于或等于 3.0m；

2. 大于或等于 10kV 的电力电缆与其他任何电力电缆之间应大于或等于 0.25m，如加套管，净距可减至 0.1m；小于 10kV 电力电缆之间应大于或等于 0.1m；

3. 低压燃气管的压力为小于或等于 0.005MPa，中压为 0.005～0.3MPa，高压为 0.3～0.8 MPa。

表 10-3　各种地下管线之间最小垂直净距（m）

管线名称	给水管	排水管	燃气管	热力管	电力电缆	电信电缆	电信管道
给水管	0.15						
排水管	0.40	0.15					
燃气管	0.15	0.15	0.15				
热力管	0.15	0.15	0.15	0.15			
电力电缆	0.15	0.50	0.50	0.50	0.50		
电信电缆	0.20	0.50	0.50	0.15	0.50	0.25	0.25
电信管道	0.10	0.15	0.15	0.15	0.50	0.25	0.25
明沟沟底	0.50	0.50	0.50	0.50	0.50	0.50	0.50
涵洞基底	0.15	0.15	0.15	0.15	0.50	0.50	0.25
铁路轨底	1.00	1.20	1.00	1.20	1.00	1.00	1.00

表 10-4　各种管线与建、构筑物之间的最小水平间距（m）

管线名称		建筑物基础	地上柱杆（中心）			铁路中心	城市道路侧石边缘	公路边缘
			通信照明及 <10kV	≤ 35kV	>35kV			
给水管		3.00	0.50	3.00		5.00	1.50	1.00
排水管		2.50	0.50	1.50		5.00	1.50	1.00
燃气管	低压	1.50	1.00	1.00	5.00	3.75	1.50	1.00
	中压	2.00				3.75	1.50	1.00
	高压	4.00				5.00	2.50	1.00

（续）

管线名称	建筑物基础	地上柱杆（中心）			铁路中心	城市道路侧石边缘	公路边缘
		通信照明及 <10kV	≤ 35kV	>35kV			
热力管	直埋 2.50	1.00	2.00	3.00	3.75	1.50	1.00
	地沟 0.50						
电力电缆	0.60	0.60	0.60	0.60	3.75	1.50	1.00
电信电缆	0.60	0.50	0.60	0.60	3.75	1.50	1.00
电信管道	1.50	1.00	1.00	1.00	3.75	1.50	1.00

注：1. 表中给水管与城市道路侧石边缘的水平间距 1.00m 适用于管径小于或等于 200mm，当管径大于 200mm 时应大于或等于 1.50m。

2. 表中给水管与围墙或篱笆的水平间距 1.50m 是适用于管径小于或等于 200mm，当管径大于 200mm 时应大于或等于 2.50m。

3. 排水管与建筑物基础的水平间距，当埋深浅于建筑物基础时应大于或等于 2.50m。

4. 表中热力管与建筑物基础的最小水平间距，对于管沟敷设的热力管道为 0.50m，对于直埋闭式热力管道管径小于或等于 250mm 时为 2.50m，管径大于或等于 300mm 时为 3.0m，对于直埋开式热力管道为 5.0m。

　　管线综合布置还应与总平面布置、竖向设计和绿化布置统一进行，使管线之间、管线与建（构）筑物之间在平面及竖向上相互协调，紧凑合理，有利整体环境面貌。

　　（3）管线敷设方式应根据管线内介质的性质、地形、生产安全、交通运输、施工检修等因素，经技术经济比较后择优确定。一般宜采用地下敷设的方式。地下管线的走向，宜沿道路或与主体建筑平行布置，并力求线型顺直、短捷和适当集中，尽量减少转弯，并应使管线之间及管线与道路之间尽量减少交叉。

　　（4）管线埋设顺序。

　　1）离建筑物的水平排序，由近及远宜为：电力管线或电信管线、燃气管、热力管、给水管、雨水管、污水管。

　　2）各类管线的垂直排序，由浅入深宜为：电信管线、热力管、小于 10kV 电力电缆、大于 10kV 电力电缆、燃气管、给水管、雨水管、污水管。

　　（5）管线布置方位。为便利管线综合和管理工作，各城市可以统一规定各类管线在道路上的方位。

　　电力电缆与电信管、缆宜远离，并按照电力电缆在道路东侧或南侧、电信电缆在道路西侧或北侧的原则布置。其他管线也可参照作出统一规定，如污水管布置在道路的东侧和南侧，给水管、雨水管布置在道路西侧和北侧。

　　（6）管线避让原则。管线间敷设产生矛盾时，应按下列原则避让处理：

　　1）临时管线避让永久管线。

　　2）小管线避让大管线。

　　3）压力管线避让重力自流管线。

4）可弯曲管线避让不可弯曲管线。

5）新建管线避让已建的永久管线。

6）技术要求低的管线避让技术要求高的管线。

（7）地下管线不宜横穿公共绿地和庭院绿地。与绿化树种间的最小水平净距应符合表 8-3 中的规定。

（8）必须在满足生产、安全、检修的条件下节约用地。当技术经济比较合理时，应共架、共沟布置。管线共沟敷设应符合下列规定：

1）热力管不应与电力、通信电缆和压力管道共沟。

2）排水管道应布置在沟底。当沟内有腐蚀性介质管道时，排水管道应位于其上面。

3）腐蚀性介质管道的标高应低于沟内其他管线。

4）火灾危险性属于甲、乙、丙类的液体，液化石油气、可燃气体、毒性气体和液体以及腐蚀性介质管道不应共沟敷设，并严禁与消防水管共沟敷设。

5）凡有容易产生相互影响的管线，不应共沟敷设。

（9）管线布置近远期结合。

规划阶段应考虑近远期结合，居住区各级道路和建筑控制线之间的宽度确定，要考虑基本管线的完善和给新增管线的敷设预留位置，以免今后增设管线影响整个管线系统的合理布置，带来不必要的困难。如某些地区由于当前经济条件及外部市政配套条件等因素制约，近期建设中可暂考虑雨、污合流排放，分散供热或电力管线架空等，但在管线综合中仍要分别将相应管线及设施一并考虑在内，并预留其埋设位置，为远期发展创造有利条件。

当规划区分期建设时，干线布置应全面规划，近期集中，近远期结合。近期管线穿越远期用地时，不得影响远期用地的使用。

拓展学习推荐书目

[1] 李德华 . 城市规划原理 [M]. 3 版 . 北京：中国建筑工业出版社，2001.

[2] 王仲谷，李锡然 . 居住区详细规划 [M]. 北京：中国建筑工业出版社，1984.

复习思考题

1. 居住区竖向规划包含哪些内容？

2. 地面设计形式有几种？各自适用条件？

3. 工程管线在居住区中的埋设顺序与布置方位的基本规定有哪些？

4. 管线敷设产生矛盾时的避让原则是什么？

*第 11 章

居住区规划设计实践：国家康居住宅示范工程方案精选

学习目标

本章主要精选了国家康居示范小区工程规划设计方案，以此为借鉴，来介绍住区规划设计内容及流程。

居住区规划设计是一门工程技术和人文科学的综合实用性学科，也是一项较大的系统工程。掌握好本学科，必须使理论紧密联系实践，这也是居住区规划设计理论和实践得到不断发展和提升的有效途径。

11.1 居住区规划流程

整个居住区规划流程整理如图 11-1 所示。

整个规划设计流程中，从最初的甲方委托、现场调查，到规划概念方案阶段，由于设计单位和开发商及政府部门的明确定位关系，不需要太多的管理调整。而从规划方案到建筑单体方案及施工方案的过程中，由于设计人员或设计单位的增多，以及工作的平行进行等原因，如果没有一个良好的管理调整体系，没有一个完善的规划设计导则，将会给现场工作人员带来很大的不便和混乱。我们需要从管理体制和具体的规划导则图纸两个方面入手，来确保规划设计理念的最终贯彻和实施。

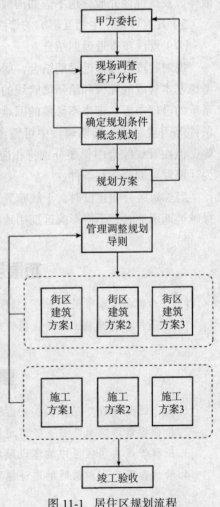

图 11-1 居住区规划流程

11.2 国家康居住宅示范工程方案精选

11.2.1 大同——金色水岸龙园

专家评审意见

1. 规划设计评审意见

（1）规划总体布局协调，功能组织合理有序，较好地体现了节地、环保、宜居、以人为本和建设和谐社会环境的建设理念。沿街适量商业功能组织，有效实现了上地价值。

（2）路网设计完善，人车分流的通路系统使小区主干道顺畅便捷，小区人行道沿中心绿地延展，视觉通透，景观怡人，可达性强，突显了安全、休闲、便捷的特点。

（3）景观设计突出了中心景观轴，达到了张弛有序、生动自然、回归自然的效果，绿化设计层次较丰富，围合感强，形成了不同功能分区的绿色屏障。

（4）公建等附属设施设置符合规范要求，综合技术指标符合国家相关规范规定和大同市地方法规的规定。

（5）规划不足和建议：

1）小区建筑布局规整有余，活泼不足。小区采用行列式布局手法，加上建筑形体、高度又大体相当，所以使得整个小区空间层次不够丰富，轮廓线单调。

2）小区虽有相当数量的停车泊位，但过于集中在小区中心部地下空间，使得部分住户停车距离较远，使用不便，经济性欠佳。建议增设地面停车位和半地下停车位。

3）小区中心水景面积偏大，建议结合大同的自然条件和小区临水的区位优势，做好环境设计，突出绿色植物景观，同时提高经济性、适用性。

4）建议改小区东部机动车出入口为南向出入口，以方便居民与未来的城市规划确定的南部商贸中心的联系，体现规划的前瞻性。

5）建议对小区会所位置进一步斟酌研究，既方便本小区居民使用，又方便会所自身的运营。

2. 建筑设计评审意见

（1）平面功能分区明确，公与私、动与静、洁与污合理分离。

（2）多数套型设置了适度的储藏间。

（3）起居厅、卧室、厨房采光充分，通风良好。

（4）餐厨布置紧密，方便生活。

（5）立面造型新颖，色彩明快，简洁中有变化。

（6）进一步深化设计中要注意改进之处：

1）套型标准与房间设置要注意合理地匹配。

2）进一步推敲单元平面布局，如对楼电梯的安排、餐厅与工人房的采光问题要进行优化设计。

3）高层住宅通廊方案要进一步推敲，选择优化方案。

4）建议会所作无障碍设计。

3. 成套技术评审意见

（1）金色水岸龙园住宅小区，根据本地区的实际情况，按照国家相关产业政策和《国家康居住宅示范工程实施大纲》的要求，有选择地采用框架剪力墙结构体系、中水回用等多项技术，将有力推动当地住宅产业的发展。可研技术报告合理、可行。

（2）在建筑节能成套技术方面，在本地区采用了外墙聚苯乙烯板保温技术、塑钢中空平开窗等，将大大提高围护结构的节能效果，在当地是较为先进适用的。

（3）小区采用节能灯、声控开关、分户计量、地板辐射采暖，以及太阳能草坪灯等，符合国家节能政策。

（4）小区采用节水卫生洁具、水压保障、中水回用等技术，有利于水资源的节约和利用。

（5）小区采用垃圾分类袋装、有机垃圾生化处理，有利于垃圾减量化，美化环境。

（6）积极推行住宅全装修，比例达 20%，在当地起到示范作用，符合住宅产业化的发展方向。

（7）几点建议：

1）要加强对外墙外保温技术的研究应用，满足本地区的节能要求。

2）纯净水的应用由于技术欠成熟，建议慎重使用。

3）要选用当地的新型墙体材料，如粉煤灰、煤矸石等，促进地方建材的发展。

区域位置

金色水岸龙园位于大同市御河北路东侧，东临御河生态园，南邻规划路，北邻雁同东路延伸段，西邻市委。水文地质良好，市政基础设施配套功能齐全，交通方便，环境优美（见图 11-2 ~ 图 11-12、表 11-1、表 11-2）。

图 11-2　区域位置图

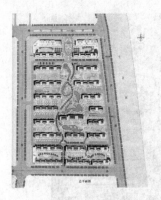

图 11-3　小区总平面

图 11-4　小区鸟瞰

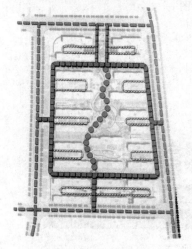

图 11-5　交通分析图一

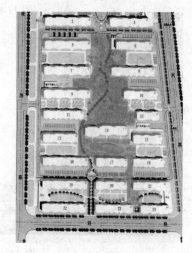

图 11-6　绿化分析图

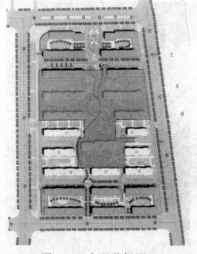

图 11-7　交通分析图二

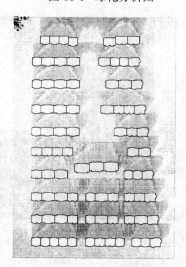

图 11-8　日照分析图

图 11-9　效果图一

图 11-10　效果图二

图 11-11　效果图三

图 11-12　效果图四

表 11-1　居住组团技术经济指标

项　　目		数　　值	单　　位
	总建筑面积（地上＋地下）	158 054	m²
	地上建筑面积	132 800	m²
其中	住宅建筑面积	127 800	m²
	公共建筑面积	5 000	m²
	地下建筑面积	25 254	
户数		1 100	户
总人口		3 850	人
户均人口		3.5	人／户
总建筑密度		0.29	％
绿地率		32	％
地下停车位		486	辆
地面停车位		96	辆

表 11-2　居住组团用地平衡表

序　号	项　　目	面积（公顷）	人均指标（平方米）	百分比（％）
1	总用地	8.58		
2	其他用地	0.72		
3	居住用地	7.86	20.4	100
4	住宅用地	6.20	16.1	78.8
5	公建用地	0.50	1.30	6.36
6	道路用地	0.56	1.45	7.12
7	绿化用地	0.60	1.56	7.63

11.2.2　临海——云水山庄

专家评审表见

1. 规划设计评审意见

（1）小区采用了一个环路、两个景观轴、五个组团的布局结构，建筑类型采用叠屋、多层、小高层、高层相结合的办法，结构清晰，层次分明，布局合理。

（2）规划设计充分利用自然景观，借灵湖景，引大寨河水，构建了一个中心公共绿地，营造了两个景观绿轴，组团绿地均衡分布，为居民创造了一个多层次的、环境优美的、步移景异的绿色家园。

（3）小区道路线形流畅，功能齐全，分级明确，并组织了独立的步行系统，布局合理。停车设施地上地下相结合，以地下为主，较好地解决了机动车对居民安静与安全的干扰和影响，又方便使用。

（4）小区公共服务设施配套齐全。

（5）意见与建议：

1）住宅日照间距规范规定应满足中小城市大寒 3 小时的日照要求。建议严格按规范要求进行调整。

2）北面 G 区东侧沿街高层建筑长达 130 米，应按高层防火规范调整。

3）B 区 3 号楼西面单元一层楼梯口距户外距离超过规范要求，应进行修改。

4）中心区 4 幢点式高层地下车库出入口过远，很不方便，建议调整完善。

5）地面停车位数量偏少，分布也不够均衡，应补充完善。

2. 建筑设计评审意见

（1）套型组合丰富多变，考虑细致，采光通风条件良好，特别是端单元争取室外绿化景观的探索是有意义的。

（2）套内功能分区明确，布置较紧凑，空间利用率高，尺度合宜，交通组织流畅。

（3）结构布置便于空间二次分隔。

（4）设置必要的储藏空间。

（5）建筑造型统一中有变化，较为协调统一。

（6）意见与建议：

1）部分套型入户过渡空间设置不够，端单元大户型尤为突出。

2）高层板楼底层商铺要严格执行防火分区的规定。

3）一梯四户将小户型当做单身公寓与住宅组合成单元，其功能不大合理，暗厨房使用条件较差，建议改成一梯三户套型。

4）部分套型工人房与厨房关系要调整。部分卫生间开在餐厅内而厨房距餐厅却较远，需进行优化设计。

5）暗厕数量偏多，有条件的应争取一户至少一个明厕。

6）部分跃层次卧室无卫生间，需作调整。

7）叠层住宅交通线不流畅，旋转楼梯占空间过多，需调整。

8）半圆形高塔应在统一中求变化，顶部不宜强调圆弧造型。

3. 成套技术评审意见

该项目住宅产业化技术可行性研究报告按照《国家康居示范工程建设技术要点》要求，紧密结合临海经济发展水平、建筑技术、材料、部品的应用状况以及施工技术水平，在面积达 21 万平方米的住宅及公建中，在结构体系等九个重要技术体系中采用了几十项新技术、新材料、新工艺，将节能、节水、节材与成套技术应用有机结合。特别是在全部住宅墙体中使用混凝土框架和框剪结构体系，大量应用粉煤灰小型空心砌块、加气混凝土砌块和混凝土多孔砖；采用外墙外保温技术、双层中空玻璃和阻断式铝合金门窗，使得围护结构达到较高的节能水平，新型墙体材料的应用起到带头示范作用。此外，太阳能热水技术的应用、部分精装修房的推出，以及宽扁梁和无粘结预应力大开间结构体系，在国内住宅产业化技术应用中都属比较先进的做法。

建议：

1）建议项目的开发、规划设计单位按照国家夏热冬冷地区的节能规范要求对围护结构的热工性能进行计算分析，科学确定保温隔热体系。

2）在实施中，对拟采用的异型柱框架结构体系加强施工管理，确保质量，并注意分析总结，为建筑结构体系改革积累经验。

3）在对生化垃圾处理技术进行调研的基础上，建议采用生化垃圾处理设施。

4）在精装修房的推广实施中，应借鉴其他地区的成功经验，关注住户的反馈意见，不断加以总结、改进，为临海地区在更大范围内逐步减少，甚至取消毛坯房作出贡献。

5）在调查研究的基础上，合理确定污水回用处理方案。

云水山庄项目的住宅产业化技术可行性研究报告在调查研究和深入分析的基础上所提出的各项内容符合国家康居示范工程实施技术要点的要求。希望在深化设计和施工实践中认真执行，不断总结改进，为在中小城市实现中央提出的建设节能省地型住宅，创造国家优秀示范小区作出贡献。

区域位置

云水山庄位于新城市中心区东南角，临海大道北侧，绿化路以东，柏叶路以南，大寨河以西，西南侧紧临占地 209 公顷的城市水面风光公园——南湖景区。地势平坦，交通方便，环境优美（见图 11-13 ~ 图 11-21、表 11-3）。

图 11-13　总平面图

图 11-14 鸟瞰图

图 11-15 结构分析图

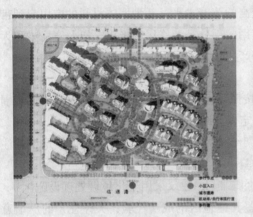

图 11-16 交通分析图

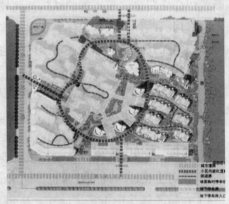

图 11-17 道路停车分析图

图 11-18 入口景观效果图

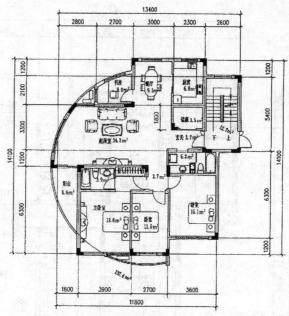

E型套型平面图

户型	套内建筑面积（m²）	套内使用面积（m²）	公摊面积（m²）	K	各套建筑面积（m²）
E型、四室二厅	140.7	123.7	6.4	79.7%	147.1

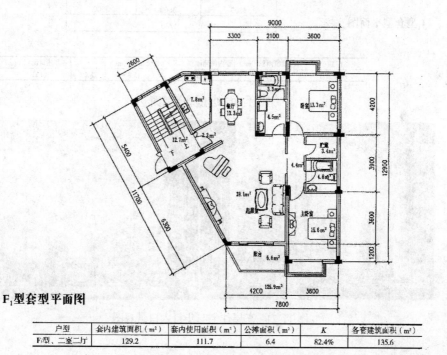

F₁型套型平面图

户型	套内建筑面积（m²）	套内使用面积（m²）	公摊面积（m²）	K	各套建筑面积（m²）
F₁型、二室二厅	129.2	111.7	6.4	82.4%	135.6

图 11-19　E、F₁ 套型平面图

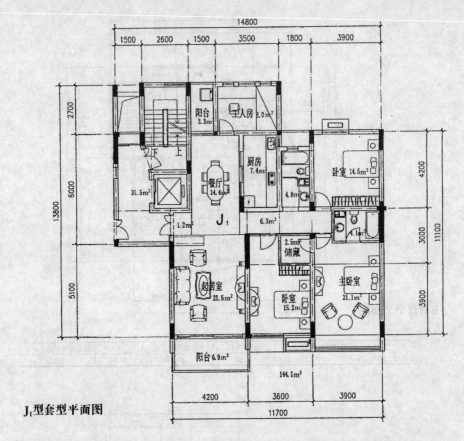

J₁型套型平面图

户型	套内建筑面积（m²）	套内使用面积（m²）	公摊面积（m²）	K	各套建筑面积（m²）
J₁四室二厅	147.5	127.7	15.8	78.2%	163.3

图 11-20　J₁ 套型平面图

图 11-21　高层住宅与步行入口景观图

表 11-3 技术经济指标

项　目			计量单位	数　值	比　例
小区用地面积			m²	120 116	
总建筑面积（不含地下室）			m²	210 122.6	
其中	住宅总建筑面积		m²	173 812.6	82.7
	其中	多层住宅面积	m²	34 528.0	19.9
		小高层住宅面积	m²	43 236.1	24.9
		高层住宅面积	m²	92 578.5	53.2
		单身公寓建筑面积	m²	3 470.0	2.0
	办公建筑面积		m²	8 400.0	4.0
	商业建筑面积		m²	27 910.0	13.3
容积率				1.75	
建筑密度				27.9	
绿地率				37.1	
地下建筑面积			m²	63 170	
居户数			户	1 178	100
其中	多层住宅		户	220	18.6
	小高层住宅		户	256	21.6
	高层住宅		户	624	53.2
	单身公寓建筑		户	78	6.6
其中每户面积	80 ~ 110 m²		户	274	23.3
	110 ~ 140 m²		户	289	24.5
	140 ~ 170 m²		户	423	35.9
	170 ~ 200 m²		户	57	4.8
	200 ~ 230 m²		户	73	6.2
	230 ~ 270 m²		户	62	5.3
居住人数（每户以 3.5 计，单身公寓 1.5 计）			人	3 894	
住宅面积毛密度			m²/hm²	17 493.3	
人口毛密度			人/hm²	324	
汽车泊位数			人	1 180	

注：多层、小高层、高层住宅建筑面积比例之和为 100。

11.2.3　襄樊——左岸春天

专家评审意见

1. 规划设计评审意见

（1）小区规划着重营造了居住环境空间，采用适当围合的办法，形成一个安静、安全的居住庭院空间，较好地满足了邻里间茶余饭后沟通交流，老人小孩户外休闲。规划布局空间丰富、环境优美、布局合理。

（2）小区道路交通采用一个内环的交通系统，三级道路分级明确，机动车停车以地下为主、地上为辅，地上地下结合，平时宅前小庭院不进车，较好地解决了机动车对居民居住安全、安静的干扰问题。

（3）小区北有生态公园，东临青河绿洲，大环境好。小区中心设有公共绿地及4个组团绿地，形成一个中心突出又分布均衡的有机的、优美的绿地系统。

（4）小区公共服务设施配套齐全。

（5）小区技术经济指标符合国家有关规定。

（6）几点建议：

1）小区北面5幢高层住宅应充分考虑到路北用地的合理使用。

2）小区东面沿河绿洲属城市公共绿地，规划时应满足对公众开放的要求，并建议沿河防洪通道要贯通，篮球场不应占用城市绿洲，并处理好东南角建筑、桥、绿洲通道等关系的协调。

3）小区机动车停车率偏低，建议适当加大，最好达60%左右。

4）建议小区住宅日照分析再用清华日照分析软件复核一下，凡是不能满足大寒2小时满窗日照的，均应进行调整，以满足要求。

5）小区主干路车道建议加宽到8m，晚上可以平行停一排车，以补充停车位不足的问题。东北角组团地下车库出入口不宜设在庭院内，建议外移到庭院进口处，以满足庭院的安全、安静要求。联排别墅有2组户门都直接开向小区主干道，既不安全，又影响小区干道的交通，建议进行调整。

2. 建筑设计评审意见

左岸春天位于樊城重要位置，方便生活的规划与住宅设计，适宜的产业化技术装备，将创造一个优良项目，会起到很好的康居示范作用。

（1）平面功能分区明确、布置紧凑，各居住空间尺度适当。

（2）空间利用充分，交通组织流畅。

（3）主要房间有良好的通风、采光与景观条件。

（4）餐厨关系紧密，多数套型有独立就餐空间。

（5）建筑与结构布置结合紧密，有二次分隔的可能。

（6）空间室外机与建筑立面设计统一考虑。

（7）建筑造型简洁明快，统一中有变化。

（8）在进一步深化设计中尚应有如下优化之处：

1）部分套型（如V型）为了入户花园而使客厅变成交通厅，并使辅助房间占有好朝向，这是不可取的，尽管已打桩，还是能将客厅与餐厨位置对调，改成中间入户，并可克服单元拼接中的结构浪费问题。

2）储藏面积普遍不够。

3）小户型（如A型、B型）不必配置双卫，建议调整并克服卫生间深凹之弊。

4）部分户型（如G型、K型）交通筒移位可改善朝南户的通风问题。部分户型

（如 H 型）进深偏大，餐厅却无直接采光，建议调整。

5）部分户型（如 J 型）建议加大进深，减少面宽。

6）E、F 户型入户花园平台在凹口深处，无景观可言，建议进一步推敲改进。

3. 成套技术评审意见

左岸春天建设项目技术可行性研究报告按照《国家康居示范工程节能省地型住宅技术要点》要求，结合当地社会、经济及住宅产业的发展现状，比较系统、全面地考虑了现有产业技术在本项目中的实际应用，拟采用外墙外保温及屋面、门窗保温技术；太阳能、建筑一体化供热水及公共照明技术；新型墙体及轻质隔墙板材料应用技术；有机垃圾生化处理技术及其他技术共计 14 类数 10 项成熟运用的成套技术，符合建设资源节约型和环境友好型住区发展要求，将显著提高该项目的科技含量，改善居住性能。

几点建议：

1）建议进一步深化建筑节能设计，保证建筑本身达到节能规范要求。对于外墙保温体系的确定要注意施工方便、耐久性能良好、安全可靠、达到规定的节能效果。

2）建议进一步研究太阳能热光转化技术，要求太阳能热水器技术可靠、效果优良，同时使用方便，管理方便。

3）建议结合小区景观用水、绿化浇灌用水等，从技术、经济多方面研究、认证污水处理回用及雨水收集回用等节水方案。

4）注意做好住宅精装修工程在材料选用、技术集成、质量保证等方面的工作，不断总结，为今后的全面推广积累经验。

区域位置

左岸春天地块位于襄樊城区春园东路 1 号，是樊城区、高新区、襄阳区三区交界的金三角地段。居住区规划总用地为 120 亩，规划用地地势较平坦，地块东部有小青河自西向东而过（见图 11-22 ~ 图 11-28、表 11-4、表 11-5）。

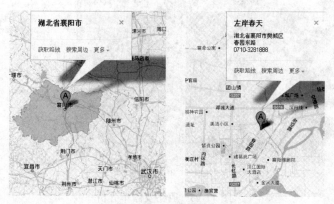

图 11-22 区域位置

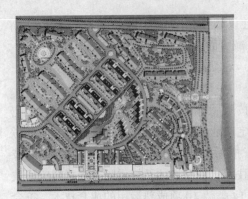

图 11-23　总平面图

图 11-24　鸟瞰图

图 11-25　日照间距分析

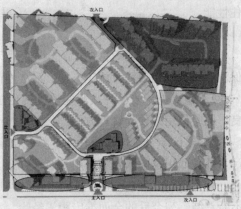

图 11-26　规划结构

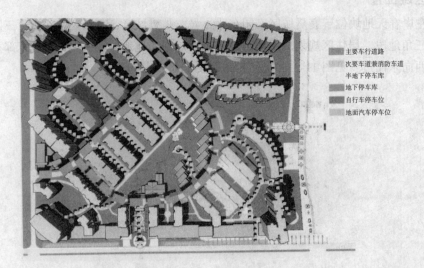

图 11-27　道路及停车分析

图 11-28　绿化分析

表 11-4　综合经济技术指标

项　　目	计量单位	数　　值
居住户数	户	1 172
居住人数	人	3 913
户均人数	人 / 户	3.2
总建筑面积	万 m^2	15.85
1.居住区用地内建筑面积	万 m^2	14.28
（1）住宅建筑面积	万 m^2	13.99
（2）配套公建面积	万 m^2	0.29
2.商业建筑面积	万 m^2	1.57
住宅平均层数	层	9.58
人口毛密度	人 / hm^2	531.02
人口净密度	人 / hm^2	856.37
住宅建筑套密度（毛）	套 / hm^2	165.94
住宅建筑套密度（净）	套 / hm^2	267.61
住宅建筑面积毛密度	万 m^2/ hm^2	1.9
住宅建筑面积净密度	万 m^2/ hm^2	3.06
建筑面积毛密度（容积率）		2.15
停车率	%	34.1
停车位	辆	417
地面停车率	%	48
地面停车位	辆	200
住宅建筑净密度	%	39.55
总建筑密度	%	24.53
绿地率	%	31.26

表 11-5　规划用地平衡表

项　目	面积（hm²）	所占比重（%）	人均面积（m²/人）
总用地面积	8.46	100	21.16
1. 居住区用地	7.37	87.12	18.43
（1）住宅用地	4.42	52.25	11.68
（2）公建用地	0.94	11.11	2.40
（3）道路用地	1.12	13.24	2.48
（4）公共绿地	0.89	10.52	2.27
2. 城市道路用地	0.52	6.15	1.33
3. 城市绿化用地	0.57	6.74	1.46
（1）道路绿化用地	0.19	2.25	0.49
（2）河流绿化用地	0.38	4.49	0.97

参 考 文 献

[1] 李德华 . 城市规划原理 [M]. 3 版 . 北京：中国建筑工业出版社，2001.

[2] 邓述平，王仲谷 . 居住区规划设计资料集 [M]. 北京：中国建筑工业出版社，1996.

[3] 朱家瑾 . 居住区规划设计 [M]. 北京：中国建筑工业出版社，2000.

[4] 周俭 . 城市住宅区规划原理 [M]. 上海：同济大学出版社，1999.

[5] 中华人民共和国建设部 . 城市居住区规划设计规范 GB 50180—93（2002）[S]. 北京：中国建筑工业出版社，2002.

[6] 李志伟 . 城市规划原理 [M]. 北京：中国建筑工业出版社，1997.

[7] 中国城市规划设计研究院建设部城乡规划司 . 城市规划资料集 [M]. 北京：中国建筑工业出版社，2004.

[8] 小泉信一 . 集合住宅小区 [M]. 王宝刚，等译 . 北京：中国建筑工业出版社，2001.

[9] 黄鉴泓 . 中国城市建设史 [M]. 北京：中国建筑工业出版社，1987.

[10] 沈玉麟 . 外国城市建设史 [M]. 北京：中国建筑工业出版社，1989.

[11] 建设部住宅产业化促进中心 . 国家小康住宅示范小区实录 [M]. 北京：中国建筑工业出版社，2003.

[12] 中国城市规划学会 . 住区规划 [M]. 北京：中国建筑工业出版社，2003.

[13] 钟小青 . 广东样板小区园林 [M]. 广州：广东科技出版社，2004.

[14] 中国城市规划学会 . 城市环境绿化与广场规划 [M]. 北京：中国建筑工业出版社，2003.

[15] 邹德慈 . 城市规划导论 [M]. 北京：中国建筑工业出版社，2002.

[16] 全国注册执业资格考试指定用书配套辅导系列教材编写组 . 城市规划实务 100 题（全国注册城市规划师执业资格考试）[M]. 北京：中国建材工业出版社，2006.

[17] 王笑梦 . 住区规划模式 [M]. 北京：清华大学出版社，2009.

[18] 住房和城乡建设部住宅产业个促进中心 . 国家康居示范工程方案精选（第三集）[M]. 北京：中国建筑工业出版社，2010.

[19] 中国城市科学研究会，等 . 中国城市规划发展报告：2009 ~ 2010 年（中国城市科学研究系列报告）[M]. 北京：中国建筑工业出版社，2010.

高职高专房地产类专业实用教材系列
高职高专精品课系列

课程名称	书号	书名、作者及出版时间	定价
电子商务	978-7-111-22974-2	电子商务概论（精品课）（尹世久）（2008年）	28
物业管理	978-7-111-20797-9	物业管理（寿金宝）（2007年）	29
居住区规划	即将出版	居住区规划（第2版）（苏德利）（2013年）	32
居住区规划	978-7-111-20599-9	居住区规划（苏德利）（2007年）	31
房地产投资分析	978-7-111-39877-6	房地产投资分析（第2版）（高群）（2012年）	30
房地产市场营销	978-7-111-29455-9	房地产市场营销实务（第2版）（栾淑梅）（2010年）	35
房地产市场营销	978-7-111-39068-8	房地产营销与策划实务（陈林杰）（2012年）	36
房地产开发	978-7-111-24092-1	房地产开发（张国栋）（2008年）	28
房地产经营与管理	978-7-111-31070-9	房地产开发与经营实务（第2版）（陈林杰）（2010年）	32
房地产经济学	即将出版	房地产经济学（第2版）（高群）（2013年）	30
房地产经济学	978-7-111-22183-8	房地产经济学（张素菲）（2007年）	26
房地产经纪	978-7-111-35080-4	房地产经纪实务（陈林杰）（2011年）	36
房地产估价	978-7-111-32793-6	房地产估价（第2版）（左静）（2011年）	31
房地产法规	978-7-111-29578-5	房地产法规（第2版）（王照雯）（2010年）	24
建筑工程造价	即将出版	建筑工程造价（第2版）（孙久艳）（2013年）	30
建筑工程概论	978-7-111-40497-2	房屋建筑学（第2版）（徐春波）（2013年）	35
建设工程招投标与合同管理	978-7-111-30875-1	建设工程招投标与合同管理实务（第2版）（高群）（2010年）	29
工程经济学	即将出版	工程经济学（樊群）（2013年）	35
工程监理	978-7-111-38643-8	建设工程监理（王照雯）（2012年）	35
工商管理类专业综合实训	978-7-111-21236-2	工商管理类专业综合实训教程：工商模拟市场实训（精品课）（阚雅玲）（2007年）	22
网络金融	978-7-111-31072-3	网络金融（第2版）（精品课）（"十一五"国家级规划教材）（张劲松）（2010年）	34
统计学学习指导	978-7-111-22168-5	应用统计学习指导（精品课）（孙炎）（2007年）	19
统计学	即将出版	应用统计（第2版）（精品课）（孙炎）（2013年）	30
统计学	978-7-111-21920-0	应用统计学（"十一五"国家级规划教材）（精品课）（孙炎）（2007年）	30
职业规划	978-7-111-26991-5	职业规划与成功素质训练（精品课）（阚雅玲）（2009年）	34
市场营销学（营销管理）	978-7-111-37474-9	市场营销基础与实务（精品课）（肖红）（2012年）	36
管理信息系统	978-7-111-23032-8	管理信息系统（精品课）（郑春瑛）（2008年）	28

走向职业化高职高专规划教材系列

课程名称	书号	书名、作者及出版时间	定价
财务管理（公司理财）	978-7-111-23417-3	财务管理（刘云丽）（2008年）	30
财务法规	978-7-111-30914-7	财经法规与会计职业道德（第2版）（李立新）（2010年）	38
电子商务网站规划	978-7-111-21907-1	电子商务网站规划与建设（王宇川）（2007年）	28
电子商务其它专业课	978-7-111-28750-6	电子商务综合实训（肖红）（2009年）	28
电子商务其它专业课	978-7-111-27212-0	计算机网络技术（余棉水）（2009年）	30
电子商务案例	978-7-111-29768-0	电子商务应用案例（邹德军）（2010年）	26
管理学	978-7-111-23215-5	管理基础与实务（朱权）（2008年）	30
管理学	978-7-111-38887-6	管理学基础（李立新）（2012年）	35
税务会计与税收筹划	978-7-111-25764-6	企业纳税实务（曹利）（2009年）	28
审计学	978-7-111-35218-1	审计基础与实务（琚兆成）（2011年）	29
审计学	978-7-111-35453-6	审计实务（傅秉潇）（2011年）	32
会计专业英语	978-7-111-25001-2	会计英语（仇颖）（2008年）	24
会计学	978-7-111-35292-1	会计基础（李立新）（2011年）	34
成本（管理）会计	978-7-111-20491-6	成本会计（刘志娟）（2007年）	28
西方经济学	978-7-111-39029-9	经济学基础（第2版）（李海东）（2012年）	30
统计学	978-7-111-29041-4	应用统计基础（精品课）（曾艳英）（2009年）	38
经济法	978-7-111-13974-4	经济法基础与实务（黄瑞）（2008年）	32
烹调基础	978-7-111-24265-9	烹饪基础（刘致良）（2008年）	24
旅游英语	978-7-111-24484-4	实用旅游英语（姜先行）（2008年）	35
旅游市场营销	978-7-111-23340-4	旅游市场营销（苏日娜）（2008年）	30
旅游客源国概况	978-7-111-24207-9	旅游客源国概况（舒惠芳）（2008年）	30
旅游概论	978-7-111-27381-3	旅游概论（石强）（2009年）	28
旅游服务礼仪	978-7-111-24442-4	现代旅游服务礼仪（李丽）（2008年）	29
旅游法规	978-7-111-31434-9	旅游法规与职业素养（蒲阳）（2010年）	28
旅游地理	978-7-111-29023-0	中国旅游地理（余琳）（2009年）	32
旅行社运营管理	978-7-111-23283-4	旅行社运营管理（刘国强）（2008年）	28
饭店市场营销	978-7-111-27282-3	饭店市场营销（陈云川）（2009年）	26
饭店实用英语	978-7-111-24980-1	饭店实用英语（陈的非）（2008年）	38
饭店管理	978-7-111-23953-6	饭店前厅客房服务与管理（陈云川）（2008年）	28
导游业务	978-7-111-27084-3	导游业务（蒲阳）（2009年）	28
公共关系学	978-7-111-39846-2	公共关系基础与实务（第2版）（朱权）（2012年）	30
公共关系学	978-7-111-36288-3	公共关系理论与实务（杨再春）（2011年）	36
网络营销	978-7-111-27337-0	网络营销实务（高凤荣）（2009年）	32
市场营销学（营销管理）	978-7-111-36268-5	市场营销基础与实务（第2版）（高凤荣）（2011年）	35
市场营销学（营销管理）	978-7-111-32795-0	市场营销实务（李海琼）（2011年）	34
市场调研与预测	978-7-111-33916-8	市场调研基础与实训（杨静）（2011年）	38
市场调研与预测	978-7-111-38774-9	市场调研与预测（第2版）（邱小平）（2012年）	29
供应链（物流）管理	978-7-111-26454-5	供应链管理（付平德）（2009年）	28
仓储与配送	978-7-111-27493-3	仓储与配送（李志英）（2009年）	30
信息管理学	978-7-111-28208-2	企业信息化应用（欧阳文霞）（2009年）	28
数据库原理及应用	978-7-111-29203-6	网络数据库应用（李先）（2010年）	28

教师服务登记表

尊敬的老师：

您好！感谢您购买我们出版的＿＿＿＿＿＿＿＿＿＿＿＿＿＿＿＿＿＿＿＿＿＿＿＿教材。

机械工业出版社华章公司为了进一步加强与高校教师的联系与沟通，更好地为高校教师服务，特制此表，请您填妥后发回给我们，我们将定期向您寄送华章公司最新的图书出版信息！感谢合作！

个人资料（请用正楷完整填写）

教师姓名		□先生 □女士	出生年月		职务		职称：□教授 □副教授 □讲师 □助教 □其他
学校			学院			系别	

联系 电话	办公： 宅电： 移动：		联系地址 及邮编	
			E-mail	

学历		毕业院校		国外进修及讲学经历	

研究领域	

主讲课程	现用教材名	作者及 出版社	共同授 课教师	教材满意度
课程： □专 □本 □研 □MBA 人数： 学期：□春□秋				□满意 □一般 □不满意 □希望更换
课程： □专 □本 □研 □MBA 人数： 学期：□春□秋				□满意 □一般 □不满意 □希望更换

样书申请	
已出版著作	已出版译作
是否愿意从事翻译/著作工作 □是 □否 方向	
意见和建议	

填妥后请选择以下任何一种方式将此表返回：（如方便请赐名片）
地　址：北京市西城区百万庄南街1号　华章公司营销中心　　邮编：100037
电　话：(010) 68353079 88378995　传真：(010)68995260
E-mail:hzedu@hzbook.com marketing@hzbook.com　　图书详情可登录http://www.hzbook.com网站查询